新しい高校物理の教科書

現代人のための高校理科

山本明利
左巻健男 編著

ブルーバックス

- カバー装幀／芦澤泰偉・児崎雅淑
- カバーイラスト／山田博之
- 本文、章扉、目次デザイン／工房 山﨑
- 編集協力／下村坦
- 図版／さくら工芸社

はじめに

――もっと面白い、やりがいのある理科を！

　物理、化学、生物、地学の4教科がそろったブルーバックス高校理科教科書シリーズは、すべての高校生に読んでもらいたい、学んでもらいたい理科の内容をまとめたものだ。理系だろうと、文系だろうと、だれもが学習してほしい内容を精選してある。

　そして、本シリーズ4冊を読破することで、科学リテラシー（＝現代社会で生きるために必須の科学的素養）が身につくことを目指している。本シリーズの特長を紹介しよう。

（1）内容の精選と丁寧な説明
　高校理科の内容を羅列するのではなく、検定にとらわれずに「これだけは」という内容にしぼった。それらを丁寧に説明し、「読んでわかる」ことにこだわり抜いた。
（2）読んで面白い
「へぇ〜、そうなんだ！」「なるほど、そういうことだったのか！」と随所で納得できる展開を心がけた。だから、読んでいて面白い。
（3）飽きさせない工夫
　クイズ・コラムなどを随所に配置し、最後まで楽しく読み通せる工夫をした。
（4）ハンディでいつでもどこでも読める
　持ち運びに便利なコンパクトサイズ。電車やバスの中でも気軽に読める。

本書『物理』編は、以下に述べる編集方針に基づいて制作された。

　高校で使う教科書は文部科学省の定める『高等学校学習指導要領』に沿っている。最新版の指導要領は、平成11年（1999年）3月に制定され、平成15年（2003年）4月から施行された。2003年以降に高校生になった人はこの指導要領に従う、いわゆる「新課程」で学習している。

　新課程用の物理の教科書は、従来のものと内容が大きく変わった。最初に学ぶ『物理I』では、冒頭に「電気」、そのあとに「波」と「運動とエネルギー」が続くという構成である。しかし、各単元は切れ切れで脈絡がなく、上面だけの内容になっている。深みのある話題はみんな、あとの学年で学ぶ『物理II』に送られ、その結果『物理II』の教科書はとてつもなく肥大化して、消化不良を起こしそうなものになっている。

　教育現場ではこの配列はすこぶる評判が悪い。物理は一貫したストーリー性があって、その流れの中でこの世界の全体像を描き出す学問なのに、それを無視した配列だからだ。新課程の教科書を読んでわかりにくいと感じている高校生は少なくないだろう。当の教科書の著者自身がそう思っている。教科書検定という制度があるからしかたなく指導要領の配列に従っているが、実は不本意だと感じているのである。

　本書は指導要領にはこだわらずに、物理のストーリー性を重視して項目を選び、配列を工夫した。

　この世の物質はすべて原子からできているのだから、最終的に原子の構造とそのふるまいは理解したい。そのためには力学、電気、波動の知識が必要になる。電気現象を理解するにはやはり粒子の運動という概念が必要で、粒子の運動は力学を学んでいないと理解できない　といった具合に、何をどんな順番

はじめに

で学べばよいかを考え抜いた構成になっている。

　ページ数に限りがあるから、あらゆるものを盛り込むことはできないので、物理的に興味深い話題であっても全体の流れの方を重視して大胆にカットした部分がある。逆に、現行の教科書では扱わない内容であっても、物理的世界観を作るのに欠かせないものにはページを割いた。大学との接続にも配慮した。

　物理と生活・自然界との関わりについては、とくに意識的に取り上げた。物理が私たちの生活やそれをとりまく自然現象と密接に関係しており、物理を学ぶことで身の回りの世界を科学の目で見られるようになることを願っているからである。

　本シリーズ4冊は、高校生の他に、こんな人たちにも読んで欲しい。
・少しでも科学的な素養を身につけたいと願う社会人
・物理、生物、化学、地学をもう一度きちんと学習したいと考える社会人
・物理を勉強せずに医歯薬医療系に入った大学生、物理を勉強せずに教育学部や生物・農学系に入った大学生
・試験の問題は解けるのだが、ものごとの本質がよくわかっていないと感じる大学生

　なお、このブルーバックス高校理科教科書シリーズ4冊は、ベストセラーとなった中学版『新しい科学の教科書Ⅰ～Ⅲ』（文一総合出版）と同様、有志が集い、教科書検定の枠にとらわれずに具体的な教科書づくりをした成果である。

　　2006年2月20日　　　　編者　山本明利／左巻健男

新しい高校物理の教科書——もくじ

はじめに *3*

第1章 「はかる」ことと「見る」こと *15*

1-1 身の回りの「量」をはかってみよう *16*
1. 長さと時間と質量と *16*
2. 「はかる」ということ *19*

1-2 見えないものを見る *20*
1. 見えないもの *20*

   [コラム] **原子の世界から宇宙まで** *23*
2. 心の目を養おう *24*
3. 数式にも慣れよう *24*

   [コラム] **量と単位** *26*

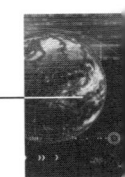

第2章 物体の運動を支配するもの *27*

2-1 力とそのつりあい *29*
1. 力とは何か *30*
2. 力の表し方 *31*
3. 力の大きさのはかり方 *33*

   [コラム] **重さと質量** *34*
4. 力の合成と分解 *35*
5. 力のつりあいの例 *36*
6. 力の見つけ方 *40*

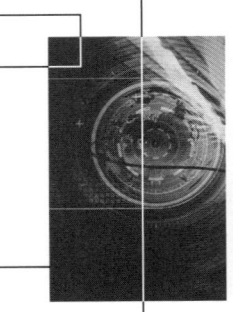

2-2 運動の法則 *43*

1. 運動の表し方 *44*

   [コラム] マラソン選手の速さ *47*

   [コラム] 式の扱い *48*

2. ニュートンの運動の3法則 *50*

   [コラム] 加速度と慣性力 *53*

   [コラム] 作用反作用と力のつりあい *59*

2-3 いろいろな運動 *61*

1. 等速直線運動 *62*
2. 等加速度運動 *62*
3. 重力による運動 *66*
4. 等速円運動 *69*

   [コラム] 弧度法 *71*

5. 万有引力による運動 *75*
6. 単振動 *80*

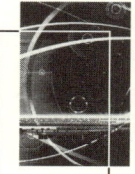

第3章　変化の中で変わらないもの *85*

3-1 運動量と力積 *87*

1. 運動量 *87*
2. 運動量の変化から力積を求める *89*
3. 生卵を割らない方法 *90*
4. 運動量保存の法則 *91*
5. 相撲の立ち合い *93*
6. ロケット推進の原理 *94*
7. はね返り係数 *96*

   [コラム] 角運動量保存の法則 *98*

3-2 **仕事とエネルギー** *100*

1. 仕事 *100*
2. 仕事率 *103*
3. 運動エネルギーとエネルギーの原理 *105*
4. 位置エネルギー *107*

3-3 **エネルギーの保存と変換** *110*

1. 力学的エネルギー保存の法則 *110*
2. 摩擦力と摩擦熱 *113*
3. 熱機関（エンジン） *114*
4. 内部エネルギーと熱力学の第１法則 *117*
5. いろいろなエネルギーとその移り変わり *118*

第4章　ものは原子でできている *121*

4-1 **熱と分子運動** *123*

1. 温かい？　冷たい？ *124*
2. 温度とは何か *126*
3. 熱とは何か *131*
4. 省エネルギーとエントロピー *132*

4-2 **気体の性質** *137*

1. 気体の法則 *138*

    [コラム]　**トリチェリの実験** *139*

    [コラム]　**アボガドロ数と物質量** *143*

2. 気体分子運動論 *143*

4-3 *液体の性質* *150*

1. 気体と液体の違い *151*

2. 液体による圧力　*152*
3. パスカルの原理（連通管）　*155*
4. アルキメデスの原理（浮力）　*156*
5. 水圧や浮力はなぜ生じるのか　*157*
　　[コラム]　**浮沈子の実験**　*158*
6. 表面張力　*160*
　　[コラム]　**表面張力で動く舟**　*161*

第5章　波うつ世界　*163*

5-1　**波の伝わり方**　*165*

1. 身の回りの波　*166*
2. 波の種類　*167*
　　[コラム]　**津波**　*170*
3. 波の表し方　*171*
4. 波の重ね合わせと干渉　*172*
5. 波の反射と定常波　*175*
6. 波の回折　*178*
7. 波の屈折　*179*

5-2　**音の波**　*182*

1. 音の発生　*183*
2. 音の3要素　*184*
3. 音の速さと波長　*185*
4. 楽器が出す音　*187*
　　[コラム]　**うなり**　*191*
5. ドップラー効果　*192*

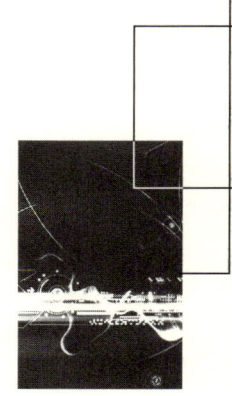

5-3 光の波 *195*

1. 光はどのように進むのか *196*
2. レンズのはたらき *200*

    [コラム] 光の速さはどれぐらいか *202*

3. 光の正体を探る（回折と干渉） *203*

    [コラム] シャボン玉に色がつくのはなぜか *208*

4. 虹はなぜ見えるのか *209*
5. 電磁波（光の仲間たち） *211*

第6章 電気と磁気の不思議な関係 *215*

6-1 磁場と電場 *217*

1. 静電気 *218*
2. クーロン力 *221*
3. 静電誘導と誘電分極 *222*
4. 磁場と磁力線 *224*
5. 電場と電気力線 *227*
6. 電位と電位差 *230*
7. 電場のイメージ *232*

    [コラム] コンデンサー *234*

6-2 電流と直流回路 *236*

1. 電流とオームの法則 *237*
2. 電気抵抗とその原因 *239*
3. 金属の中の電子の運動 *241*
4. 電流が運ぶエネルギー *243*

    [コラム] 超伝導（電気抵抗0の世界） *245*

5. 回路（1周して元へ戻る道） *246*

6. 半導体素子　*249*

　　[コラム]　発光ダイオードと太陽電池　*253*

6-3 電流と磁場　*255*

1. 磁石の磁極　*256*
2. 電流がつくる磁場　*259*

3. 磁石はすべて電磁石!?　*263*
4. 電流が磁場から受ける力　*265*
5. 平行電流間にはたらく力　*267*

6-4 電磁誘導　*269*

1. 電磁誘導の発見　*270*

　　[コラム]　ファラデーの実験　*271*

2. 発電機の原理　*272*
3. 磁束と磁束密度　*274*
4. ファラデーの法則　*275*
5. 磁場を横切る導線に生じる誘導起電力　*276*
6. 自己誘導　*278*
7. ローレンツ力　*280*
8. 誘導起電力とローレンツ力　*281*
9. 渦電流　*282*

6-5 交流と電波　*285*

1. 振動する電気　*286*
2. 電気を送る　*289*
3. 振動回路　*290*
4. 電磁波　*292*

　　[コラム]　発電の種類と特徴・課題　*295*

第7章　原子の中へ　*297*

7-1　電子と光　*299*

1. 陰極線　*300*
2. トムソンの実験　*302*
3. ミリカンの油滴実験　*304*
4. 光の粒子性　*306*
5. 物質波の理論　*310*

7-2　原子の構造　*312*

1. ブラウン運動　*312*
2. 原子の構造　*315*
3. ボーアの原子模型　*317*
4. 電子の配置と周期表　*320*

   [コラム]　水素原子のエネルギー準位を求めてみよう　*322*

7-3　原子核と放射線　*324*

1. 放射線の発見　*325*
2. 放射線とは何だろうか　*326*

   [コラム]　放射線と放射能　*327*

3. 原子核の変換（現代の錬金術）　*328*
4. 中性子の発見　*330*
5. 原子核のしくみ　*332*
6. 原子核反応（新しい原子核をつくる）　*333*
7. 核エネルギーを取り出す　*334*

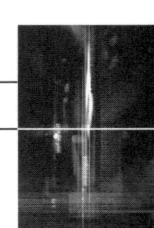

第8章　現代の物理へ　*339*

8-1　ニュートンからアインシュタインへ　*341*
1. アインシュタインが開いた2つの扉　*341*
2. 時間と空間の融合（相対性理論の世界）　*344*

8-2　量子力学への道　*351*
1. 驚くべき極微の世界（量子論の世界へ）　*351*
2. 物質波のしたがう方程式（量子力学の誕生）　*353*
   [コラム]　シュレーディンガー方程式　*354*
3. 素粒子から宇宙まで　*358*
   [コラム]　宇宙は最後にはどうなるか　*361*

参考文献　*362*

さくいん　*364*

執筆者一覧　*374*

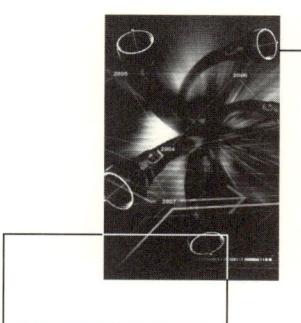

第1章
「はかる」ことと「見る」こと

1-1 身の回りの「量」をはかってみよう

- ●問い1 自分の歩幅は何mだろうか。
- ●問い2 歩いて地球を1周したら何日かかるだろうか。
- ●問い3 「1kgの水」はどれくらいの量かイメージできるか。
- ●問い4 自分の家では1日にどれくらいの電力を使っているのだろうか。

1. 長さと時間と質量と

　唐突な問いで、面食らったかもしれない。いずれも自分ではかるか、ちょっと調べれば答えられる問いだが、普段、はかることを意識していない人には、意外に難問かもしれない。

　問い1の歩幅は簡単にはかれる。1歩を踏み出して、両足の間隔をはかればよい。歩幅は1歩ごとのばらつきがあるから、たとえば普通のペースで100歩ぐらい歩いた距離をはかって歩数で割れば、より正確な平均値が求められる。1000歩の平均値なら、さらに精度が上がる。

　歩幅は良いものさしになる。特別な道具を持ち歩かなくても身の回りの長さや距離を簡単にはかれるからだ。自分の部屋のサイズ、自宅の敷地の広さや駅までの距離などを、歩いてはかってみるとよい。実際に、人の背丈や腕や指の長さが、共通の尺度として使われていた時代もあった。

　問い2に答えるには、長さのほかに時間もはかる必要がある。時計を用意して、自分の歩く速さを時速ではかってみよう。10分間普通に歩いた距離を地図上ではかり、それを6倍すればよい。自分の歩く速さを知っていれば、目的の距離を徒歩で何分かかるか簡単に計算できて便利だ。

1-1 身の回りの量をはかってみよう

　それでは地球を1周する距離はどれほどだろう。地球の周囲はほぼ4万kmである。なぜそんなにきりがいいのかというと、1mという長さは、あとで述べるように、もともと地球の子午線の長さをもとに決めたからだ。

　歩く速さが5km/h（キロメートル毎時）なら、地球を歩いて1周するのにかかる時間は、

　　40000km ÷ 5km/h = 8000h

ということになる。これは330日あまりだから、昼夜休みなく歩き続けても1年近くかかるわけだ。地球は大きいが、一生かかっても1周できないほど大きいわけでもない。

　問い3は1辺10cmの立方体を満たす水をイメージできれば正解。1000mL（ミリリットル）の牛乳パックでもよい。

　体積が1L = 1000mL = 1000cm³の水の質量はちょうど1kgである。なぜそんなにきりがいいのかというと、1kgという質量の単位はもともとそのように決めたものだからだ。

　現在私たちが使っている長さの単位1mは、最初は地球の大きさをもとに決められた。18世紀末、フランス革命の革新的、

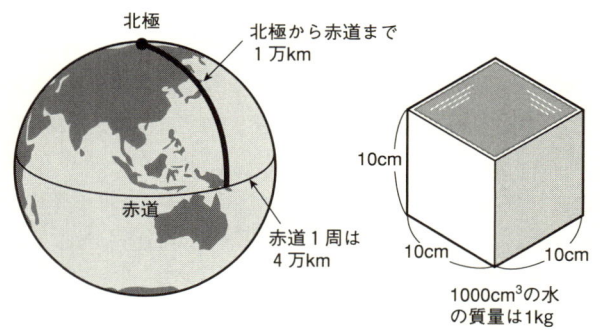

図1-1-1　地球の大きさと1kgの水

写真提供／計量標準総合センター

写真1-1-1　キログラム原器

理性的精神から、客観的な量の尺度が追求された。そこで、当時最新の科学知識を基礎に「地球の北極から赤道までの子午線の長さの1000万分の1を1mとする」と法律で定めたのがもとになっている。

質量の単位1kgも「1気圧のもとで密度最大の1cm³の水の質量（1g）の1000倍」という定義により、キログラム原器（写真1-1-1）をつくり、今でもこれを基準としている。つまり、質量の単位ももとは地球のサイズと水の密度をよりどころとしていたのである。

また、時間の単位は「地球上の1地点で太陽が南中してから再び南中するまでの時間の平均値（平均太陽日）」を24等分したものを1時間、それを60等分して1分、さらに60等分して1秒と定めたのがもとだ。

つまり時間は、地球の自転運動が基準なのである。

このように、日ごろ私たちが使っているメートル(m)、キログラム(kg)、秒(s)という基本単位（頭文字をとってMKS単位系という）は、世界の人類に共通で唯一無二の母なる地球をもとに決められたものである。

ただし現在では、これらの単位の定義にはより精密な基準が採用され、1秒はセシウム133の原子が放つ特別な光の振動の91億9263万1770回分の時間、1mは光が真空中を2億9979万2458分の1秒間に進む距離、1kgは国際キログラム原器の質量と定められている。

1-1 身の回りの量をはかってみよう

2.「はかる」ということ

科学の基礎ははかることである。

物事を客観的かつ量的にとらえ、ある量と他の量との関係を見いだして数学的に整理する学問分野を、**数理科学**という。数理科学の代表でもある物理学の歴史は、注目する現象をうまく表す量を見つけ、その測定手段を開発する歴史でもあった。

物理学はつねに客観性を求められる。誰もが納得できる合理性が必要だ。どんなに美しく魅力的な理論であっても、実験事実と合わなければ机上の空論にすぎない。物理学者たちは、精密な測定によって理論と現象の整合性を厳しくチェックし、真理に近づいていくのだ。

そこで、これから物理を勉強しようとする皆さんは、物事を量的にとらえ、客観的に判断する感覚を身につけてほしい。たとえば次のような課題が考えられる。

・通学路を歩測して、最短経路を見つける。
・電車の運転台の速度計をのぞいて、一定時間ごとに電車の速さをはかり、速さの変化のしかたを調べ、駅間距離を求める。
・身の回りのものを見て重さを推定し、実際に持ち上げて体感し、はかりではかって検証する。
・稲光と雷鳴の時間差から雷雲までの距離を推定する。
・自宅の電力量計の数値を時間ごとに記録し、節電策を練る。

その気になれば、ちょっとした知識と簡単な計算で、実際に地球の大きさを求めることも、月までの距離を測定することもできる。この本を学習し終わるころには、あなたは極微の原子の世界から、はてしなく遠い銀河の世界までを、量的な感覚でイメージできるようになるだろう。

1-2　見えないものを見る

- ●問い1　力はどうしたら見ることができるだろうか。
- ●問い2　音や光の波長はどうやってはかったらいいだろうか。
- ●問い3　磁石や静電気の力はなぜ離れていてもはたらくのか。
- ●問い4　原子はどのくらいの大きさだろう。ふつうの顕微鏡で見ることはできるだろうか。

1. 見えないもの

「もの」が「見える」のは、目の網膜上の視細胞が、そこに届いた光を感知するからだ。したがって、ものが自分で光を出すか、ほかからの光を反射しないと、その「もの」を「見る」ことはできない。空気は光を素通りさせてしまうから見えないのである。

「力」は身近な存在だが、見ることはできない。力はそもそも「もの」ではないし、光を出したり反射したりもしないから、見えないのだ。

力がはたらいていることがわかるのは、力が「もの」を変形させたり、その運動状態を変えたりするからである。私たちは力を受けた「もの」の変化を通じて、間接的に力の存在を知り、大きさをはかることができる（写真1-2-1）。

力を見つける身近な例は、重さをはかるはかりだ。

いずれにしても、自分が加えたり受けたりしている力以外は、見つけるのは容易ではない。力を見つけるためには、力についての知識が必要になる。本書の第2章と第3章で、まずそ

1-2 見えないものを見る

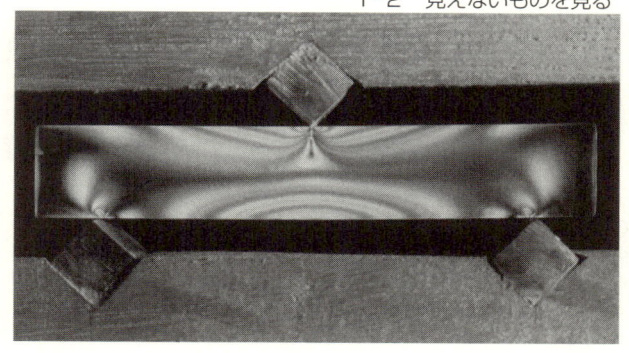

　3点に力が加わったプラスチック。偏光フィルターを通して撮影すると、目には見えないゆがみが写り、力が加わる様子がわかる。

『新 物理実験図鑑』（講談社刊）より

写真1-2-1　力の可視化の例

れを身につけることにする。

　音や光も身近な存在だが、やはり見えない。光は見えていると言うかもしれないが、網膜に達しない光は決して見えない。音や光は波の一種だが、それらが水面の波のように伝わるのが、直接目に「見える」ことはないのである。

　波の1振動の長さを波長というが、音や光の波長を求めるには、第5章で学ぶ波についての詳しい知識が必要だ。

　そして第7章では、光の性質について意外な展開がある。

　磁石や静電気は、離れた相手にも力をおよぼす。磁石や電気を帯びた物体の周囲を真空にしても力はちゃんとはたらくので、「もの」が力を伝えているのではないことはすぐにわかる。もちろんそこには何も見えない。では何が？　——その問いには第6章での学習が答えてくれる。次ページ写真1-2-2はその予告編である。

　さて、これまで意図的に「もの」とカッコ書きしてきた言葉

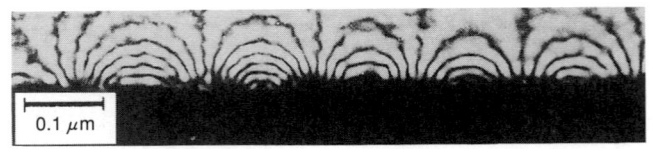

ビデオなどの磁気テープは、ミクロな磁石の並びによって信号を記録する。写真中央より下がテープ上のミクロ磁石、上は真空の空間。縞模様はテープの端から漏れ出た磁束線を、電子顕微鏡で画像化したもの。磁気作用を伝える見えない「何か」がそこにある。

『ゲージ場を見る』外村彰（講談社刊）より

写真1-2-2　電子顕微鏡で見た磁気テープ表面の磁束線

は「物質」という言葉に置きかえるべきである。物質は原子からなることは中学で学んだ。原子の集合体としての物質のしくみと性質は第4章で学ぼう。

原子が集まってできた物質は見えても、原子一つひとつは光学顕微鏡でも見えない。小さすぎるからだ。光の波長より小さいものは、光によって見ることはできないのだ。

ところが、今から100年ほど前、誰も原子を見ることはできなかったのに、科学者たちは原子の存在を確信し、その内部構造を論じることができた。彼らは物理法則を背景にした緻密な論理と、実験による検証を積み重ねて目に見えない原子のイメージをつくり上げていったのである。

第7章までの内容を順番にしっかり学習すると、100年前の発見の感動を味わうことができる。第7章ではさらに、最新の技術で画像化された「原子の姿」もお見せしよう。原子は実在したのだ。

第8章はさらに不思議で魅惑的な現代物理学の世界へあなたをいざなう。物理学の探究は今も続いている。

1-2 見えないものを見る

コラム　原子の世界から宇宙まで

物理学で扱う対象はこの世界のすべてだ。物理学は物質を構成する原子よりさらにミクロな世界から、宇宙全体の構造まで、あらゆるものを支配する法則を探求している。

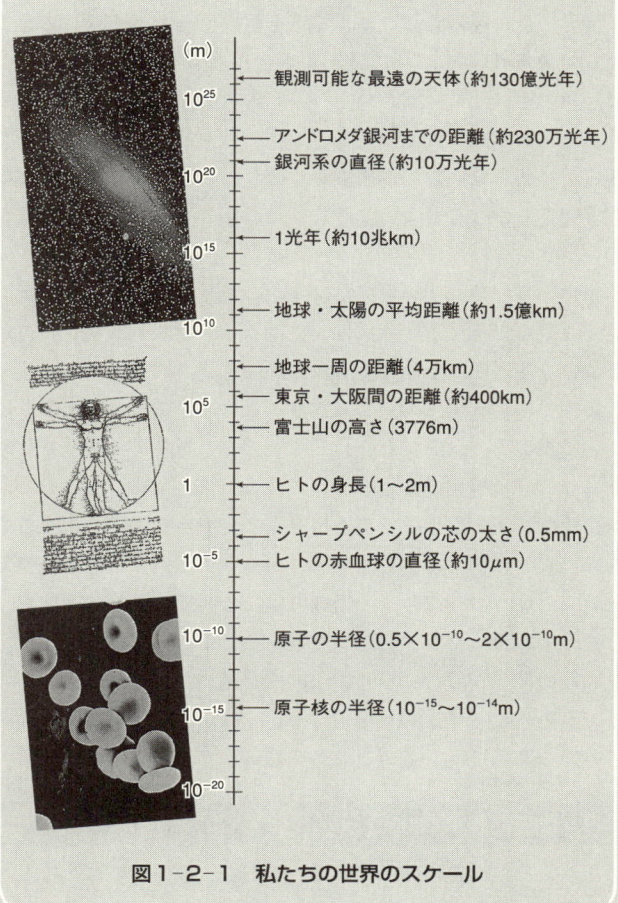

(m)
- 10^{25} ── 観測可能な最遠の天体（約130億光年）
- ── アンドロメダ銀河までの距離（約230万光年）
- 10^{20} ── 銀河系の直径（約10万光年）
- 10^{15} ── 1光年（約10兆km）
- 10^{10} ── 地球・太陽の平均距離（約1.5億km）
- ── 地球一周の距離（4万km）
- 10^{5} ── 東京・大阪間の距離（約400km）
- ── 富士山の高さ（3776m）
- 1 ── ヒトの身長（1〜2m）
- ── シャープペンシルの芯の太さ（0.5mm）
- 10^{-5} ── ヒトの赤血球の直径（約10μm）
- 10^{-10} ── 原子の半径（0.5×10^{-10}〜2×10^{-10}m）
- 10^{-15} ── 原子核の半径（10^{-15}〜10^{-14}m）
- 10^{-20}

図1-2-1　私たちの世界のスケール

2. 心の目を養おう

本書の物理の学習では、身の回りの物体の変形や運動など、目に見えるとらえやすいところから話を始め、しだいに見えない世界に進んでいく。これまで例をあげてきたように、物理で扱う対象のすべてが目に見えるわけではない。見えないものは、頭の中にイメージをつくって心の目で見るほかはない。

私たちは小説を読んで、その架空の世界を想像することができる。音楽を聴いて、作曲者が意図した情景を思い浮かべることもできるかもしれない。それは私たちの心の中にあるイマジネーションの世界だ。

物理の世界は架空の世界ではなく、まぎれもない現実だが、見えないものを理解するには、やはりイマジネーションの力が必要になる。それを助けるのが数理的・論理的な考え方だ。

前節で、物事を量的にとらえること、はかることの大切さについて述べた。量的にとらえることでその対象をイメージしやすくなり、数値化して客観的に表すことで、情緒的な思いこみを排除して現象を正しく描き出すことができる。力の大きさを矢印の長さに例えて示したり、音の高さを振動数(しんどうすう)という数値で表す、というように……。物理ではこの態度がとくに大切だ。

変化する量はグラフ化して整理することも非常に効果的だ。量の間の関係が明確になり、法則性を見いだしやすくなる。本書でも随所にグラフが登場するが、それがどの量とどの量の間のどんな関係を示しているのかをしっかり読みとろう。

3. 数式にも慣れよう

ある量と他の量の間の関係は数学的な式に整理されることも多い。その際、物理量を英文字やギリシャ文字などで記号化し

1-2 見えないものを見る

て表す。中学校でも習った例でいうと、

　速さ＝動いた距離÷かかった時間

と日本語で書く代わりに、

$$v = \frac{x}{t}$$

などと記号で表すのだ。こうすることで、表記が簡略化でき、中学校で学習した文字式の計算が役に立つ。距離を求めたければ上式を x（ここでは距離を表す記号）について解いて、

$$x = vt$$

とする。記号は数字の入れ物だと思えば難しくないだろう。

　ついでに言えばこうして記号化した式は万国共通で、世界中で通用する。物理量の記号には英語の頭文字が使われることが多い。velocity（速さ）の v、time（時間）の t といった具合だ。

　フランス語やラテン語に由来するものもある。

　初めは違和感があるかもしれないが、慣ればこのほうがイメージしやすいし、計算処理上も便利なのだ。その意味では、数学の知識のほかに、少し英語の知識もあったほうがよい。

　本書は、文章のほかに図やグラフや式など、あの手この手を使ってイメージを表現し、あなたに伝えようと試みている。あなたはそうしたメッセージを注意深く読みとり、豊かな想像力で同じイメージを脳裏に描いてほしい。そうすれば、あなたには今まで見えなかったものが見えるようになるはずだ。

　さあ、それではいよいよ物理の勉強を始めよう。

コラム

量と単位

ある量を数値で表すときには、比較の基準となる大きさを約束しておいて、その何倍という形で表現する。この「基準となる大きさの量」が単位だ。前述のメートル、キログラム、秒などがその例だ。

単位にはそれぞれm、kg、sのような固有の記号があり、量は単位と比の数のかけ算の形で1.2m、3.4kg、5.6sのように表す。だから数値は必ず単位とともに表記する必要がある。

単位の記号は互いの量の間の物理的な関係がわかりやすいようにつくられており、たとえば、速さ＝距離÷時間だから、単位記号も m/s のようにもとになる単位の組み合わせで表せるようになっている。基本単位の組み合わせでつくられる単位を組立単位という。N＝kg·m/s^{2}のように固有の記号をもつ組立単位もある。

表1-2-1は物理学をはじめとするあらゆる分野で広く世界的に用いられている国際単位系（SI）の主な単位である。それぞれの単位の定義は、関連の各節で述べることにする。

量	単位	記号	量	単位	記号
基本単位					
時間	秒	s	温度	ケルビン	K
長さ	メートル	m	物質量	モル	mol
質量	キログラム	kg	光度	カンデラ	cd
電流	アンペア	A			
組立単位					
速度	メートル毎秒	m/s	エネルギー	ジュール	J
加速度	メートル毎秒毎秒	m/s^2	仕事率・電力	ワット	W
力	ニュートン	N	電気量	クーロン	C
角速度	ラジアン毎秒	rad/s	電圧・電位	ボルト	V
振動数	ヘルツ	Hz	電気抵抗	オーム	Ω

表1-2-1　主な単位

第2章

物体の運動を支配するもの

物理学は「力学」から始まる。力学は文字どおり「力についての学問」で、身の回りに無数の実例がある。近代物理学の歴史も、その実例の1つ、天体がどのように運動しているのかの探究を背景に、運動と力の研究から始まっているのだ。

　中学校では、力のつりあいや物体の運動のしかた、さらに力学的エネルギーについて学んだはずだ。これらは物理学の基礎中の基礎で、全国民が身につけるべき教養というわけで、義務教育に組み込まれているのである。

　しかし力学は、その現象が身近なほどにはやさしくない。それは力が目に見えないからであろう。自分の体が受けている力は、触覚や痛みで感じることができる。しかし他人の痛みはわからない。まして物言わぬ物体が他から受けている力を、どうやって知ればいいのだろう。

　こうしたことを本章で学んでいこう。

　まず2-1で、力の見つけ方と表し方について知ろう。つぎに力が物体の運動にどのように影響しているのかという「運動の法則」を学ぼう。

　その準備として、運動の表し方を知る必要がある。そこで2-2では〝急がば回れ〟で、運動の法則で使われる「速度」や「加速度」の扱い方を説明する。

　さらに最後の2-3では、運動の法則をもとにして、身の回りのいろいろな運動の特徴を整理してみよう。そうすることで、この世界の法則性が見えてくるはずだ。

　力学は物理学の基本である。第4章以降に学ぶ波や電気、原子といったものの基本的な考え方や体系化の手段も、力学にその基本がある。それが力学を最初に学ぶ意義でもある。

2-1 力とそのつりあい

- ●問い1 力は見えない。どうすれば見えない力を見つけることができるだろうか。
- ●問い2 動かない物体には力ははたらいていないのか。
- ●問い3 「ママ、手伝ってあげるね」とお母さんが手に提げた買い物袋を引っ張る小さな子。でも母親にとってはたいてい迷惑なのはなぜだろうか。

身の回りには「力」の実例が無数にある。しかし「力」は目に見えない。物体が他から受けている力の存在は、どうやって知ればいいのだろう。

静止している物体は、力を加えないと動き出さない。では、動いていない物体に、力はたらいていないのだろうか。

子どもが、手助けするつもりで母親の手提げ袋を横に引っ張る（図2-1-1）。ところが母親は少しも楽になっていない。子どもは一所懸命なのに、なぜだろうか。

——これらの問いに正確に答えるには、力の定義や性質について知らなければならない。力について一通りおさらいしながら、あらためて考えてみることにしよう。

図2-1-1　子どもの手伝いは母親の助けにならない？

1. 力とは何か

体力、学力、能力、行動力、判断力、持久力……など、「力」のつく言葉はたくさんある。このように「力」は広い意味で使われるが、物理学では、次の2つの意味に限定して使う。

❶ 物体を変形させる作用
❷ 物体の運動状態を変化させる作用

物体を変形させるというのは、ゴムを引き伸ばしたり、針金を曲げたりすることをいう。空き缶をつぶしたり、割りばしを折ったりすることも変形にあたる。

物体の変形は目で見たりはかったりできるから、それを通じて物体にはたらく力を知ることができる。実際に重さや力の強さをはかる道具の多くは、物体の変形を利用している。

一方、運動状態を変えるというのは、止まっている物体を動かしたり、動いている物体の運動の向きを変えたり、停止させたりすることをいう。ボールを投げるのも、それをバットで打つのも、打球をグラブで受け止めるのも、それぞれボールの運動状態を変化させているから、ボールに力がはたらいていることになる。

そこで、ボールの運動状態を観察すれば、ボールにはたらく力を見つけられるわけだ。

これらが問い1の答えになる。では問い2はどうか。

静止した物体がいつまでも静止していたり、また運動している物体が一定の速さのまま同じ向きに直線運動を続けるときは「運動状態は変わった」とはいわない。つまり全体として見れば、力ははたらいていないことになる。

ちなみに、静止していても重力がはたらいているとか、運動

2-1 力とそのつりあい

しているなら押す力がはたらいているはず、という新たな疑問がわくかもしれない。その疑問については、もう少し勉強してから考えることにしよう。

2. 力の表し方

力は目に見えないので、力がはたらいていることを示す約束事がある。よく用いられるのは、力を矢印で表す方法である。矢印の始点（根元）は、物体に力がはたらいている場所（作用点）に置く。そこから力のはたらく向きに、力の大きさに比例した長さで矢印を描けばよい。矢印を含む直線を力の**作用線**とよぶ（図2-1-2）。

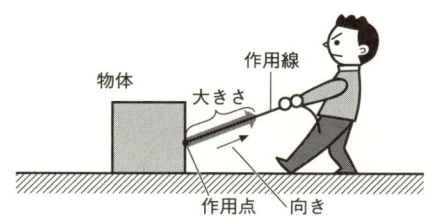

図2-1-2 「力」の表し方

このように向きと大きさをもつ量を、数学ではベクトルとよんでいる。力はベクトルである。あとで学ぶ速度や加速度もベクトルだ。これに対して、長さ、質量、温度などは大きさはあるが向きがない。こういう量を**スカラー**という。

力は英語で force というので、その頭文字をとり F で表すことが多い。ベクトルであることを意識するときは、その上に矢印をのせた $\vec{F}$ が使われる。

地面に置かれた物体を手で押すときの力のはたらき方を、ベクトルで表そう。力がはたらいている点は、手と物体が触れあ

図2-1-3　地面に置かれた物体を押すときの力の表し方

っている点Aである。そこで、力のベクトルは点Aから描き始め、矢印を力の向きに描く（図2-1-3）。

この例では、作用点は物体と手が触れあっている点である。しかし、重力や磁力のように物体どうしが接していなくてもはたらく力もある。その場合は、力の作用点が物体の内部になる。たとえば地表付近の物体には地球の重力（引力）がはたらいている。重力の作用点を**重心**という。重心は必ずしも物体の中心とは一致しないが、一様で対称的な物体なら、重心は中心にあると見なして、そこから重力の矢印を描き始めればよいだろう。

重力がはたらいている向きは鉛直下向き、つまり地球の中心に向かっているので、矢印はその向きに描く（図2-1-4）。

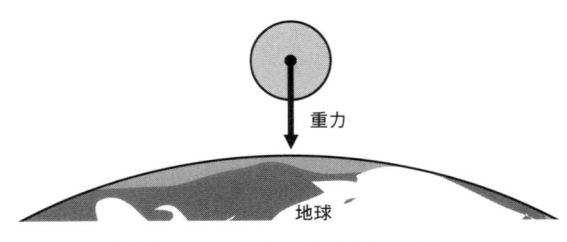

図2-1-4　重力（引力）の表し方

3. 力の大きさのはかり方

力の大きさを表す単位はN（ニュートン）である。力学の体系をまとめたイギリスの科学者アイザック・ニュートンにちなんでいる。1Nは、地球上で質量約100gの物体にはたらく重力の大きさに等しい。これは、単1マンガン乾電池1個の重さぐらいだ。1Nの詳しい定義は次節で学ぶ。

物体に力を加えると物体は変形するから、力のつりあいの関係とその変形の量で、力の大きさを知ることができる。

ばねにおもりを静かにつるすと、ばねは伸びて静止する。このとき、おもりの重さとばねの力（弾性力）の大きさは等しい。おもりの重さ（＝ばねの力）とばねの伸びの関係をグラフに描いていくと、これらは比例することがわかる（図2-1-5）。

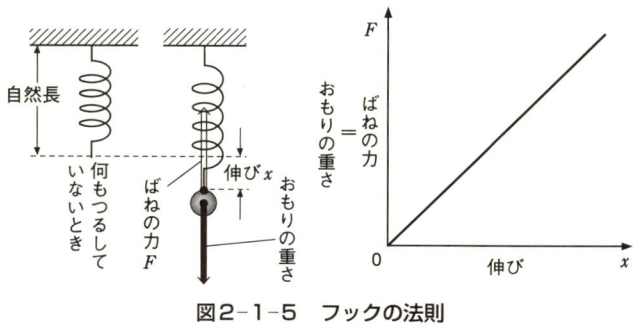

図2-1-5 フックの法則

一般に物体の変形が小さいうちは、弾性力の大きさと変形の量は比例する。この関係を**フックの法則**という。

ばねの弾性力を F[N]、伸びを x[m]で表すとフックの法則は、

$F = kx$

という式で表すことができる。k[N/m]を**ばね定数**という。

ばねは物体をつるさなくても、手などで力を加えて引けば伸びる。おもりをつるしたときと同様に、伸びは力に比例するので、ばねの伸びをはかれば、ばねを引く力が求められる。ばねばかりは力を測定する道具としても使えるわけだ。

> コラム
>
> ### 重さと質量
>
> 月へ行くと体重が6分の1になるという話を聞いたことがあるだろう。月面に立った宇宙飛行士が、軽々と歩く様子をテレビで見たことがあるかもしれない。
>
> しかし、月面で体が小さくなったり、やせたりするわけではない。物体そのものの量（質量）は地球上でも月面でも変わらないはずだ。質量は周囲の環境によらない物体固有の量である。
>
> 月面では月が宇宙飛行士を引く力、すなわち重力が変わるだけだ。物体が受ける重力の大きさを「重さ」とよんでいる。
>
> 質量1kgの物体が地表で受ける重力と等しい大きさの力を1kgw（キログラム重）という。1kgw ≒ 9.8Nである。
>
>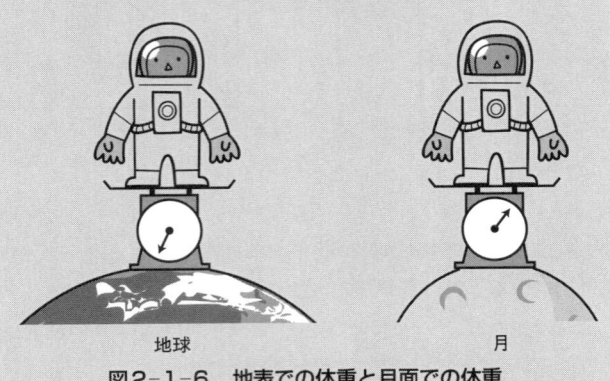
>
> 地球　　　　　　　　　　　　　月
> **図2-1-6　地表での体重と月面での体重**

2-1 力とそのつりあい

4. 力の合成と分解

　複数の力を1つの力にまとめることを、力の合成という。

　物体に同時に2つの力がはたらいているとき、全体としてどのような力がどの向きにはたらいていることになるだろうか。

　力がいくつはたらいていても、同じ物体にはたらく力であれば、それらを合成してただ1つの力にまとめることができる。

　力を合成するには、次のように力のベクトルを足し算する。

　まずベクトル$\vec{F_1}$、$\vec{F_2}$の始点を一致させて平行四辺形をつくる。つぎに、平行四辺形の対角線を引いて新しい矢印$\vec{F_3}$をつくる。この力$\vec{F_3}$を$\vec{F_1}$、$\vec{F_2}$の**合力**という（図2-1-7）。

　その合力が0のとき、力は互いに打ち消しあって、力がはたらいていないのと同じ状態になる（図2-1-8）。

　合力が0のときは「力がつりあっている」という。

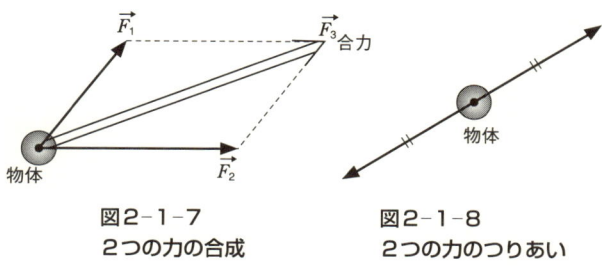

図2-1-7
2つの力の合成

図2-1-8
2つの力のつりあい

　力の合成とは逆に、1つの力$\vec{F}$を2つの力$\vec{F_1}$、$\vec{F_2}$に分けることを力の分解といい、$\vec{F_1}$、$\vec{F_2}$を$\vec{F}$の**分力**という（次ページ図2-1-9）。

　図のように、1つの力は任意の2つの方向に分解することができる。したがって、力の分解のしかたは無数にある。

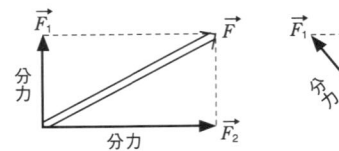 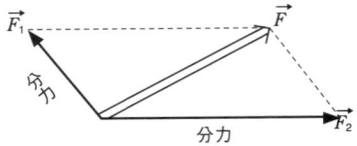

分力の組み合わせは無数にある

図2-1-9　力の分解

5. 力のつりあいの例

　物体に力がはたらいても、合力が0のとき、すなわち力がつりあっているときは、力がはたらかないのと同じで、静止した物体は静止したままである。身の回りの動かない物体は、ほとんどこのケースだと考えてよい。

　力のつりあいの具体例をいくつかあげてみよう。

(1) 水平な机の上に置かれた物体

　水平な机の上に置かれて静止している物体にはたらく力は、重力と垂直抗力の2つがある（図2-1-10）。重心は物体の中心にあり、この点から鉛直下向きに、重力の矢印を描く。

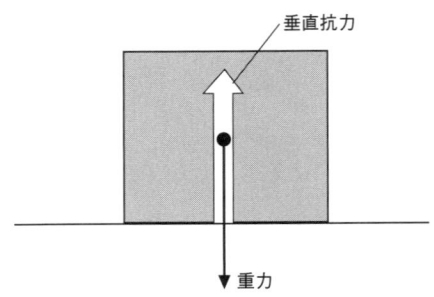

図2-1-10　水平な机の上に置かれ、静止している物体

2-1 力とそのつりあい

　下向きの重力がはたらいているのに物体が下向きに動き出さないのは、物体と机の面が接していて、物体が机から上向きに押される力と重力がつりあっているからだ。

　この力を垂直抗力という。垂直抗力の矢印は底面から上向きに垂直に描く。

　つぎに、水平方向を考えよう。水平方向には力がはたらいているだろうか。物体の水平方向つまり右側と左側は何も接していないから、はたらいている力がないと考えられる。

　したがって、水平方向は、力がはたらかないので静止しているということになる。

(2) 3つの力のつりあい

　1つの物体を3人で引き、力がつりあう場合を考えてみよう。

　3つの力を$\vec{F_1}$、$\vec{F_2}$、$\vec{F_3}$とする。$\vec{F_1}$と$\vec{F_2}$を合成し、合力を$\vec{F_4}$とする（図2-1-11）。すると3つの力のはたらきは、$\vec{F_3}$と$\vec{F_4}$という2つの力のはたらきを考えればいいことになる。

　3つの力がつりあっているときは、$\vec{F_3}$と$\vec{F_4}$が反対向きで同じ大きさになっている。3つの力を合成する順番を変えても、いずれも結果は同じで、合力は0になる。

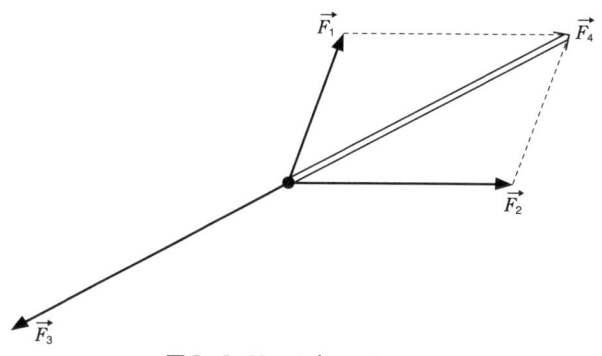

図2-1-11　3力のつりあい

さて、これで問い3に答えることができる。

母親と子どもが荷物をぶら下げて帰る(図2-1-12)。この場合、荷物には母親が引く力$\vec{F_1}$、子どもが引く力$\vec{F_2}$、重力$\vec{F_3}$の3つの力がはたらいていて、この3力がつりあっている。

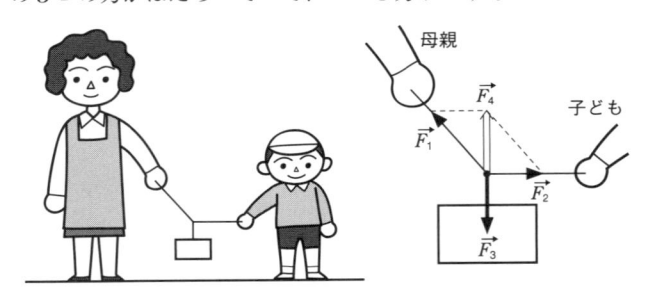

図2-1-12 子どもの手伝い

$\vec{F_1}$と$\vec{F_2}$は合力$\vec{F_4}$で表せる。$\vec{F_4}$が荷物を持ち上げている力になり、$\vec{F_3}$とつりあっている。

ところが$\vec{F_2}$の方向が悪いため、矢印の長さからわかるように、$\vec{F_1}$は$\vec{F_3}$より、むしろ大きくなってしまう。つまり子どもが引く力は、少しも母親の手伝いになっていないのだ。

もう少し子どもの背が伸びて、ある程度上向きに引けるようになれば、役に立つようになる。これが問い3の答えだ。

(3) 摩擦のはたらき

地面に置いたタイヤをロープで水平に引っぱろうとする。引く力が小さいときは、タイヤは動かない(図2-1-13)。このときタイヤにはどんな力がはたらいているのだろうか。

力がはたらいているのに静止したままということから、引く力とつりあっている別の力があることがわかる。それがタイヤと地面との間ではたらく**静止摩擦力**である。

2-1 力とそのつりあい

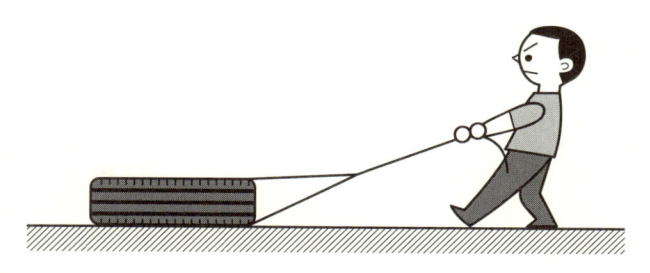

図2-1-13 地面に置いたタイヤを引っぱる

　まず、大きさ1の力で引いても動かなかったとする。これとつりあう静止摩擦力は、引く力と反対向きに大きさ1の力でなければならない。

　つぎに、引く力の大きさを2倍にする。それでも動かなかったとすると、摩擦力の大きさも2倍になったと考えられる。引く力をもっと大きく、3倍にしても動かなかったら、摩擦力の大きさも3倍になったと考えられる。

　このように、力を加えても動かないということは、加えた力と同じ大きさの静止摩擦力が発生したということである（次ページ図2-1-14）。

　しかし、だんだん力を大きくしていくと、タイヤはついに動き出す。つまり、発生する静止摩擦力の大きさには限界があるということだ。この限界の摩擦力を**最大摩擦力**という。

　最大摩擦力 F は面と物体との間にはたらく垂直抗力 N に比例する。式で表すと次のようになる。

$$F = \mu N$$

　ここで μ（ミューと読む）は、面と面との間の滑りにくさを表す定数で**静止摩擦係数**とよぶ。

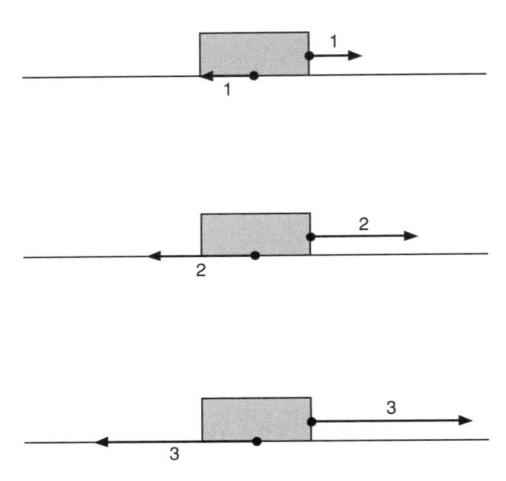

図2-1-14　加える力と発生する静止摩擦力は同じ大きさ

　同じタイヤを、氷の上に置いて同じように引くと、当然、氷の上のほうが滑りやすいだろう。それは氷とタイヤの間の静止摩擦係数が小さいからである。

　面に平行に引く力と発生する摩擦力の関係を図2-1-15のグラフに示す。

　静止摩擦力が最大摩擦力に達すると物体は滑りはじめ、以後摩擦力は滑りの速さによらずほぼ一定となる。このときの摩擦力を**動摩擦力**という。動摩擦力は最大摩擦力より小さい。

6. 力の見つけ方

　本節のまとめとして、最後にもう一度、問い1に答えておこう。見えない力を見つけるには、どんな場面でどんな力がはたらくのか、その性質などを知っておかなければならない。

　高校物理の範囲で扱う主な力には、表2-1-1のようなもの

2-1 力とそのつりあい

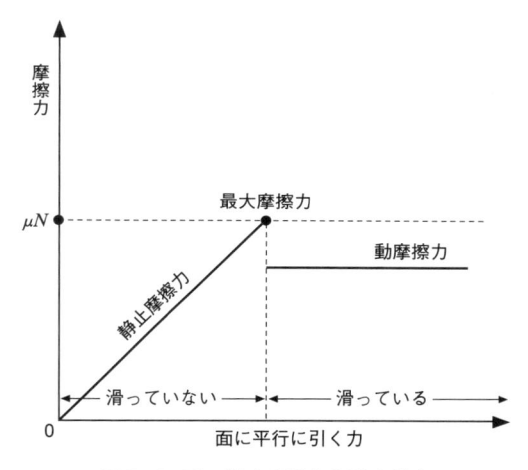

図2-1-15 静止摩擦力と動摩擦力

重力（万有引力）：質量のある物体が互いに引き合う力
静電気力：電気を帯びたものが互いにおよぼし合う力
磁気力：磁石などの間ではたらく力
弾性力：ばねなどの物体の変形を復元しようとする力
張力：糸などがぴんと張って物体を引く力
垂直抗力：接した2物体が接触面に垂直に互いに押し合う力
摩擦力：接した2物体が互いの滑りを妨げるように接触面に
　　　　沿って及ぼし合う力
浮力：流体中の物体が流体から受ける上向きの力

表2-1-1　高校物理で学ぶ主な力

がある。これらの力を頭に置き、それがはたらいていそうかどうかを一つひとつチェックすれば力を発見しやすいだろう。

　地球上の現象なら、まず重力の存在は確信できる。つぎに物体に直接触れている他の物体からの力を考えるとよい。糸がついていれば張力が、床に触れていれば垂直抗力や摩擦力がはたらく可能性がある。離れて作用する静電気力や磁気力があるかもしれない。

　力のつりあいや、次節で学ぶ運動の法則も、力を見つけだし、大きさを知る手がかりを与えてくれる。力はこれらを根拠に論理的に探し出していくものなのだ。

2-2　運動の法則

- ●問い1　宇宙空間を飛んでいた宇宙船のロケット・エンジンが止まってしまった。このあと、宇宙船は飛び続けるだろうか。すぐに止まるだろうか。
- ●問い2　同じ車種の自動車2台のうち、一方だけに重い荷物を積み込んだ。荷物を積んだ車と積んでいない車のどちらが加速しやすいだろうか。
- ●問い3　大きな大人と小さな子どもが互いに押し合いをしている。大人が子どもに押される力と、子どもが大人に押される力はどちらが大きいだろうか。

　自転車で平らな道を走っていて、こぐのをやめると、しばらくは余勢で走るが、やがて止まる。走行中の自動車のエンジンを止めた場合も同様だ。では、宇宙船も、同じようにしばらく進んでから止まるのだろうか。

　自動車にいつもより荷物や人をたくさん乗せると、ブレーキの利きや加速は、どんな影響を受けるのだろうか。

　大人と子どもが押し合ったら、当然、子どもは大人にかなわない。でも、大人がローラースケートをはいていたら、たぶん大人が負けるだろう。それはなぜだろう。

　これらの問いを考えるには、物体にはたらく力と運動の関係を知らなければならない。さらに、それらを知るためには、まず運動の表し方から学ぶ必要がある。"急がば回れ"でそこから話を始めよう。

1. 運動の表し方

(1) 速度と速さ

どこまでもまっすぐ延びている道を走る自動車（物体）の動きは、どうやって表したらよいだろうか。

物体が運動しているとき、単位時間（たとえば1秒間）の位置の変化（たとえば何m移動したか）を**速度**とよび、記号 v で示す。時間の単位が s（秒）、長さの単位がm（メートル）なら、速度の単位は m/s（メートル毎秒）だ。

速度も力と同じくベクトルなので、図に描くときは矢印で示す。矢印の向きは速度の向きだ。一直線上の運動では、速度の向きを＋－（正負）の符号で示すこともできる。

速度の大きさは矢印の長さで示す。つまり、1 m/s の速度を示す矢印を決めておき、3 m/s であればその3倍の長さ……というように、速度の大きさに比例する長さの矢印を描く（図2-2-1）。速度の大きさ（矢印の長さ）を**速さ**とよぶ。

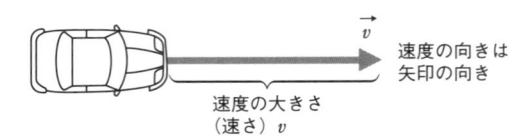

図2-2-1 「速度」と「速さ」

(2) 位置、変位と速度

まっすぐな道の上で物体の位置を示すには、どうすればよいだろうか。

マラソンなどで使うように、道のどこかに0mの地点を決め、そこからの距離で位置を示せばよい。この0m地点を「原点」とよぶ。

2-2 運動の法則

図2-2-2　*x*座標

　道がまっすぐなら、向きはある向きとその反対向きのどちらかだ。したがって、原点からどちらにずれているかは、速度と同じように＋－で示せる。ここでは、道路は左右に延びているとし、右向きを＋（正）の向きとする。このような直線をx軸とよび、x軸の上の位置をx座標という（図2-2-2）。

　x軸上を一定の速度vで走る人が、ある時間走り続けるとどれだけ位置xが変化するだろうか。

　ここで、「ある時間」をΔt（デルタ・ティーと読む）で表す。Δは、「その量の変化」という意味を示す記号で、すぐ後ろの文字と一組にして使う。

　たとえば、「3時」といえば「おやつの時刻」だが、「3時間」といえば、新幹線で東京から新大阪まで行く時間……という使い分けをする。この「間」という文字と同じニュアンスでΔという記号は用いられる。Δtは時刻tの間隔なのだ。時刻の間隔を求めるには、2つの時刻の引き算をすればよい。

　初めの時刻をt_1、後の時刻をt_2で表すなら、

$$\Delta t = t_2 - t_1$$

という計算をすればよい。

同じ要領で位置 x の変化（変位とよぶ）は Δx という記号で表す。初めの位置を x_1、後の位置を x_2 で表すなら、

$$\Delta x = x_2 - x_1$$

である。

計算結果は負になってもかまわない。負は逆向きの運動を意味する。

速度 v は単位時間の変位なので、Δt の間の変位 Δx は、

$$\Delta x = v \Delta t \quad \cdots\cdots(1)$$

で表される。(1)の式は、一定の速度なら、長い時間動けば変位は大きくなるということを示している。

また Δt の間、同じように動き続けたときの速度は(1)式の両辺を Δt で割って、

$$v = \frac{\Delta x}{\Delta t} \quad \cdots\cdots(2)$$

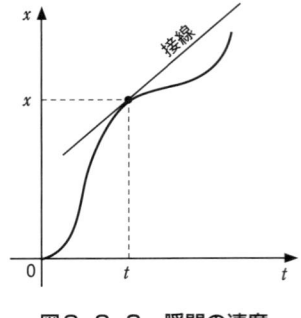

図2-2-3 瞬間の速度

で示されることになる。これを平均の速さとよぶ。

さて、ここまでは速度が一定の場合を考え、Δ を単に変化量を表す記号として使ってきた。しかし実際の運動では速度がつぎつぎと変化する場合もある。このようなときは、時間 Δt を大きくとる

と、その間に速度が変化してしまう。

そこで式(2)で Δt を十分短い時間とし、Δx もその十分短い時間中の変位として計算する。さらに、Δt を限りなく0に近づけたときの速度を**瞬間の速度**とよび、それを、

$$v = \frac{dx}{dt}$$

と書き表す場合もある。この値は縦軸に x、横軸に t をとったグラフ（x-t グラフ）の接線の傾きになる（図2-2-3）。

コラム　マラソン選手の速さ

マラソン（42.195km）を2時間10分で走る人の平均の速さは、秒速何m（m/s）だろうか。

$$\Delta x = 42.195\text{km} = 42195\text{m}$$
$$\Delta t = 2時間10分 = 130分 = 7800\text{s}$$

だから、

$$v = \frac{42195\text{m}}{7800\text{s}} = 5.41\text{m/s}$$

になる（小数第3位で四捨五入した）。

では、100mをこの速さで走ったら、何秒かかるだろう。式(1)の両辺を v で割ると、

$$\Delta t = \frac{\Delta x}{v} \quad \cdots\cdots(3)$$

となるから、かかる時間 Δt は、

$$\Delta t = \frac{100\text{m}}{5.41\text{m/s}} = 18.5\text{s}$$

となる。マラソン選手はこんな速さで2時間以上走り続けるのだ。

コラム

式の扱い

前ページの計算でもわかるように、(2)(3)式は(1)式を変形しただけである。

だから、こういう式を全部覚える必要はない。それよりも、等式の両辺を同じように割ったり、かけたり、足したり、引いたりして式を自由に変形できるようになろう。

そうすれば、必要なときに必要な式をつくることができる。それだけではなく、変形した式を理解することで、直感だけではわかりにくい量の関係を調べることもできるのだ。

(3) 平面上の運動

話を直線（1次元）から平面（2次元）に広げよう。

平面の上の運動を考えるには、きちんと平面上の位置を示す方法が必要になる。

囲碁や将棋、チェスなどのゲームでは、盤上のコマの位置を縦の何番目と横の何番目という2つの数値で示す。同じように平面上の運動でも、互いに直角に交わる x 軸上の数値と y 軸上の数値で、交点の位置を示すことができる（図2-2-4）。

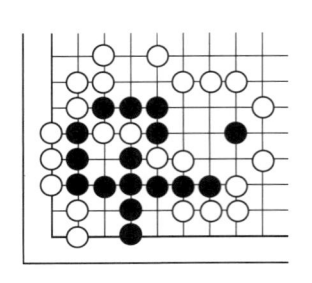

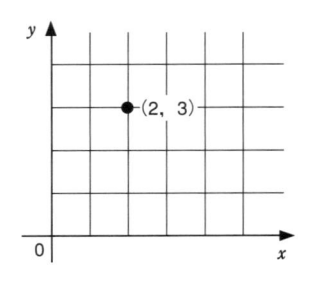

図2-2-4　碁盤と xy 座標

2-2 運動の法則

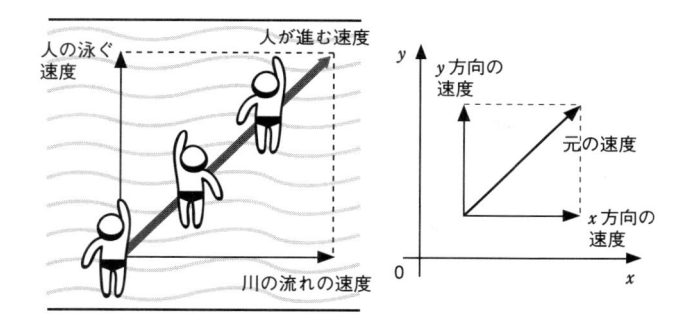

図2-2-5　速度の合成と分解

このように数値の組で位置を表すしくみを**座標系**とよぶ。

平面上の運動も、x、y 2つの一直線上の運動を組み合わせれば示すことができる。

たとえば、ある人が川の流れに対して直角な向きに飛び込み、そのまま向こう岸に向けて泳いだら、この人の動きはどうなるだろうか。

この人は向こう岸に向かってまっすぐ泳いでいるつもりでも、同時に川に流される。その結果、この人は川が流れる速度と、泳ぐ速度を2辺とする長方形の対角線の向きに動いていくことになる（図2-2-5左）。速度もベクトルなので、力のときと同じ規則で合成できるのだ。

速度がベクトルなら、逆に分解もできるはずだ。

たとえば、斜めの方向の運動では、その速度ベクトルを対角線とし、x 軸と y 軸に平行な方向を2辺とする長方形を作図すれば、2つの辺がそれぞれの方向の速度を表す（同図右）。

このように、ベクトルとして合成や分解ができることは、運動の大切な性質である。このおかげで、単純な直線上の運動を

49

組み合わせて、複雑な運動をも理解することができるのだ。

2. ニュートンの運動の3法則

物体のもつ、もっとも基本的な性質の1つは、物体がそれまでの運動を続けようとすることだ。これを**慣性**とよぶ。

(1) 慣性の法則(運動の第1法則)

どのような物体も、外部から何の力も受けなければ静止しているものは静止し続け、運動しているものは一定の速度で運動を続ける。これが**慣性の法則（運動の第1法則）**である。

普段の生活では、物体が力を受けなければ止まってしまうように思える。たとえば机を手で押して動かしていても、押すのをやめると止まってしまう。しかしこの場合、机は何も力を受けていないのではない。床から受ける摩擦力が、机が動き続けるのを止めたのだ。

その証拠に、机に車輪などをつけて摩擦力を小さくすれば、押すのをやめてもしばらく動き続ける。さらに、空気抵抗や重力もなくすことができれば、机はどこまでも動いていく。

普段の生活では地球の重力や空気抵抗、摩擦力などのために慣性の法則が目立たなくなっているだけなのだ。

物体が力を受けないとき、静止しているものが静止を続けるのはわかるが、運動しているものが一定の速度で運動を続ける、というのはわかりにくい。しかし、静止し続けることと一定の速度で動き続けることは、同じ状態なのである。

たとえば電車に乗って窓の外を眺めると、家や電柱が後ろに向かって動いていくように感じる。これは、地面に固定した座標系で静止している家や電柱を、電車に固定した（電車の速度で運動する）座標系を基準にして見ているからである。一方、同じ電車に乗り合わせた人は、電車という共通の座標系を基準

にしているので、止まっているときと同じようにおしゃべりができる。

このように、基準にする座標系の速度が違えば、物体の速度も違った値になる。互いに運動する2物体の一方から見た他方の速度を**相対速度**(そうたいそくど)というが、速度はすべて相対的なものであって、絶対的な速度というものはない。

私たちは地上で生活しており、地面は止まっているものとして基準にしている。しかし地球の外からながめれば、地球は回っていて地面も動いている。地面も静止した基準ではないのだ。

このように、「静止している物体が静止を続けている」状態と「運動している物体が一定の速度で運動を続けている」状態の違いは、その物体の運動速度が、基準とする座標系の速度と一致しているかどうかの違いだけなのだ。

これで冒頭の問い1の答えが出せる。すなわち空気抵抗も摩擦もない宇宙空間では、エンジンが止まっても、宇宙船は慣性の法則にしたがい、同じ速度で、同じ方向に飛び続けるのである。

慣性の法則には、物理を考えていくよりどころを示す意味もある。「物体が何の力も受けなければ静止しているものは静止を続け、運動しているものは一定の速度で運動を続ける」という慣性の法則が成り立つ座標系を、すべての物理法則の基準にするのである。

このような座標系を**慣性系**(かんせいけい)とよぶ。慣性系に対して一定の速度で運動している他の座標系も、また慣性系である。

(2) 加速度

つぎに、物体の速度が変化する場合を考えてみよう。

単位時間(1秒間)あたりの速度変化を**加速度**(かそくど)(acceleration)とよび、記号 a で表す。

加速度を求めるには、速度の変化量 Δv をかかった時間 Δt で割ればよい。すなわち、

$$a = \frac{\Delta v}{\Delta t}$$

である。ここで、速度の単位は m/s、時間の単位は s だから、加速度の単位は m/s² となる。これは m/s をさらに s で割り算したことを示し、「メートル毎秒毎秒」と読む。

　高速道路を走る車が、料金所のゲートでいったん止まった後、20秒間で72km/h＝20m/s というスピードに達したとしよう。加速度は、

$$a = \frac{20\text{m/s}}{20\text{s}} = 1.0\text{m/s}^2$$

となる。新幹線の発車時の加速度は0.5m/s²ぐらいだ。

　加速度も、力や速度と同じように大きさと向きをもつベクトルである。

　加速度と速度は混同されやすいが、まったく別の量である。

　速度が大きいからといって、その瞬間の加速度が大きいとは限らない。200km/h で走っている新幹線も、速度が一定なら加速度は0である（等速直線運動）。

　逆に、加速度が大きくても速度は小さいということもある。物体の落ち始めがそうだ。地表付近で落下する物体の加速度は、物体の質量に関係なく9.8m/s² である。これは比較的大きな加速度だが、落ち始めの速度は小さい。落下の速度は時間とともに増す。

　加速度ベクトルと速度ベクトルの向きも必ずしも一致しない。一定の速さで円運動する物体の場合、速度ベクトルは円の接線方向を向いているが、加速度ベクトルは円の中心を向く。

　円運動については次節で詳しく学ぶことにしよう。

（3）運動の法則（運動の第2法則）

慣性系では、何の力も受けていない物体は、一定の速度で運動を続ける。これが運動の第1法則だった。では、物体が力を受けるとどうなるのだろう。力は物体の速度を変化させる。力によって加速度が生じるのである。

ここに、形も大きさも質量もまったく同じ2台の車があるとする。ただ、エンジンの性能だけが違っていて、一方は大きな力が出せる。この2台の車が信号で停止していて、青になって発車したとき、たいていは大きな力を出せるエンジンを積んだ車のほうが大きな加速度で発車する。いわゆる「加速がいい」。

このように、質量 m が同じとき、加速度 $\vec{a}$ と力 $\vec{F}$ は比例する。

加速度と慣性力

> コラム

加速度は速度と違って実感しにくいが、たとえば乗り物に乗っていると、シートに身体が押しつけられることで、間接的に体感することがある。あの加速感は、物体の慣性の現れである見かけの力（慣性力）による。

加速度があまり大きいと、慣性力も大きくなり、乗客が気持ち悪くなるおそれがあるので、電車などの乗り物は 1 m/s² 以内でじんわりと加速する。逆にジェットコースターやフリーフォールでは、わざと加速度を大きくしてスリルを味わう。

ロケットやスペースシャトルの発射時の加速度は大きい。スペースシャトルの加速度は発射直後は約 5 m/s² だが、約 2 分後には 30 m/s² 近くになる。このとき飛行士は体重の約 3 倍もの慣性力を受けることになる。このような大きな加速度に長時間耐えるには、特別の訓練が必要になる。

$$\vec{a} \propto \vec{F} \quad \cdots\cdots(4)$$

ここで、「∝」は比例を表す記号だ。

　道路でいっしょに走っている車の加速度が大きく違うと、追突などのおそれがある。そこで、どの車も同じような加速度で加速できるようにつくってある。バイクも小型の「原付」なら50ccの小さなエンジンで十分だが、中型になると400cc、大型になると750ccと、質量が増えるにしたがってエンジンも大型になり、強い力が出せるものになっている。

　つまり、同じ大きさの加速度 a で加速するためには、質量 m に比例した大きさの力 F を加える必要があるのだ。

$$m \propto F \quad \cdots\cdots(5)$$

(4)と(5)の関係をあわせると、

$$m\vec{a} \propto \vec{F} \quad \cdots\cdots(6)$$

となる。式(6)は質量 m を定数とすれば(4)の関係を示し、加速度 $\vec{a}$ を定数とすれば(5)の関係を示す。式(6)で扱う量の単位は、質量は kg、加速度は m/s^2 である。

　ところで、力の単位は前節で紹介したが、まだきちんと説明していなかった。実は式(6)をもとに、力の単位が決められている。つまり、質量 1 kg の物体を 1 m/s^2 の加速度で加速する力を力の単位とし、1 N（ニュートン）の力と定義している。

　こうすると、式(6)の比例定数は 1 になり、

$$m\vec{a} = \vec{F} \quad \cdots\cdots(7)$$

となる。したがって 1 N = 1 kg·m/s^2 である。

　式(7)を運動方程式とよぶ。また、力、質量、加速度がこの関

係を満たすという法則が**運動の法則**（運動の第2法則）である。この式は力$\vec{F}$と加速度$\vec{a}$は同じ向きだ（力の向きに加速する）ということも示している。

運動方程式の両辺をmで割ると、$\vec{a} = \dfrac{\vec{F}}{m}$となる。同じ力$\vec{F}$を受けていても、質量$m$が大きいほど加速度$\vec{a}$が小さくなることがわかる。

これで問い2の答えがわかった。

同じ車でも、運転手だけ乗っているときと、運転手以外にも何人も乗り込んでいて、トランクも荷物でいっぱいになっているときとを比べると、前者のほうが大きな加速度で加速する。同じ理由で、質量が大きいとマイナスの加速度が小さくなり、ブレーキの利きが悪くなる。トラックの過積載や自転車の2人乗りが禁じられているのは、こうした理由もあるからだ。

（4）重力と運動の法則

力の単位Nは運動方程式(7)をもとに定められた。したがって物体の質量と加速度を知ると運動方程式から、物体にはたらく力を求めることができる。

物体が落下するのは地球からの重力（引力）を受けているからだが、前述のように、その加速度は物体の質量によらず、地表付近では約9.8m/s²で一定である。

重力（gravitation）の頭文字をとって、この数値をgで表し**重力加速度**とよぶ。

式(7)を用いると、質量mの物体にはたらく重力の大きさは、

$$F = mg \quad \cdots\cdots(8)$$

で表されることになる。

つまり、重力の大きさは質量に比例する。このおかげで、私たちは重力の大きさをはかって物体の質量を知ることができ

る。体重計やばねばかりやキッチンスケールがそうだ。体重は身体が受ける重力の大きさだが、私たちはそれが質量に比例することを経験的に知っている。そこで、体重計が示す値が大きくなったとき自分が「太った」とさとるのである。

重力加速度 g の値は、厳密には地球の自転や地形や地下の密度の不均一などの影響で、場所によってわずかに違う。ただしその差は1％以下である（表2-2-1）。

地名	重力加速度	地名	重力加速度
稚内	9.806m/s^2	ヘルシンキ	9.819m/s^2
福島	9.800m/s^2	パリ	9.809m/s^2
東京	9.798m/s^2	ワシントン	9.801m/s^2
京都	9.797m/s^2	シンガポール	9.781m/s^2
鹿児島	9.795m/s^2	メキシコシティー	9.779m/s^2
那覇	9.791m/s^2	南極（昭和基地）	9.825m/s^2

表2-2-1　地球上での重力加速度の値

（5）作用反作用の法則（運動の第3法則）

両手のひらを思い切りパチンと打ち合わせると、どちらの手も痛い。手で足を打てば、足も痛いが手も痛い。

両手に磁石を持って、同極（A、Bとする）どうしを近づけると、互いに押し合っていることが感じられる。AはBに押されBもAに押されているのだ。

このように力は、つねに2つの物体の間で互いにおよぼしあうようにはたらき、必ず1対で現れる。これらの力のどちらか一方を**作用**としたとき、もう一方を**反作用**とよぶ。

作用反作用についてまとめておくと次のようになる。

・2つの物体AとBは互いに力をおよぼしあい、一方だけが力

2-2 運動の法則

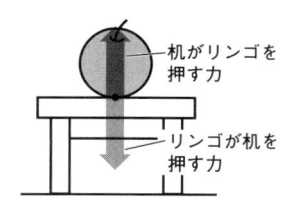

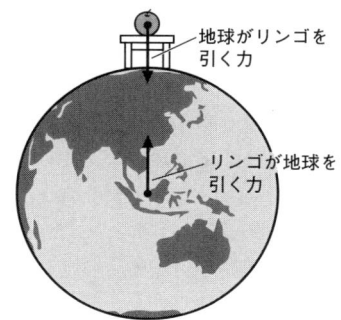

図2-2-6
リンゴと机が押し合う力

図2-2-7
リンゴと地球が引き合う力

を受けるということはない。
・このときAがBから受ける力とBがAから受ける力は、同一作用線上で互いに大きさが等しく向きは反対である。

これを**作用反作用の法則**（運動の第3法則）とよぶ。

この法則は、物体が静止している場合も運動している場合もつねに成り立つ。

では、ここで問題。机の上に置かれたリンゴがおよぼす力とその反作用は何だろうか。

力を考えるときは、力の受け手とおよぼし手をはっきりさせる必要がある。

まずリンゴが机を押す力と、その反作用として机がリンゴを押す力が思いうかぶだろう（図2-2-6）。

しかしそれだけでは足りない。地球は重力という力でリンゴを引いている。だから、その反作用として、リンゴが地球を引く力もはたらいているのだ（図2-2-7）。

重力は**万有引力**ともよばれ、物体と地球が作用反作用の関係で互いに引き合う力だ。物体が地球に引かれるだけでなく、地球も同じ大きさの力で物体に引かれているのである。あなたも体重と同じ大きさの力で、地球を引きつけていることになる。

　さて、最後に冒頭の問い3を考えてみよう。

　大人と子どもが押し合う力は、2つの物体がおよぼしあう作用反作用の力である。運動の第3法則によれば、それらの力の大きさは等しく、向きは反対になる。

　この勝負では、大人が押し勝つことが多いわけだが「押し合う力の大きさが同じなら、つりあってあいこになるはずだ」、と思った人も多いだろう。

　押し合う力は同じ大きさなのに大人が勝つ理由はこうだ。

　実は2人は、互いに押し合う力のほかに、床からの静止摩擦力も受けている。大人のほうが質量が大きく、床からの垂直抗力も大きいので、最大摩擦力は大きい。

　互いに押し合う力が小さいうちは、どちらも相手から受ける力と、床から受ける静止摩擦力がつりあってもちこたえる。押し合う力を大きくしていくと、静止摩擦力がそれにつれて大きくなるが、体重の軽い子どものほうが先に最大摩擦力を超えてしまい、足が滑ってしまうので負けるわけだ（図2-2-8）。

　つまり、子どものほうが先に滑ることが多いのは、押し合っている力の大きさが違うからではなく、床との間の最

図2-2-8

作用反作用なので等しい
加速する　　加速する
摩擦力　　摩擦力
相手より大きな摩擦力を得たほうが前進できる

2-2 運動の法則

作用反作用と力のつりあい

　作用反作用の関係にある力と、つりあいの関係にある力は混同しがちだが、これらはまったく違う。

　「作用反作用」は2つの物体が互いにおよぼしあう力で、2つの力はそれぞれ別の物体が受けている。それに対して「つりあう力」は1つの物体が同時に受けている複数の力である。

　「つりあい」は「合力=0」のことだが、同じ物体が受けている力でないと合成できないので、作用と反作用ではつりあいを論ずることはできない。力はその「受け手」を確認することが大切だ。

　たとえば、おもりを糸でぶら下げ、静止させた場合を考えてみよう。このとき、おもりが受けている力はつりあっているはずである。

　図2-2-10には、等しい大きさの3つの力を示したが、「つりあいの関係」にある力はどれとどれだろう。このうち、おもりという物体が受けている力は、

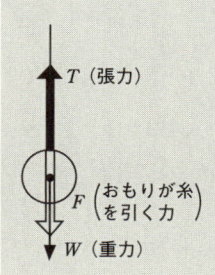

図2-2-10
糸でつるしたおもり

・おもりが地球に引かれる力（重力） W
・おもりが糸に引かれる力（張力） T

の2つである。これらは共に「おもりにはたらく力」であり、大きさが等しく向きが逆なので合力が0となり、つりあう。

　では、力 F はどうだろう。重力 W とはちがうのだろうか。F はおもりが糸を引く力であり、W は地球がおもりを引く力だから、等しいが別の力である。糸がおもりを引く力（T）と、おもりが糸を引く力（F）の2つは作用反作用の関係にある力で、つねに同じ大きさで逆向きである。

大摩擦力が小さいためなのである。

ためしに大人だけが、ローラースケートをはいて床との間の静止摩擦係数を小さくして押し合ったらどうだろう。今度は大人が先に滑ってしまうはずだ。これは大人が受ける摩擦力の限界が子どもより小さくなるためだ（図2-2-9）。

しかし、このときも大人と子どもが押し合う力は作用反作用の関係であり、大きさは等しいのである。

というわけで、問い3の正解は、どんな場合でも「等しい」ということになる。

図2-2-9

2-3　いろいろな運動

- ●問い1　峡谷にかかる吊り橋の高さを、巻き尺や測量器械を使わずにはかるにはどうしたらいいだろう。
- ●問い2　カーブを曲がるときに、急カーブほどスピードを落とさなければいけないのはなぜだろう。
- ●問い3　石を水平に投げる。速く投げれば遠くへ飛ぶ。どれほどの速さで投げたら落ちずに地球を1周するだろうか。
- ●問い4　5円玉と糸と時計（ストップウォッチ）を利用して地球の質量を求めたい。どんな方法があるだろう。

　問い1については「橋の上から小石でも落としてみれば？」と思いついたら良い着眼だ。ストップウォッチで谷川の水面に届くまでの時間をはかることはできる。だが、落ちる速さはどうだろう。速さが一定でわかっているなら、速さ×時間で距離が求められるが、落ちていく小石はだんだん速くなるように見える。このへんの関係を確認する必要がありそうだ。

　身の回りで見かける運動は直線運動ばかりではない。アーチを描いて飛ぶ運動や、くるくる回る運動、行ったり来たりの往復を繰り返す運動もある。速さや運動の向きが変わるときには力がはたらいていることは前節で学んだ。それでは、これらのいろいろな運動は、どのような力がはたらいて起こっているのだろうか。

　運動の法則をもとにして、身の回りのいろいろな運動の特徴を整理してみることにしよう。そうすることで、自然界の法則性が見えてくるはずだ。

1. 等速直線運動

一定の速さで一定の向きに進み続ける運動を**等速直線運動**とよぶ。もっとも単純な運動だ。物体の速度を v として、物体が原点を通り過ぎた瞬間を $t=0$ とすると、時刻 t での物体の位置は、(距離)=(速さ)×(時間) と同じ意味で

$$x = vt \quad \cdots\cdots(1)$$

で示される。図2-3-1右のように、時刻 t を横軸、速度 v を縦軸にとった v-t グラフを作ると、位置 x はグラフの面積に相当することがわかる。

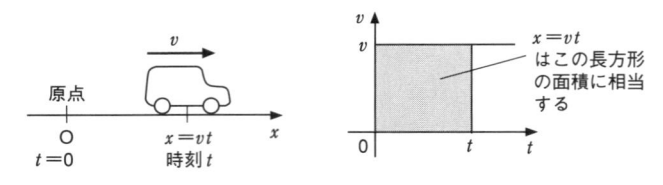

図2-3-1 座標と v-t グラフ

等速直線運動では速度変化がないから加速度は0である。物体には力ははたらいていないか、複数の力がつりあっているはずだ。運動が続くのは慣性によるのであって、力によるのではないことを再確認しておこう。

2. 等加速度運動

つぎに、物体が一定の力 F を受けながら運動している場合、どんな運動をするかを考えてみよう。

物体の質量を m とすると、運動方程式 $ma=F$ で、m と F が一定なので、物体の加速度 a も一定になる。加速度が一定の

運動を**等加速度運動**とよぶ。

(1) 等加速度運動の速度変化

加速度は単位時間（1秒間）あたりの速度変化を示す量だ。だから、加速度がaで一定なら、時間がtだけたつ間に、速度はatだけ変化する。最初（$t=0$のとき）物体が静止していたとすれば、時刻tでの速度vは、

$v = at$ ……(2)

となるはずである。

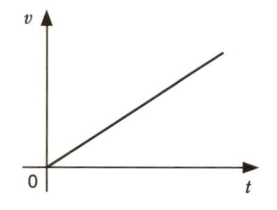

加速度aが正なら、速度は一定の割合で速くなるので、グラフは右上がりの直線になる

図2-3-2　等加速度運動のv-tグラフ

(2) 等加速度運動の位置の変化

速度vが一定の場合は、時刻tまでの間の移動距離xは、v-tグラフとt軸で囲まれた長方形の面積に相当した。一方、等加速度運動のv-tグラフは、図2-3-2のように傾いた直線になる。このときの移動距離はどうすればわかるだろうか。このときは、時間がたつにつれて速度がどんどん変化するので、速度と時間の単純なかけ算では距離を求めることはできない。しかしこの場合もv-tグラフが役に立つ。

ごく短時間のうちなら速度はあまり変わらないと考えて、0～tの間を短い時間間隔Δtで区切ってみよう。

それぞれの区間でΔtの間は速度が変わらないとすればΔtの

間の移動距離 Δx は細長い長方形の面積に相当する。そして、それを 0 から t まで合計したものは、時刻 t までの移動距離に近いはずだ(図2-3-3)。

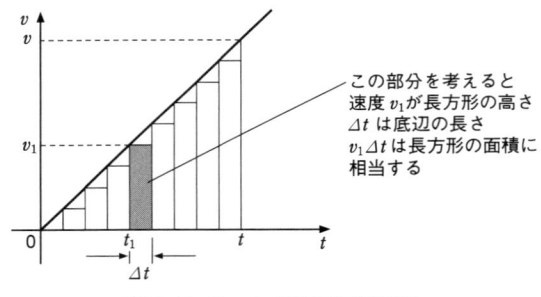

図2-3-3　Δt の間の移動距離

この部分を考えると
速度 v_1 が長方形の高さ
Δt は底辺の長さ
$v_1 \Delta t$ は長方形の面積に相当する

　図のままだと三角形のすきまがあって、あきらかに移動距離を少なく見積もっているが、さらに、Δt を短くしていくと、この階段状のグラフと元のグラフの違いはどんどん小さくなり、面積の合計も正しい移動距離に近づく。したがって、このときの移動距離は、やはり v-t グラフと t 軸で囲まれた三角形の面積になる(図2-3-4)。

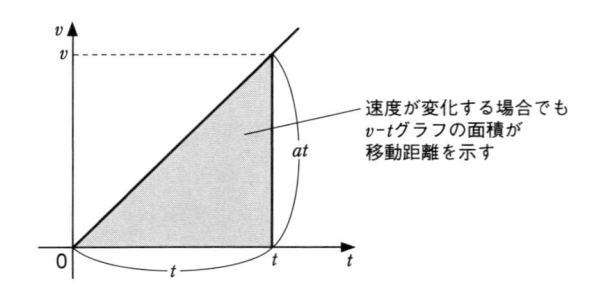

図2-3-4　移動距離は v-t グラフの面積

速度が変化する場合でも
v-t グラフの面積が
移動距離を示す

2-3 いろいろな運動

これを式で示すと、次のようになる。

$$x = \frac{1}{2}at^2 \quad \cdots\cdots(3)$$

つまり、等加速度運動の移動距離は、時間に比例するのではなく、時間の2乗に比例してぐんぐん大きくなっていく。

(3) はじめに物体が動いていたときの運動

はじめに（$t=0$ のとき）物体が動いていたらどうなるだろう。$t=0$ のときの速度を初速度とよび、記号 v_0 で示す。この運動は、速度 v_0 の等速運動と、加速度 a の加速度運動を合わせた運動になる。

つまり図2-3-5のグラフにも示すように、

時刻 t での速度　　$v = v_0 + at$ 　　$\cdots\cdots(4)$
時刻 t での位置　　$x = v_0 t + \dfrac{1}{2}at^2$ 　$\cdots\cdots(5)$

である。このように、1つの物体に同時に起こっている複数の運動は合成することができる。

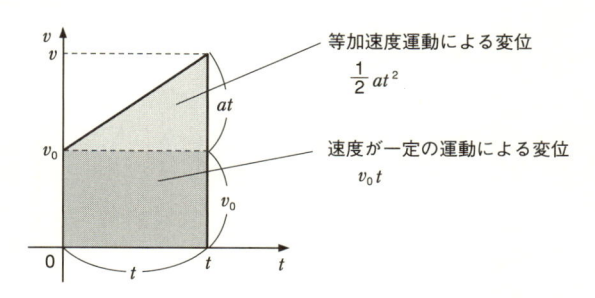

図2-3-5　等速運動と加速度運動の合成

$a=0$ つまり速度が変化しないものとすれば、式(5)は等速直線運動の式(1)に一致する。

3. 重力による運動

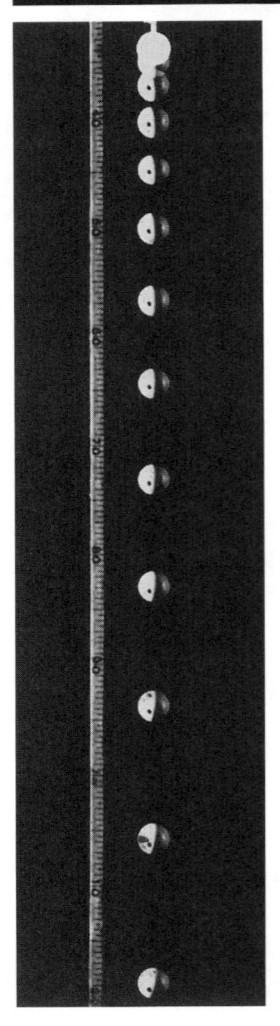

(1) 自由落下運動

　手に持った物体を静かに放して落とすときの運動を**自由落下運動**とよぶ。吊り橋から落とした石も自由落下運動で谷川の水面に達する。自由落下運動の様子がわかれば、橋の高さをはかることができそうだ。

　写真2-3-1は、自由落下する物体を、一定の時間間隔で光をあてながら撮影するマルチストロボ写真で記録したものである。時間がたつにしたがって、位置の間隔が次第に広がり、加速していることがわかる。

　詳しく調べると、このときの加速度が、物体の質量によらず重力加速度 $g=9.8\mathrm{m/s^2}$ という一定値になることはすでに学んだ。自由落下運動は等加速度運動なのだ。

　等加速度運動の式を自由落下運動に適用してみよう。

　手を放した点を原点とし、下向きを y の正の向きとする。加速度は重力加速度だから、式(2)(3)で $a=g$ とおいて、

『新 物理実験図鑑』(講談社刊) より

写真2-3-1　自由落下運動

時刻 t での速度　　$v = gt$　……(6)
時刻 t での位置　　$y = \dfrac{1}{2} gt^2$　……(7)

となる。これで落下時間と速度、位置の関係がわかった。

式(6)(7)に $g = 9.80\text{m/s}^2$ を代入すると任意の時刻の速度と位置が計算できる。たとえば、

$t = 1.00$ 秒　　$v = 9.80\text{m/s}$　　$y = 4.90\text{m}$
$t = 2.00$ 秒　　$v = 19.6\text{m/s}$　　$y = 19.6\text{m}$
$t = 3.00$ 秒　　$v = 29.4\text{m/s}$　　$y = 44.1\text{m}$

という具合だ。吊り橋から小石を落とし、2秒後に川に着水したら、吊り橋の高さは約20mだと推定できるわけである。

（2）放物運動

今度は、物体に初速度を与えて空中に投げ出した場合を考えよう。

真上に打ち上げる鉛直投射運動、水平に打ち出す水平投射運動などがあるが、斜め方向に投げ出す斜方投射運動の場合も含めて、ここではまとめて**放物運動**とよぶことにする。

空気抵抗などを考えないことにすると、放物運動でも、手を離れた後、物体にはたらくのは重力だけだから、運動方程式を考えると、物体に生じる加速度は鉛直下向きの重力加速度 g となる。これは自由落下の場合と同じだ。

では、投げ出すことで何が起こるのかを考えてみよう。そのためには重力のない世界を想像してみるとよい。重力がなければ、投げられた物体は、手から離れた後は何の力も受けないから、落ちずにそのまままっすぐ、どこまでも等速直線運動をするだろう。慣性の法則が教えるところだ。

重力があれば、これに自由落下運動が加わる。結局、放物運

動は、初速度による等速直線運動に、自由落下運動を合成した運動と考えればよい。

水平方向（x方向とする）に初速度v_0で投げた物体の運動を考えてみよう。重力がなければ物体は、時刻tにはそのまままっすぐ$v_0 t$だけ進んだところにいる。

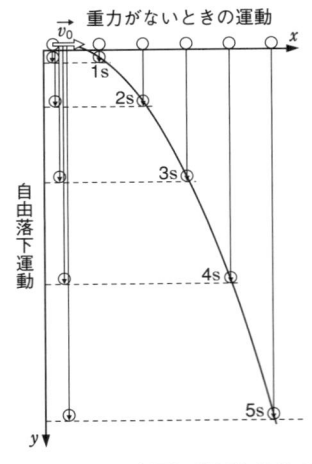

つまり、

$$x = v_0 t \quad \cdots\cdots(8)$$

である。さらに重力がはたらくと考えよう。鉛直方向（y方向とする）の初速度は0なので、時刻tでの鉛直方向の落下距離は、自由落下とまったく同じで、

$$y = \frac{1}{2} g t^2 \quad \cdots\cdots(9)$$

図2-3-6　水平に投げた物体の運動

である。重力は水平方向の運動には影響しないから、式(8)は変わらない。

この物体がたどる道筋がx-yグラフで表され、数学では放物線とよばれる2次曲線になる（図2-3-6）。

図2-3-7は斜方投射の例である。初速度のまま、斜め上に一定の速度で進んだ場合の位置から、下向きに自由落下した位置を示す。物体が描くアーチは、やはり放物線になっている。

このように、重力による運動はすべて等速直線運動と自由落下に還元できる。投げ出したときの初速度は等速直線運動を生み、重力は自由落下運動を生む。この2つの運動を合成したものが放物運動なのである。何通りにも場合分けして、それぞれ

の公式を覚える必要などないのだ。

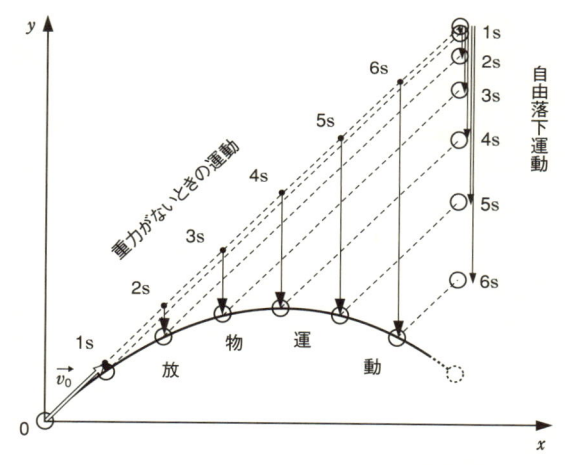

図2-3-7　斜め上に投げた物体の運動

4. 等速円運動

(1) 円運動する物体の位置をどう表すか

　身の回りにもたくさんの回転運動がある。時計の針、乗り物の車輪、CDやDVD、扇風機、洗濯機、遊園地のメリーゴーラウンド、おもちゃのこま……回転するものが無数にある。地球をはじめ、多くの天体も回転している。

　物体が同じ円周上を繰り返し回る運動を円運動といい、その速さが一定の場合をとくに**等速円運動**という。これも、基本的な運動の1つだ。ここでは等速円運動の性質を調べてみよう。

　円運動は平面上の運動である。ここまで平面上で運動する物体の位置を表すのに、xy直交座標を用いてきたが、この方法は円運動の場合はあまり得策ではない。x座標もy座標も一定

ではないし、それぞれの方向の速度成分も一定ではないからだ。

円運動では、物体はつねに円の中心から一定の距離にある。変化するのは中心から見た方向だけだ。ここに注目して中心角で物体の位置を示すことにしたらどうだろう。

時計の針の先がどこにあるかは、針の長さを知っていれば、中心の角度を示すだけでわかる……いや、それどころか時刻を示すだけでわかる。私たちは時計の針が一定の時間に一定の角度ずつ回転する等速円運動を行うことを知っているからだ。

(2) 角速度と速さ

時計の長針は60分で1周する。60分で360°だから、1分間に6°、1秒で0.1°という回転の速さだ。秒針はその60倍の速さで回る。このように、1秒間にどれだけの角度回転するかを**角速度**とよぶことにする。

ところで、高校以上の物理や数学の世界では、角度の単位として「度」ではなくrad（ラジアン）を用いる。**弧度法**とよばれる角度のはかり方だ（コラム参照）。弧度法を使うほうが、円周上の長さや円周にそった速さが簡単に求められる。

円運動する物体が1秒間に何rad回転するかを示す角速度をω（オメガ）で表す。角速度の単位はrad/s（ラジアン毎秒）である。等速円運動では角速度は一定で、時間t[s]の間に回転した角度θ[rad]は、

$\theta = \omega t$ ……(10)

となる。弧度法の定義により、半径rと中心角θをかけ算した値が円周にそって進んだ距離sになるから、

$s = r\theta = r\omega t$

である。したがって、等速円運動する物体の速さvは、

2-3 いろいろな運動

$v = r\omega$ ……(11)

で求められることになる(次ページ図2-3-9)。

なお1周するのにかかる時間(周期)Tは、1周の中心角

弧度法

円はそれぞれ半径が異なってもすべて相似形である。同じ中心角に対する扇形もどれも相似形だ。だから、半径rと弧の長さsは比例している。また、同じ半径の円では、中心角θと弧の長さsは当然比例する。つまり$s \propto r\theta$が成り立つ(図2-3-8)。

弧の長さsは中心角θに比例する

半径rに等しい長さの弧をもつ中心角を1単位の角と定めると $s = r\theta$ が成り立つ

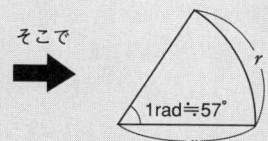

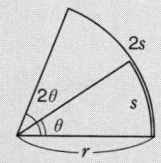

図2-3-8 弧度法の定義

そこで、$s = r\theta$という関係式が成り立つように角度を決める。すなわち、半径に等しい長さの弧をもつ扇形の中心角を1単位の角度と定め、1 rad(ラジアン)とよぶ(radianはradius:半径とangle:角度を結合した造語)。

こうすると、円周の長さは$2\pi r$なので、1周の中心角(360°)は、2π radになる。πを3.14として計算すると1 radは$\frac{360°}{6.28}$で約57°に相当することがわかる。

図2-3-9 円運動の速度と角速度

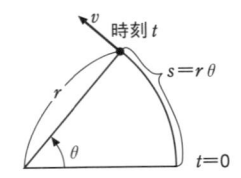

$$\omega = \frac{\theta}{t}$$

ωの単位：ラジアン毎秒
単位記号 rad/s

$$s = r\theta = r\omega t$$
$$v = \frac{s}{t} = r \cdot \frac{\theta}{t} = r\omega$$

2π rad をωで割って

$$T = \frac{2\pi}{\omega}$$

で求められる。

(3) 等速円運動の加速度と向心力

　等速円運動では、物体の速さは一定なので、加速度は0だと考えたくなるが、実はそうではない。前に学んだように、加速度が0の状態とは、等速直線運動または静止のことである。

　等速円運動では速さ v は変化しないが、速度ベクトルの向きはつねに変化している。向きが変化しただけでも「速度」は変化したことになる。

　このときの加速度はどうやって求めたらよいだろう。

　短い時間 Δt の間に速度が $\vec{v_1}$ から $\vec{v_2}$ に変化したとする。角速度をωとすると、Δt の間の回転角は $\omega \Delta t$ になる。このとき、$\vec{v_1}$ と $\vec{v_2}$ の向きも $\omega \Delta t$ 変化している。ここで、速度の変化を調べるために、$\vec{v_1}$ と $\vec{v_2}$ を平行移動して、始点をそろえると、図2-3-10のようになる。この図で、$\vec{v_1}$ の終点から $\vec{v_2}$ の終点に向かって引いた矢印が、この間の速度変化 $\vec{\Delta v}$ だ。

　加速度は、これを Δt で割った、$\vec{a} = \dfrac{\vec{\Delta v}}{\Delta t}$ である。

2-3 いろいろな運動

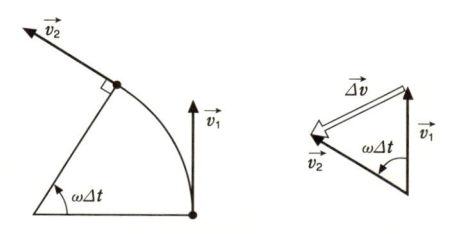

図2-3-10 円運動の速度ベクトルの変化

　この場合、加速度もつねに変化しているので、ある瞬間での加速度を求めるには、Δt を限りなく0に近づける必要がある。

　まず Δv を求めるために、2つのベクトルの始点を中心にして、半径 v の弧を描く。この弧の長さは、半径×中心角、つまり、$v\omega\Delta t$ だ。Δt が限りなく0に近づくとき、角 $\omega\Delta t$ も0に近づき、弦 Δv はこの弧 $v\omega\Delta t$ に限りなく近づく（図2-3-11）。

$\omega\Delta t$ が大きい　　　　　　　　$\omega\Delta t$ が小さい

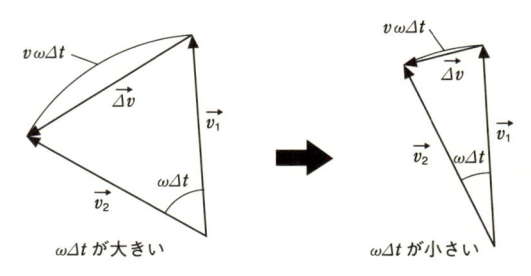

図2-3-11 Δt を小さくしていく

　このとき加速度は、$a = \dfrac{\Delta v}{\Delta t} = \dfrac{v\omega\Delta t}{\Delta t} = v\omega$ に限りなく近づくことになる。この式は式(11)を用いて、

$$a = v\omega = r\omega^2 = \frac{v^2}{r} \quad \cdots\cdots(12)$$

と整理できる。これが等速円運動の加速度の大きさである。

また、このとき加速度の向きはつねに速度と垂直になる。図2-3-11で、$\vec{\Delta v}$を底辺とする二等辺三角形の頂角 $\omega \Delta t$ が限りなく0に近づくと、2つの底角は限りなく直角に近づく。加速度の向きは $\vec{\Delta v}$ の向きと等しいので、円運動の速度と加速度は互いに直交するのだ。

また、円運動の速度は円の接線方向を向くので、それと直交する加速度はつねに円の中心を向く。そこで、この加速度を**向心加速度**とよぶ。

この物体の質量を m とすると、物体が受けている力 F は、運動方程式から、

$$F = ma = mr\omega^2 = m\frac{v^2}{r} \quad \cdots\cdots(13)$$

で、向きはつねに円の中心を向く。これを「向心力」とよぶ。

物体に等速円運動をさせるためには、つねに円の中心に向かう力がはたらいている必要がある。

たとえば5円玉に糸をつけて勢いよく振り回してみよう。糸はほぼ水平にぴんと張っている。糸がなければ円運動にはならないのだから、力の向きは糸の張力の向き、つまり、円の中心向きだとわかる。この場合は糸の張力が向心力の役割を果たしている。

円周にそって運動しているので、進行方向に向かう力を考えたくなるが、そのような力はない。速さを一定にするためには、力は速度と同じ方向への成分をもってはならない。速度ベクトルと直角な方向、つまり円の中心を向く必要があるのだ。力は速度ベクトルの向きだけを変えるはたらきをする。

式(13)で v を定数にすると F が r に反比例し、r を定数にすると F が v^2 に比例する。同じスピードではきついカーブ(半径 r が小さい)ほど、同じカーブではスピードのあるほど、それぞ

2-3 いろいろな運動

れ F を大きくする必要がある。

水平な道路でカーブを曲がる車やバイクは、路面からの摩擦力を向心力としているが、摩擦力には限界があるから、滑らないためには、速度 v を抑えるしかない。だから急カーブではスピードを落とさなければならない。

これが問い2の答えである。

5. 万有引力による運動

(1) 落ちずに地球を1周するには

つぎは問い3の地球1周の問題を考えてみよう。小石を水平に放る。速く投げれば遠くまで飛ぶ。これは放物運動のところで学んだ。それでは、初速度をどんどん速くしていったらどうだろう。小石はやがて地球を1周するのではないか。もちろん空気の抵抗などは考えないでの話だが(図2-3-12)。

小石は重力を向心力として円運動をする。

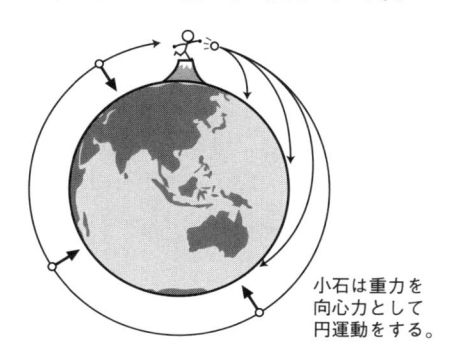

図2-3-12 地面に落ちずに地球を1周するには？

質量 m の小石が地表すれすれに飛んで地球を1周するとき、小石は重力 mg を向心力とする等速円運動をしていると考えられる。円運動の半径は地球の半径 R としてよいだろう。

このとき、等速円運動の運動方程式は、式(13)より、

$$m\frac{v^2}{R} = mg \quad \cdots\cdots(14)$$

となり、これを解くと、

$$v = \sqrt{Rg}$$

が求まる。この速さを第1宇宙速度とよぶ。

第1章で紹介したように、地球の周囲は4万kmだ。地球の半径Rはこれを2πで割って、6.4×10^6mである。これと$g = 9.8 \mathrm{m/s^2}$を上式に代入すれば、vは、7.9×10^3m/sになる。

ロケットは大気圏をぬけながらしだいに横倒しになって、地表に平行に約8km/sの速さで荷物を打ち出す。大気圏外では空気抵抗がないから、荷物はそのまま落ちずに地球を1周する。これが人工衛星だ。

この速さで飛ぶと地球を約84分で1周できる。飛ぶ方向をうまく選べば、42分以内に地球上のどこへでも行けるのだ。

(2) ケプラーの法則

地球には〝天然衛星〟が1つある。おなじみの月だ。月は地球の周りを等速円運動に近い運動で公転しているが、その向心力は何だろう。月はなぜ落ちてこないのか、そしてなぜよそへ飛んでいかないのか。

この問題を解いたのはイギリスのアイザック・ニュートンである。ニュートンのたどった論理を追ってみよう。話はまず17世紀初頭にさかのぼる。

地球や他の惑星は太陽の周りを公転している。ドイツのヨハネス・ケプラーは、デンマークのティコ・ブラーエが残した精密で膨大な惑星の観測結果をもとに、惑星の軌道について研究し、次の3つの法則にまとめあげた。

- **第1法則** 惑星の軌道は、太陽を1つの焦点にした楕円軌道である。(楕円軌道の法則)
- **第2法則** 太陽と惑星を結ぶ直線が単位時間動いたときにできる扇形の面積(面積速度)は、太陽から近いときも遠いときも、同じである。(**面積速度一定の法則**)
- **第3法則** いくつもの惑星の公転周期 T と、軌道の長半径(楕円の長軸の半分) R とを調べると、比例定数を k として、$T^2 = kR^3$ という関係が成り立つ。(調和の法則)

楕円とは2点からの距離の和が一定になる点を集めた図形だ。2本の画鋲に糸で作った輪をかけ、鉛筆の先でぴんと張りながらぐるっと1周したときに鉛筆が描く図形が楕円である。このとき糸をとめていた2本の画鋲の位置が**楕円の焦点**である(図2-3-13)。

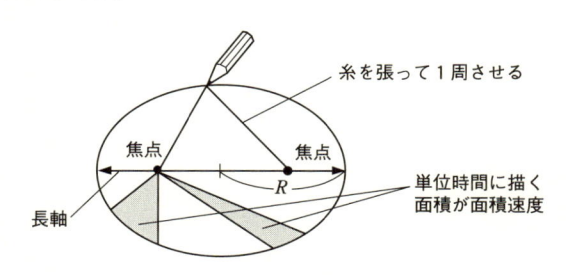

図2-3-13 楕円の描き方と面積速度

(3) 万有引力

では、惑星がこのような運動をする原因となる力は、どのような性質をもっているのだろうか。

面積速度一定の法則は、惑星が太陽から近いときは速く、太

陽から離れるとゆっくりと運動していることを示している。

このような動きになるのは、惑星がつねに太陽からの引力（1つの点に向かう力、中心力ともよぶ）を受けているからだ。太陽から離れていくときは、動きを引き止める向きに引力を受けて遅くなり、太陽に近づくときは、動きを速める向きに引力を受けて速くなる。その結果、面積速度が一定になる（図2-3-14）。

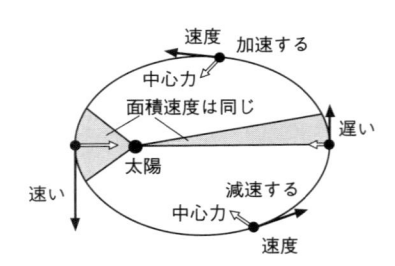

図2-3-14 面積速度と中心力

ここで簡単な例として、半径 r の円軌道を描く質量 m の惑星を考えよう。太陽と惑星の距離が一定なので、面積速度一定の法則から惑星の速さも一定である。円軌道を描く惑星は等速円運動をする。

この惑星の公転周期を T とおくと、時間が T たつ間に1周（2π rad）公転するので、角速度 ω は、$\omega = \dfrac{2\pi}{T}$ である。この惑星の等速円運動の運動方程式に上の ω を代入すると、向心力 F は、

$$F = mr\omega^2 = \frac{4\pi^2 mr}{T^2}$$

となる。

この式に、ケプラーの第3法則、$T^2 = kr^3$ を代入すると、

$$F = \left(\frac{4\pi^2}{k}\right) \cdot \frac{m}{r^2}$$

である。（　）内は定数なので、惑星はその質量 m に比例し、太陽との距離 r の2乗に反比例する力を受けていることになる。

ところで、この力は、惑星と太陽がおよぼしあう作用反作用の力である。つまり、太陽も惑星からの力を受けているはずだ。太陽と惑星が物体として対等であると考えるなら、この力は太陽の質量 M にも比例していると考えるほうが自然だ。つまりこの力は、比例定数を G として、

$$F = G\frac{Mm}{r^2} \quad \cdots\cdots(15)$$

という式に従うと考えられる。ニュートンはこうして、手の届かない天体が受ける見えない力を発見できたのである。

さらに、天体に限らず、質量がある物体ならあらゆるものがこの力をおよぼしあう、と一般化したことがニュートンの発想のすごさだ。この力を**万有引力**とよび、式(15)を**万有引力の法則**という。比例定数 G は**万有引力定数**とよばれる。

地球上の物体が、地球という物体から受ける万有引力が、ほかでもない「重力」だ。これは重さとして感じることができる。

しかし、万有引力の法則によれば、人間どうしも、人間とリンゴも、互いに引力をおよぼしあっているはずだ。それなのに、私たちがリンゴの引力に気がつかないのはなぜだろうか。

それは、万有引力定数 G が $G = 6.673 \times 10^{-11}\,\mathrm{N \cdot m^2/kg^2}$ と非常に小さいからである。式(15)に数値を入れてみるとわかるが、人間の質量を入れたぐらいでは、はかれるほどの大きさの力にならない。重力の場合は、相手が地球という質量がとてつもなく大きい物体だから、この力を感じるのだ。

ここで、問い4の地球の質量を求める問題に挑戦しよう。G の値を知ると、万有引力の法則の式(15)を使って地球の質量を求めることができる。

　地球と物体の質量を M、m、地球の半径を R とする。地表での万有引力の強さは、地球の中心に全質量 M が集中していると考えて求めた値と等しい。それを私たちは重力 mg とよんでいるのだから次式が成り立つ。

$$mg = G\frac{Mm}{R^2} \text{ より } \quad M = \frac{gR^2}{G} \quad \cdots\cdots(16)$$

　この式に、地球の半径 $R = 6.4 \times 10^6$ m、地表での重力加速度 $g = 9.8$ m/s^2 と上記の G の値を代入すれば地球の質量 M が求まる。正解はおよそ 6.0×10^{24} kg である。

　重力加速度 g の値は落下運動を測定して求めることもできるが、次のように振り子を利用するもっと精度の良い測定法もある。

6. 単振動

　ばねにおもりをつるして、つりあいの位置から少し引っ張って手をはなすと上下に往復運動する。5円玉に糸をつけてぶら下げ、少し横にずらして手をはなすと振り子運動をする。このような運動を**単振動**という（図2-3-15）。

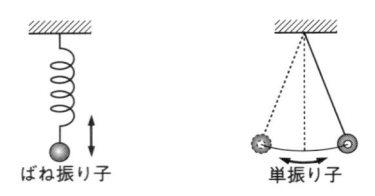

図2-3-15　単振動の例

2-3 いろいろな運動

この糸につるした5円玉の単振動から重力加速度を求めることができるというのだが、どうするのだろう。単振動という運動について少し調べてみることにしよう。

（1）単振動の位置と加速度、力

円運動している物体を真横から見ると、振動しているように見える。等速円運動の1つの方向の成分を取り出すと、それは単振動と同じ動きになっている。そこで、半径が A、角速度が ω の等速円運動をもとにして単振動を考えよう。

この物体が図の x 軸を上向きに通り過ぎた瞬間を $t=0$ として、時刻 t での運動の y 成分を取り出す（図2-3-16）。

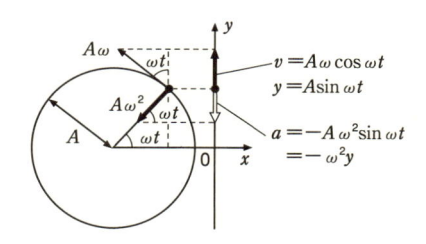

図2-3-16　円運動の成分

まず位置の y 成分を考える。時刻 t では中心角が ωt になっているので、図より、位置 y は次のように表せる。

$y = A \sin \omega t$ ……(17)

これを単振動の変位といい、y は $-A$ から A の間で変化する。なお、単振動では ω を角振動数とよぶ。

つぎに、加速度を見てみよう。もとの円運動の加速度は円の中心向きで、大きさが $A\omega^2$ なので、加速度の y 成分は、式(17)を利用して、次のように整理できる。

$$a = -A\omega^2 \sin \omega t = -\omega^2 y \quad \cdots\cdots(18)$$

ここで、物体の質量を m として運動方程式を考えると、単振動をさせる力 F は、次のようになっているはずだ。

$$F = ma = -m\omega^2 y \quad \cdots\cdots(19)$$

$m\omega^2$ は定数なので、物体が受けている力は中心からの変位 y に比例している。符号 − は力の向きが変位 y と逆で、いつも中心を向くことを示している。

このように単振動をする物体には、振動の中心からのずれに比例し、中心に引き戻そうとする力がはたらいている。このような力を復元力とよぶ。

(2) 水平ばね振り子

滑らかな水平面上に置かれた台車にばねをつけ、ばねの他端を壁に固定した水平ばね振り子を考えよう（図2-3-17）。

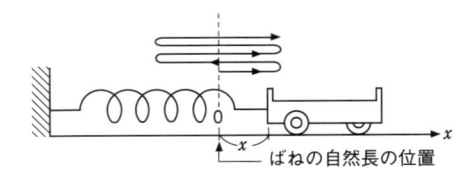

図2-3-17 水平ばね振り子

台車はばねの伸びが0の位置を中心として単振動をしている。台車の質量を m、ばね定数を k とする。

台車の変位が x のとき、ばねの伸びも x だから、ばねが台車を引き戻そうとする力は $-kx$ となる。ばねの弾性力が復元力となって単振動が起こるのである。このときの運動方程式は、

$$ma = -kx \quad \cdots\cdots(20)$$

である。式(19)の y を x と読み替えて、式(20)と比べると、

$$\omega = \sqrt{\frac{k}{m}}$$

が得られる。単振動の周期 T と角振動数 ω の間には、円運動のときと同じ関係が成り立つから、水平ばね振り子の周期は、

$$T = \frac{2\pi}{\omega} = 2\pi\sqrt{\frac{m}{k}} \quad \cdots\cdots(21)$$

となる。

　宇宙ステーションに長期間滞在する宇宙飛行士の健康状態をチェックするために体重をはかる必要があるが、無重力状態では普通の体重計は使えない。どうするかというと、飛行士をばね付きの椅子に座らせて、ばね振り子のように単振動させ、その周期 T から式(21)を使って彼の質量 m を求めるのである。

（3）単振り子

　質量 m の5円玉に長さ l の糸を付けて振り子運動させる。あまり振れが大きいと単振動にはならないが、振れの角が小さければ、5円玉はほぼ x 軸上を単振動すると考えてよい（図2-3-18：わかりやすいように大きく振らせて描いてある）。

　5円玉が位置 x にあるときに受ける重力の運動方向の成分は図より、$-\dfrac{mgx}{l}$

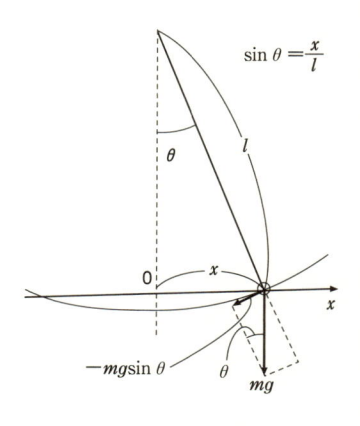

図2-3-18　単振り子

になる。これは変位 x に比例し、逆向きの復元力になる。この5円玉の運動方程式は、

$$ma = -\frac{mgx}{l}$$

となり、前と同じように式(19)と比較して、

$$\omega = \sqrt{\frac{g}{l}} \quad \text{より} \quad T = 2\pi\sqrt{\frac{l}{g}} \quad \cdots\cdots(22)$$

として周期 T を得る。π や g は定数なので、この式は、単振り子の周期が長さ l の平方根に比例して決まり、一定であることを示す。振れの幅やおもりの質量にはよらない。これを**振り子の等時性**という。

式(22)を g について解くと、

$$g = \frac{4\pi^2 l}{T^2}$$

となる。つまり、振り子の長さ l と周期 T を測定すれば重力加速度 g が求まる。測定する回数を増すことで周期の測定の精度は上げられるから、この方法は g の精密測定に向いている。

こうして、糸と5円玉と時計で、重力加速度や地球の質量をかなり精密に知ることができるのである。

第3章
変化の中で変わらないもの

第2章では、物体の位置や形が時間とともに変化する原因は「力」であり、その運動と力の関係が、ニュートンによって運動の法則にまとめられたということを学んだ。

　つぎにこの第3章では、ちょっと視点を変えて「変化の中でも変わらないもの」に注目することにする。

　私たちは家計簿をつけていなくても、財布の中の残金を調べれば、それを前日の残高やその月の給料と比較することで、その日その月に使った金額を推定することができる。これは、お金というものが総量として不変のもので、使った分だけ減るという、当たり前の法則が背景にある。自分の損は相手の儲け、総量は一定……という法則である。

　物理学ではこういう決まりを「保存の法則」という。ここでは「保存」という言葉は「とっておく」という意味ではなく、「一定に保たれる」というニュアンスで用いられる。

　本章の第1節では「運動量保存の法則」について学ぶ。複数の物体が互いに力をおよぼし合い、影響し合って運動するときに、全体として何が一定に保たれるのかを考えてみよう。

　つぎはエネルギーである。エネルギーについての概念的なことは中学校の理科でもすでに学んでいるはずだ。

　エネルギーは日常語にもなっているポピュラーな物理用語だが、その正しい意味は意外に知られていない。エネルギーとは何か、それを第2節ではっきりさせよう。

　エネルギーは、力学の範囲にとどまらず、概念を拡張し守備範囲を広げながら物理学を貫く重要な柱の1つとなっていった。「エネルギー保存の法則」は現代の物理学でももっとも基本的な法則と考えられている。

3-1 運動量と力積

- ●問い1 2階から落とした生卵を、地面で割らないで受け止めるにはどうすればよいか。
- ●問い2 相撲の立ち合いのぶちかましで、小兵の力士が巨漢の力士に当たり負けしないためにはどんな方策を講じればよいか。
- ●問い3 命綱なしで宇宙船から離れてしまった宇宙飛行士はどのようにしたら戻れるだろうか。

　生卵を2階の窓から落として、そのまま地面に激突すれば確実に割れる。では、割れないように工夫してみよう。これは、壊れやすい荷物の梱包や、人命の保護にもつながる大切な課題である。

　卵が割れるのは、殻に大きな力が加わるからだ。だから、これを小さな力にするにはどうすればよいかを考えればよい。柔らかいもので包むとか、ゆっくり降ろすとか、すぐに思いつく工夫はいくつかある。それらは力学的にはどういう意味をもつのだろう。

　一見かけはなれているように感じる相撲と宇宙飛行士の問題。この2つに共通しているのは何だろう。それがこの節のテーマである。第2章で学んだ運動の法則を踏み台にして考えていこう。

1. 運動量

　質量 m の物体が一定の力 F を受けながら加速度運動し、短い時間 Δt の間に速度が v から v' に変化したとする。このとき、速度の変化は $\Delta v = v' - v$ だから、加速度は、

$$a = \frac{v' - v}{\Delta t}$$

で表される。これをニュートンの運動方程式 $ma = F$ に代入し、変形すると次の式が得られる。

$$mv' - mv = F\Delta t \quad \cdots\cdots(1)$$

　この式で右辺の $F\Delta t$ は**力積**、左辺の mv または mv' は**運動量**とよばれる物理量である。力積の単位は N·s、運動量の単位は kg·m/s だが、実は両者は同じ単位だ。

　運動量 mv はいわば「運動の勢い」を表す量で、質量 m と速度 v のかけ算になっている。同じ質量の物体なら、速く運動しているほど勢いがある。また、同じ速さなら質量が大きい物体ほど勢いがあると考えるのである。

　時速100kmの野球のボールは受け止められないこともない。しかし、時速100kmのダンプカーと勝負しようという人はいないだろう。同じ速さでも、ダンプのほうが運動量が圧倒的に大きいことを知っているからだ。

　一方、力積 $F\Delta t$ は「力の効果」を表す量の1つで、力 F と作用時間 Δt の積になっている。作用時間が同じなら、力の強いほうが大きな効果があるし、力が等しいなら作用時間が長いほうが大きな効果があるというわけだ。

　重い物体を押し動かして勢いを与えるのに、時間が決まっているなら大勢で押すほうが効果があるし、人数が決まっているなら長時間押し続けたほうが勢いがつくのである。

　ところで式(1)は「物体の運動量の変化は、物体が受けた力積に等しい」といっている。衝突現象などでは、力が短時間に大きく変化し、速度変化の途中過程は複雑で追跡しにくい。しかし、式(1)によると、力の効果を力積という形でひとくくりに求

3-1 運動量と力積

めることができれば、途中の複雑な変化はさておき、衝突前後の速度の関係を知ることができる。

パソコンと力センサーを用いれば、短い間の力の激しい変化も測定できる。図3-1-1のグラフのような測定結果が得られたとしよう。横軸が時間、縦軸が力である。このような場合はグラフの下の面積が力積に相当する。

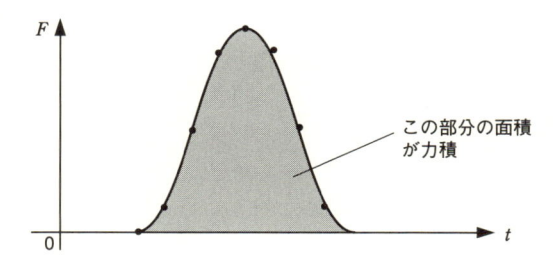

図3-1-1　F-t グラフの面積から力積を求める

2. 運動量の変化から力積を求める

時速144kmのストレートの速球を、打者が同じ速さでまっすぐ打ち返した。このとき打者がボールに与えた力積を求めてみよう。ボールの質量 m は0.15kgとする。

力や衝突時間についての情報はないが、運動量の変化から力積を求めることができる。まず、時速を秒速にする。

$$144\text{km/h} = \frac{144000\text{m}}{3600\text{s}} = 40\text{m/s}$$

打撃前の速度の向きを正とすると、

投球は $v = 40\text{m/s}$、打球は $v' = -40\text{m/s}$

である。力積の計算は式(1)から次のようになる。

$$F\Delta t = 0.15 \times (-40) - 0.15 \times 40 = -12 \text{N·s}$$

マイナスの符号は逆向きに力を加えたことを意味する。

打撃時間 Δt が約0.01秒だったとすると、平均の力 F は1200Nつまり、およそ122kgwという大きさだったことになる。

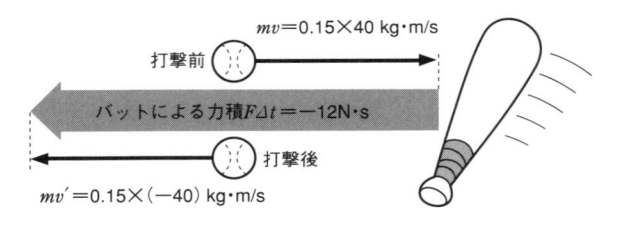

図3-1-2　運動量の変化から力積を求める

3. 生卵を割らない方法

さて、これらをもとに問い1の生卵を割らない方法について考えてみよう。前述のように、卵が割れるのは、殻に大きな力が加わるからである。この力を、殻が割れない程度に抑えるにはどうすればよいかを考えればよい。

卵が地面に着く直前の速度を v、卵にブレーキをかける力を F、その作用時間を Δt とすると、運動量と力積の関係から、

$$F\Delta t = m \times 0 - mv = -mv$$

が成り立つ。これを F について解けば、

$$F = \frac{-mv}{\Delta t} \quad \cdots\cdots(2)$$

が得られる。マイナスの符号は速度と逆向きに力を加えるという意味だ。ブレーキをかけるのだから当然である。

式(2)で卵の質量 m を定数と見ると、力 F を小さくする方法は2つある。

　① 速度 v を小さくする
　② 力の作用時間 Δt を大きくする

①の対策例は、パラシュートでゆっくり落下させるなどの方法である。②の例としては、地面にスポンジを置いたり、生卵を綿などで分厚く覆う方法などが考えられる（図3-1-3）。

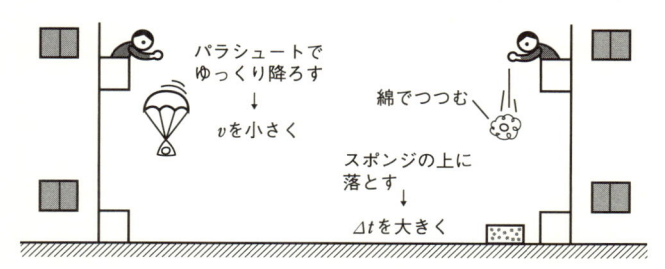

図3-1-3　生卵を割らない方法

緩衝材の変形により時間稼ぎをするわけだ。後者の方法は、体育のマットや、靴のゴム底、壊れやすい品物の梱包材など、日常でもよくお目にかかる。

　万が一車が衝突したときに、搭乗者を救う対策も同様に2つ考えられる。1つはスピードを出さないことであり、2つ目は車体を変形しやすくして緩衝作用をもたせたり、エアバッグやシートベルトをしっかり装備することである。

4. 運動量保存の法則

　運動量と力積の関係式(1)から新しい関係を導いてみよう。

　ビリヤードの球のような2物体の衝突を考えると、力はこの2物体の間でのみはたらく。運動の第3法則（作用反作用の法

則）によると、物体相互にはたらく力の大きさはつねに等しく、向きは反対だ。よって、片方を F と書けばもう一方は $-F$ と書ける。もちろん、2 物体が接触している時間 Δt は両者に共通である。

2 物体の質量をそれぞれ m_1 と m_2、衝突前の速度を v_1 と v_2、衝突後の速度を v_1' と v_2' で示し、各々に運動量と力積の関係の式(1)をあてはめると、次の2つの式が得られる。

$m_1 v_1' - m_1 v_1 = F\Delta t$
$m_2 v_2' - m_2 v_2 = -F\Delta t$

これらを左辺は左辺、右辺は右辺で足しあわせると、

$(m_1 v_1' - m_1 v_1) + (m_2 v_2' - m_2 v_2) = 0$

となる。さらに、整理して符号をそろえると次式が得られる。

$m_1 v_1 + m_2 v_2 = m_1 v_1' + m_2 v_2'$ ……(3)

ここで左辺は衝突前の2物体の運動量の和であり、右辺は衝突後の運動量の和である。この式の意味することは、衝突しても衝突前の運動量の和と衝突後の運動量の和は変わらないということである。変わらないことを、物理では、しばしば「保存する」という。運動量の総和が一定に保たれるというこの関係式は**運動量保存の法則**とよばれる。

運動量保存の法則は運動の第2法則と第3法則をもとに導かれた。その意味では運動の法則の焼き直しといってもよい。ただし、式(3)を導く前提となった大切な条件がある。

それは、2 物体が相互におよぼしあう力（**内力**という）以外の力ははたらいていないという条件である。考えている2物体以外の外部からはたらく力（**外力**）が無視できないときに

は、運動量保存の法則は適用できない。

5. 相撲の立ち合い

さて、ここで問い2を考えてみよう。立ち合いのぶちかましで、小兵の力士が巨漢の力士に当たり負けしないためにはどんな方策があるだろうか。

体当たりではねとばされず、互角に組むためには、両者が衝突した瞬間に運動量の合計が0になればよい。つまり式(3)の右辺が0ということだ。小兵の力士と巨漢の力士の質量をそれぞれ m_1、m_2 とすると、

$$m_1v_1 + m_2v_2 = 0 \quad \cdots\cdots(4)$$

という式が成り立っていれば、2人の力士は衝突してその場に静止することができる。もちろん、ボールのように互いにはね返ったりしないとしての話だが。

式(4)の右辺が0にならないときは、どちらかが当たり負けたということになる。

式(4)は、両力士の運動量 mv が、互いに逆向きで大きさが等しいということを述べている。相手は巨漢で質量 m は明らかに向こうがまさっている。ならば小兵の力士としては速度 v を大きくして運動量をかせぐほかない。軍配が返った瞬間にいかに鋭いダッシュができるかが勝負だ。

小兵の力士に関して運動量と力積の式(1)を考えると、初速度は0だから、衝突直前の運動量は、

$$mv' = F\Delta t \quad \cdots\cdots(5)$$

を満たす。立ち合いにかかる時間 Δt が両力士で等しいと考えると（出遅れたら明らかに不利である）、運動量 mv' は力 F で

決まることになる。スタート時に加速する力（脚力）が大きければ、同じ時間の間に大きな運動量が獲得でき、ぶちかましで勝てるのである。質量が小さい彼は、せいぜい足を鍛えるとよいというわけだ。

おもしろいことに、脚力 F が同じなら、同じ時間 Δt 内に獲得できる運動量 mv は質量によらず等しい。巨漢の力士は質量が大きいから、同じ力では加速度が小さく、時間内に到達する速度もその分小さくなる。小兵の力士はその逆で、同じ時間内に大きな速度に達することができる。立ち合いのぶちかましは、実は体重ではなく脚力の勝負だというわけだ。

体重 (m) の不足を立ち合いの鋭さ (v) で補う

図3-1-4　巨漢力士に負けない立ち合い

6. ロケット推進の原理

ロケットの打ち上げ時の質量は、ほとんど燃料で占められる。たとえばスペースシャトルの打ち上げ時の質量約2000トンのうち、機体と荷物が占める部分はわずか5％程度にすぎない。あとはみな燃料の質量である。どうしてこんなにたくさんの燃料を積む必要があるのだろう。

3-1 運動量と力積

　真空の宇宙空間では、水も空気もないからオールもプロペラも役に立たない。何も手がかり足がかりがないのだから、ものを蹴ったりかいたりして進むことはできない。何かを後ろに放出してその反動で前に進むほかはない。運動量保存の法則だけが頼りの世界だ。

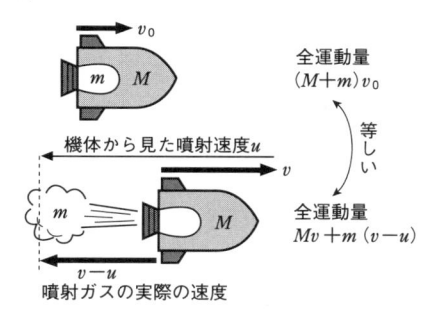

図3-1-5　ロケット推進の原理

　質量 M の機体に質量 m の燃料を積んだロケットが v_0 という速度で進んでいたとする。このロケットが全燃料を一気に燃焼して、燃焼ガスを機体に対する速さ u で後方に噴射し、その結果、機体の速度が v になったとする。u は機体から見た後方への速さなので、実際の燃焼ガスの速度は $v-u$ である。

　運動量保存の法則の式(3)は、

$$(M+m)v_0 = Mv + m(v-u)$$

と書ける。これを v について解くと噴射後の機体の速度は、

$$v = v_0 + \frac{m}{M+m} u \quad \cdots\cdots(6)$$

となる。速度の増加分は、燃焼ガスを噴出する速さ u が大きいほど、また全質量 $M+m$ に対する燃料の質量 m が大きいほ

ど、大きくなることがわかる。

ロケットは使い切った燃料タンクや補助エンジンをつぎつぎに切り捨てて身軽になりながら、全質量に占める残燃料の質量の比をなるべく大きく保ちつつ、宇宙へ向かうのである。

ここで問い3に答えておこう。

宇宙空間で船外活動中の宇宙飛行士が、万が一命綱がはずれて漂流してしまったら事態は深刻である。周りは真空だから、いくらもがいても自分の運動状態を変えることはできない。おそらく唯一の自力帰還の方法は、自分の持ち物の一部を進みたい方向と逆方向に放出することだ。ロケット推進と同じように、運動量保存の法則を利用して反動で進むのだ。

現在建設中の国際宇宙ステーションでは船外活動する宇宙飛行士はSAFERという自己救難用推進装置を背負うことになっている。これは内蔵した窒素ガスを勢いよく噴き出すことでロケットと同じ方法で宇宙飛行士に推進力を与える。

7. はね返り係数

ビリヤードで手球を的球に正面衝突させると、的球が飛び出し、手球がその場に静止する。同じコイン複数枚を使ったおはじき遊びでも、同じような実験ができる。

衝突前の手球の速度と、衝突後の的球の速度がほぼ等しく、運動量保存の法則が成り立っていることが実感できる。

しかし、運動量の総和を変化させない方法はほかにもある。衝突した2球が合体して、衝突前の半分の速度で進んでもよいのだ。実際、等しい質量の粘土球を糸で吊るして衝突させれば、この現象を起こすことができる。この場合も運動量はちゃんと保存されている。

手球がもとの速さと同じ速さではね返り、的球が2倍の速度

で飛び出していっても、運動量のベクトル和は保存される。ただし、そういう現象は決して起こらない。

このように、運動量保存の法則を満たせばよいのなら、もっといろいろな衝突の起こり方がありうる。しかし、現象のパターンは球の材質によって決まっているように見える。運動量保存の法則とは別に、物体どうしの衝突を支配する関係があるということだ。

それは衝突前後の速度の比が、もとの速度によらず一定になるという関係で、壁や床など動かない相手に対しては、

$$e = \frac{-v'}{v} \quad \cdots\cdots(7)$$

という式で表される。

ここに、v は衝突前の物体の速度、v' は衝突後の物体の速度で、一定の比 e を**はね返り係数**という。右辺にマイナスがついているのは、行きと帰りの速度の向きが逆になる（速度の符号が逆転する）ことを見込んだもので、e を正の数にするためだ。

衝突前と同じ速さではね返るとき、$e=1$ になる。これを**弾性衝突**または**完全弾性衝突**とよぶ。弾性衝突では速度や運動量の向きが変わるだけで、物体の「勢い」は失われない。

普通の衝突現象では衝突後の速さは衝突前より小さくなる。ある高さから落としたボールは、弾むたびに勢いを失って、はね上がる高さをへらしていく。つまり $e<1$ である。これを**非弾性衝突**とよぶ。

まったくはね返らない（付着してしまう）場合は $e=0$ で**完全非弾性衝突**とよぶ（図3-1-6）。

互いに動く2物体の衝突に関しては、どちらか一方の物体の上に立って見たときの相手の速さ（相対速度）に関して同じ関係が成り立つ。式で書くと、

コラム

角運動量保存の法則

物体の運動の「勢い」を表す量として運動量 mv を考えた。同様に、物体の回転に関しても、その「勢い」を表す量として、**角運動量**というものを考えることができる。

角運動量は回転に関する慣性の大きさを表す慣性モーメント I という量と、回転の角速度 ω の積 $I\omega$ で与えられる。I が m に、ω が v に相当すると考えると運動量との共通性が見えてくる。

回転する物体の角運動量も外部から物体の回転を変える力がはたらかない限り保存する。これを**角運動量保存の法則**という。前章2-3で紹介したケプラーの第2法則（面積速度一定の法則）は、惑星の公転運動に関する角運動量の保存の現れである。

フィギュアスケート競技でスピン中の選手が広げていた手を胸の前で組んだり、真上に高くあげたりしてスピンを速めるシーンがある。回転中に腕を引きつけることによって、慣性モーメント I を小さくし、角運動量保存の法則をたくみに利用して角速度 ω を増していたのである。

通常回転　　　　　　　速い回転

図3-1-7　フィギュアスケートのスピン

3-1 運動量と力積

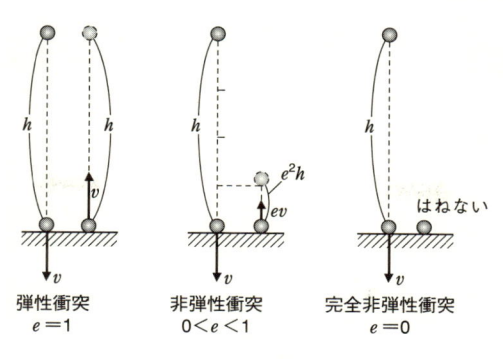

図3-1-6 衝突の三態

弾性衝突 $e=1$
非弾性衝突 $0<e<1$
完全非弾性衝突 $e=0$

$$e = -\frac{v_2' - v_1'}{v_2 - v_1}$$

となる。v_1、v_2は衝突前の、v_1'、v_2'は衝突後の両物体の速度だ。

運動量保存の法則とはね返り係数の式は互いに独立な条件である。2物体の衝突は運動量保存の法則と、はね返り係数の式を両方同時に満たすように起こる。

3-2 仕事とエネルギー

- ●問い1 重い荷物をぶら下げて水平に移動させても、力学的には仕事をしたとは言わない。なぜだろうか。
- ●問い2 馬1頭が馬車を引くときの仕事の能率を1馬力(ばりき)という。人はいったい何馬力まで出せるのだろうか？
- ●問い3 エネルギーとは何だろうか。

ホテルのポーターが、お客の荷物を部屋まで運んでいるとき「荷物をぶら下げて水平な廊下を歩いても、仕事をしていることにはならない」と言われたら、ポーターは浮かばれない。だが、たしかに、ものを持って水平に移動しても、力学では、それは「仕事」をしたことにはならない。いったいなぜだろう。

「単位」としてはもはや死語になりつつある「馬力」という言葉だが、その本来の意味は何だろうか。

「エネルギー」という言葉は日常的に使われている。エネルギー資源、クリーン・エネルギー、エネルギッシュな人……でも、その本当の意味を正しく理解して使っているだろうか。

「仕事」もそうだが、物理では、日常的に使われる言葉が違うニュアンスで使われることがある。逆に、物理用語が日常では誤用されていることもある。それが物理の理解を妨(さまた)げることがあるから要注意だ。用語の正しい定義を学んでいこう。

1. 仕事

日常語で「仕事」といえば広い意味があるが、物理の力学分野でいう「仕事」は「力仕事」のイメージに近い。英語ではworkというのでWで示す。

物体に力Fを加え、力の向きに物体をある距離sだけ動かし

3-2 仕事とエネルギー

たとき、力のした**仕事** W を次の式で定める。

$$W = Fs \quad \cdots\cdots(1)$$

力の単位はN（ニュートン）、距離の単位はm（メートル）だから、仕事の単位はN·m（ニュートン・メートル）となる。これをあらためてJ（ジュール）とよぶことにする。

1Nの力を加えながら物体を力の向きに1m動かすとき、この力のした仕事は1Jである。単1乾電池（質量約100g）を手のひらにのせて、1m持ち上げる仕事がおよそ1Jである。

2つ以上の力がはたらくとき、仕事は一つひとつの力について計算するから、どの力がした仕事かをはっきりさせなければ混乱する。

物体は、必ずしも力の向きに動くとは限らない。たとえば、綱引きで（図3-2-1）勝っている右チームが綱に加えた力は、右向きになり、綱が動くのも右である。この力は綱に「正の仕事」をしたという。一方、負けているチームが綱に加えた力は左向きで、綱が動くのは右向きである。はたらく力と物体が動く向きが逆になっている。この場合、動きと逆向きの力は綱に「負の仕事」をしたという。

正の仕事は、運動を促進するはたらき、負の仕事は、運動を

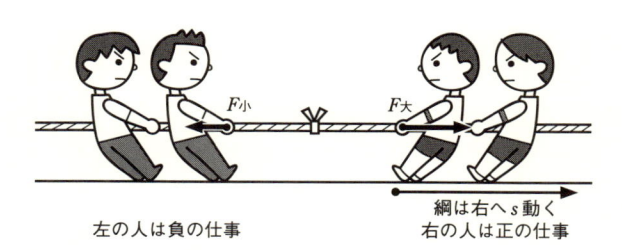

図3-2-1　綱引きの「仕事」

妨げるはたらきである。計算上は、どちらかを座標軸の正の向きと定めて、Fとsをそれぞれ向きを示す符号付きで表してかけ算すればよい。このようにして求めた仕事の符号は、正の向きの決め方にはよらない。

ここで問い1を考える。

荷物をぶら下げているとき、手からの力は上向き、進む方向は水平方向である。このように、物体が進む方向と平行でない向きに力がはたらくときは、どう表したらいいだろう。

力が合成・分解できることを思い出そう。力のはたらきを2つに分けて、運動の向きにはたらく分力と、それと直角な向きの分力のそれぞれについて、仕事を求め、足せばよい。

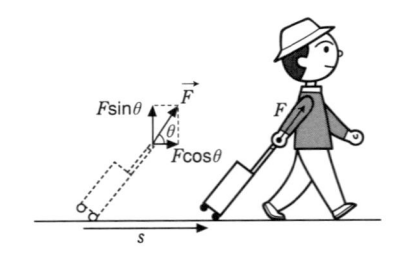

図3-2-2 トランクを引くときの「仕事」

空港でトランクを引いている人は、たいてい斜め上に取っ手を引いている（図3-2-2）。

引く力をF、移動方向となす角度をθとすると、移動方向の力の成分は$F\cos\theta$、これと垂直な方向の成分は$F\sin\theta$である。移動距離をsとすると、前者のする仕事は式(1)より、

$$W_1 = F\cos\theta \times s \quad \cdots\cdots(2)$$

だが後者の仕事は、その向きには物体が動いていないので、

$W_2 = F\sin\theta \times 0 = 0$ ……(3)

となる。進行方向と直角にはたらく力のする仕事は0なのだ。

結局、トランクを斜めに引く力 F のする仕事は、

$W = Fs\cos\theta$ ……(4)

と求められる。

$0° \leq \theta < 90°$ では、$0 < \cos\theta \leq 1$ である。したがって仕事 W は正の値となる。

$90° < \theta \leq 180°$ では、$-1 \leq \cos\theta < 0$ だから、仕事 W は負の値となる。

$\theta = 90°$ の場合は $W = 0$ である。上述のように進む向きと直角にはたらく力は仕事をしない。

したがって、重い荷物をぶら下げて水平に移動させても、手からの力は仕事をしたことにはならない。この力はその運動を促進も阻害もしないのだ。これが問い1の答えである。

2. 仕事率

単位時間にする仕事を**仕事率**（英語で power）といい記号 P で表す。仕事率は、仕事 W を、それをするのにかかった時間 t で割って、

$P = \dfrac{W}{t}$ ……(5)

で求められる。単位は J/s（ジュール毎秒）だが、これをあらためてW（ワット）とよぶ。仕事の記号 W と混同しないように注意しよう。

さて、ここで問い2である。

科学の世界では使われないが、仕事率の日常単位としては車

のエンジンの性能などを示すのに使われる**馬力**もある。1765年に高性能蒸気機関を発表したイギリスのワットが、その性能をアピールするために発明した単位だという。当時は仕事の能率を馬のはたらきにたとえるとイメージしやすかったのだろう。

ワットは実際に荷馬車用の馬に荷を引かせて計測し、550ポンド（lb）のものを1秒間に1フィート（ft）持ち上げる力を1馬力とした（1 lb は約453.6g、1 ft は約30.5cm）。

これを現行の国際単位に換算すると、1 HP（英馬力）は約746W、1 PS（仏馬力）は約736Wである。英仏でちょっと違うのがおもしろい。日本では計量法によって、仏馬力だけが「当分の間」併用を認められていて、今でも車のカタログなどに併記されることがある。

ワットが発明した単位「馬力」はやがて消えゆく運命だが、ワット自身の名前が仕事率の単位になって残った。

さて、次のような実験で自分の「馬力」がはかれる。

1階から3階まで階段を駆け上がり、その時間をストップウォッチではかる。運動の向きは斜め方向だが、重力に逆らって自分の体を持ち上げる仕事は真上に加えた力 mg と真上に移動した距離 h をかけて mgh になる。仕事率はこれを時間 t で割って得られる。

体の質量（体重）が60kg、3階までの高さが8.0m、かかった時間が6.0秒だったとすると仕事率は式(5)より、

$$P = \frac{mgh}{t} = \frac{60 \times 9.8 \times 8.0}{6.0} = 784\text{W} \fallingdotseq 1.1\text{PS}$$

と計算できる。3階までダッシュで6.0秒はややきついかもしれないが、人も頑張れば1馬力ぐらいは出るということだ。

あなたは何馬力出せるだろうか。

3. 運動エネルギーとエネルギーの原理

続いて問い3を考えよう。

「エネルギー」とは日常もよく聞く言葉だが、本来何を意味するのだろうか。石油や石炭のような、いわゆるエネルギー資源を連想するかもしれないが、実はエネルギーは物質ではない。

物体に仕事をする能力があるとき、その物体はエネルギーをもつという。エネルギーの量は物体がすることのできる仕事の量で見積もるので、仕事と同じ単位 J（ジュール）ではかる。

運動している物体は、止まるまでの間に他の物体を押して動かすという仕事ができるから、エネルギーをもっているといえる。運動物体がもつこのようなエネルギーを**運動エネルギー**（kinetic energy）とよび、文字 K で表す。

速度 v で運動している質量 m の物体は、どれだけの運動エネルギーをもつだろうか。

物体Aが、他の物体Bを押して一定の力 F を相手に加えつつ、距離 s だけ動かしたとする。作用反作用の法則により、物体AもBから逆向きの力 $-F$ を受けるから、減速されてやがて止まる。止まるまでの距離を s とすれば、物体Aがはじめの時点でもっていたエネルギーは、このときに物体Aがした仕事 $W=Fs$ に等しいということになる。

運動方程式 $ma=F$ より、物体Aの加速度は $a=-\dfrac{F}{m}$ である。等加速度運動の公式を用いると止まるまでの時間は、

$$0 = v - \frac{F}{m} \times t \quad \text{より、}$$

$$t = \frac{mv}{F}$$

この間に進む距離は、

$$s = vt + \frac{1}{2}at^2 = v \times \frac{mv}{F} - \frac{1}{2} \times \frac{F}{m} \times \left(\frac{mv}{F}\right)^2 = \frac{mv^2}{2F}$$

となる。

これを $W = Fs$ に代入して止まるまでにする仕事を求めると、

$$K = \frac{1}{2}mv^2 \quad \cdots\cdots(6)$$

となる。これが質量 m の物体が速さ v で運動しているときにもつ仕事ができる能力、すなわち**運動エネルギー**である。

上の話をもう少し一般化しておこう。わかりやすくするため、速度 v で動いている質量 m の物体に、一定の力 F を時間 t の間加えて速度 v' にする場合を考える。この間に動いた距離を s とする。

加速度 $a = \dfrac{F}{m}$ は一定になるから、再び等加速度運動の式を用いて、

$$v' = v + at$$
$$s = vt + \frac{1}{2}at^2$$

さらに、この両式から t を消去すると、

$$v'^2 - v^2 = 2as \quad \cdots\cdots(7)$$

という関係式が導かれる。

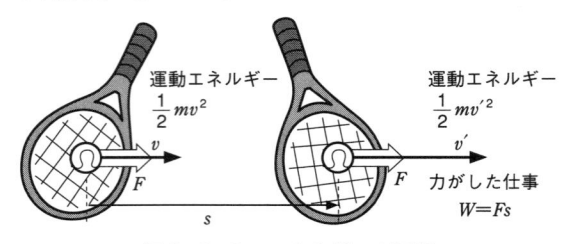

図3-2-3 エネルギーの原理

この両辺に $\frac{1}{2}m$ をかけ、$a = \dfrac{F}{m}$ を代入して整理すると、

$$\frac{1}{2}mv'^2 - \frac{1}{2}mv^2 = Fs \quad \cdots\cdots(8)$$

という関係式が導かれる。左辺は運動エネルギーの増加分、右辺は力 F が物体にした仕事を表しているから、式(8)は「物体の運動エネルギーは加えられた仕事の分だけ増加する」ということを述べている。これを**エネルギーの原理**とよぶ。

エネルギーの原理は、運動方程式を数学的に変形したものと見ることができ、等加速度運動以外の運動でも、一般的に成り立つ。

4. 位置エネルギー

山奥のダムに蓄えられた水は、高いところにあるから、水門を開くと重力によって流れ下り、その勢いで発電用の水車を回すなどの仕事をする能力をもつ。これは高い位置を占めていることにより蓄えられているエネルギーと見ることができる。

このようなエネルギーを**位置エネルギー**といい、U で表す。重力だけでなく、ばねの弾性力による位置エネルギー、万有引力による位置エネルギー、静電気力による位置エネルギーなども考えることができる。

一般に位置エネルギーは、基準になる状態から、その状態にするまでにしなければならない仕事に等しい。

いろいろな位置エネルギーを見積もってみよう。

(1) 重力による位置エネルギー

地表付近の重力はほぼ一定である。この重力に逆らって、重力と同じ力を上向きに加え、高さ 0 から高さ h まで質量 m の物体を持ち上げる。持ち上げる力 mg のする仕事は力×距離で求められるから、重力による位置エネルギー U は次のように

なる。

$$U = mgh \quad \cdots\cdots(9)$$

(2) ばねの弾性力による位置エネルギー

ばねが伸びたり縮んだりすると、もとに戻ろうとする弾性力がはたらく。ばねの弾性力の大きさ F は、ばねの伸びまたは縮み x に比例する。前章 2 - 1 で学んだフックの法則である。

ばねの弾性力による位置エネルギーは、伸び 0 から伸び x にするまでにばねを引く力がする仕事に等しい。

重力の場合は力の大きさが mg で一定なので、持ち上げる仕事 $W = mgh$ は図 3 - 2 - 4 左のように F-x グラフの長方形の面積に相当する。

ばねの力は変位 x に比例して変化するが、仕事 W はやはり F-x グラフの面積として求めることができる（同図右）。ばねを引く力は、ばねの弾性力と等しい。ばねの弾性力による位置エネルギーは、次のように求められる。

$$U = \frac{1}{2} kx^2 \quad \cdots\cdots(10)$$

重力による
位置エネルギー

ばねの弾性力による
位置エネルギー

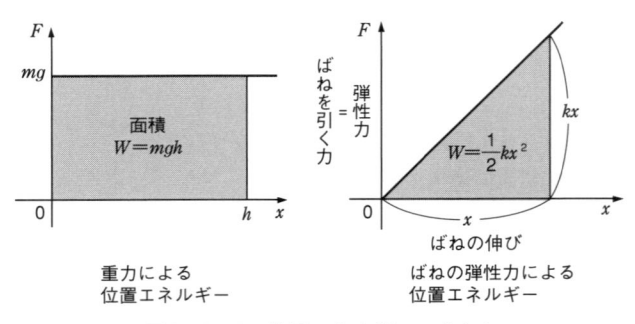

図 3 - 2 - 4　位置エネルギーの求め方

(3) 万有引力による位置エネルギー

万有引力は前章2-3で学んだように、

$$F = G\frac{Mm}{r^2}$$

で表され、力の大きさが距離 r の2乗に反比例している。

この場合も力が一定ではないので、F-r グラフ（図3-2-5）と座標軸で囲まれる部分の面積を求め、仕事 W を計算して位置エネルギーを見積もる。

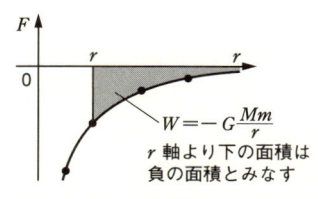

$W = -G\dfrac{Mm}{r}$
r 軸より下の面積は負の面積とみなす

図3-2-5　万有引力のグラフ

曲線のグラフなので計算は簡単ではないが、数学で積分法を勉強すれば求めることができる。ここでは結果だけ示そう。

質量 M の物体の中心から r だけ離れた質量 m の物体がもつ万有引力による位置エネルギーは、

$$U = -G\frac{Mm}{r}$$

となる。r を無限大にすると $U \to 0$ となるから、基準は無限遠点である。無限遠点から距離 r の場所までは、引力に引かれながら進むわけだから、高いところにある物体を低いところに持ってくるのと同じで、位置エネルギーは下がり、負となる。

3-3 エネルギーの保存と変換

- ●問い1 自由落下するボールはどんどん勢いを増す。ボールのエネルギーは増えているのだろうか。
- ●問い2 床を滑っていた物体の速度がだんだん遅くなり止まった。物体がもっていたエネルギーはどこへ行ってしまったのだろうか。
- ●問い3 エネルギーは使うとなくなってしまうものなのだろうか。逆に、何もないところからエネルギーをつくり出すことはできないのだろうか。

エネルギーとは、物体が仕事をする能力のことだと、前節で学んだ。動いている物体が、運動エネルギーというエネルギーをもっていることも確かめた。それなら、自由落下するボールはしだいに速さを増していくのだから、エネルギーはどんどん増えるのだろうか。

摩擦や空気抵抗のために、初めは動いていたものが止まってしまうのは、日常よく見かける。動いていたときにもっていた運動エネルギーはどこへ消えてしまったのだろう。エネルギーはなくなってしまうものなのだろうか。その逆の現象を起こせば、エネルギーを増やせるのではないだろうか。

これらの疑問に答えるにはエネルギーの移り変わりと、そのときの規則について学ぶ必要がある。

1. 力学的エネルギー保存の法則

まず、問い1から始めよう。物体が重力を受けて自由落下しているときのエネルギーの変化をみると、物体の速度はしだいに増していくので、運動エネルギーはたしかに増大していく。

3-3 エネルギーの保存と変換

しかし、物体の位置は低くなっていくので、重力による位置エネルギーは逆に減少していく。

初めの運動エネルギー：K_1、後の運動エネルギー：K_2

初めの位置エネルギー：U_1、後の位置エネルギー：U_2

とすると、前節の式(8)エネルギーの原理から、

$K_2 - K_1 =$ 重力が物体にした仕事

の関係がある。一方、高さを h で表すと、$U = mgh$ だから、

位置エネルギーの減少量 $= U_1 - U_2 = mg(h_1 - h_2)$

となり、これは重力が物体にした仕事にほかならない。このことから両式を等しいと置いて整理すると、

$U_1 + K_1 = U_2 + K_2$ ……(1)

となる（図3-3-1）。つまり、物体の位置エネルギーと運動エネルギーの和（これを**力学的エネルギー**とよぶ）は、いつも

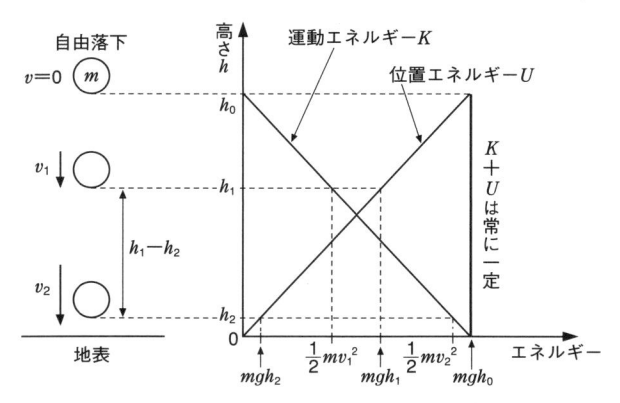

図3-3-1 位置エネルギーと運動エネルギーの変換

同じで変わらないことがわかる。これを**力学的エネルギー保存の法則**という。

運動量のときと同様、物理で使う「保存」は「大事にとっておく」という意味ではなく、「一定に保たれる」という意味だ。

力学的エネルギー保存の法則を用いると、高さ h のところから落とした物体が地表に達する直前の速度 v を、等加速度運動の式で計算するより楽に求めることができる。

落下する前は物体は止まっているから運動エネルギーは0で、位置エネルギーだけをもっている。一方、地表では高さが0だから位置エネルギーは0で運動エネルギーだけをもっていると考える。運動前後のエネルギーは、高さ h での力学的エネルギー＝地表での力学的エネルギーであるから次のような式で表される。

$$mgh + 0 = 0 + \frac{1}{2}mv^2 \quad \cdots\cdots(2)$$

これを解いて、物体の地表に着く直前の速度 v は、

$$v = \sqrt{2gh} \quad \cdots\cdots(3)$$

であることがわかる。

初速度 v でまっすぐ上に投げ上げた（鉛直投射）とき、物体が達する最高点の高さ h も、同じ方法で求められる。

重力だけがはたらく運動では、力学的エネルギー保存の法則が成り立つ。「運動エネルギーと位置エネルギーの合計が変化しない」から、時間によらない関係式になり、時間的な前後関係を入れ替えただけで、式は(2)とまったく同じになる。

式(2)で、初速度 v がわかっているとして、h について解けば、

$$h = \frac{v^2}{2g} \quad \cdots\cdots(4)$$

が容易に得られる。力学的エネルギー保存の法則は便利だ。

　力学的エネルギー保存の法則が成り立つのは、重力による運動だけではない。ばねの弾性力によるばね振り子の運動や、万有引力による天体の運動でも、力学的エネルギーは保存する。

　これらの力は、前節で紹介したように、位置エネルギーが定義できる力である。このような力を**保存力**という。「力学的エネルギーが保存される力」という意味だ。物体に仕事をしている力が重力や弾性力などの保存力だけのとき、力学的エネルギー保存の法則が成り立つ。

　伸びない糸におもりをつけた振り子の運動では、重力のほかに、糸の張力という保存力ではない力もはたらくが、糸が伸び縮みしなければ、張力はおもりの運動の向きとつねに直角で、仕事をしないから、やはり力学的エネルギーは保存する。

2. 摩擦力と摩擦熱

　それでは、動摩擦力を受けながら滑る物体の運動はどうだろう。日常見慣れた現象では、動いているものは摩擦力を受けて速度がだんだん遅くなり、ついには止まってしまう。このとき失われた運動エネルギーはどこへ行ったのだろう。これが問い2である。

　摩擦力がする仕事は、始めと終わりの位置だけでは決まらない。出発地と目的地が同じでも、近道は楽で遠回りはくたびれるのと同じように、位置エネルギーが定義できず、仕事は経路によって異なるからだ。

　粗い水平面上を滑る物体の運動を考えてみよう。重力による位置エネルギーは一定である。にもかかわらず、摩擦力が仕事をすることによって運動エネルギーが減少し、速度が遅くなっていく。

したがって摩擦力が仕事をする場合、力学的エネルギーの範囲では、保存の法則は成り立たない。

摩擦力が保存力ではないなら、エネルギーの種類と範囲をもっと広げてみたらどうだろう。

摩擦のある運動を入念に観察すると、そこには必ず熱（摩擦熱）が発生することに気づく。両手を強くこすり合わせてみると、摩擦熱の発生を体感できる。摩擦のある現象には必ず発熱がある。

熱は、長い間、力学的な現象とは無縁のものと考えられてきた。しかし、熱もエネルギーの一種で、力学的エネルギーなどと互いに移り変わるということが、18～19世紀の研究でつきとめられた。熱の正体については第4章で詳しく学ぶことにするが、ここでは熱エネルギーというエネルギーを新たに加えて、現象を見直してみることにしよう。

3. 熱機関（エンジン）

摩擦熱の発生は、力学的エネルギーから熱エネルギーへの変換だったが、逆の変換もありうる。熱エネルギーを往復運動や回転運動の力学的エネルギーに変換して、繰り返し仕事をする機械、すなわち**熱機関**（ねつきかん）（**エンジン**）がそれである。

蒸気機関の発明は人類に大きな力を与えた。今日でも、自動車を動かすガソリンエンジンやディーゼルエンジン、ジェット機や火力発電所で使われるタービンエンジンなど、熱機関は私たちの活動を支えている。

熱機関のほとんどは気体の体積変化を利用している。気体は熱せられると体積が膨張する。これを利用してピストンを押したり羽根車を回す仕事をさせるのである。

エネルギーの流れを見てみよう。

3-3 エネルギーの保存と変換

 高温の物体から、低温の物体へと移動する熱エネルギーの量を**熱量**という。図3-3-2に示すように、熱機関は高温の熱源から熱量 Q_1 をもらい、仕事 W をした後、低温の熱源に熱量 Q_2 を捨てて元の状態に戻る。

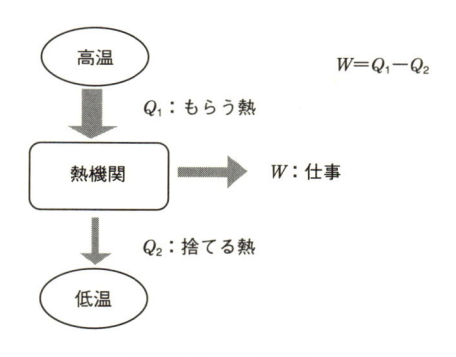

```
     ┌──────┐
     │ 高温 │              $W = Q_1 - Q_2$
     └──────┘
        │ $Q_1$：もらう熱
        ▼
     ┌──────┐
     │ 熱機関 │ ━━━▶  $W$：仕事
     └──────┘
        │ $Q_2$：捨てる熱
        ▼
     ┌──────┐
     │ 低温 │
     └──────┘
```

図3-3-2　熱機関

 なお、熱量も仕事やエネルギーと同じ単位 J（ジュール）で表す。多くのエンジンの場合、燃料を燃やして得る熱量が Q_1 で、排気ガスに含まれる熱量や、ラジエーター（冷却器）から放熱される熱量が Q_2 である。

 このときの Q_1 から Q_2 を引いたものが仕事（力学的エネルギー）W になる。つまり $W = Q_1 - Q_2$ である。こうして、熱エネルギーと力学的エネルギーは相互に変換することができる。

 次ページ図3-3-3は平和鳥（ピースバード）というおもちゃである。からだをスイングさせ、コップにくちばしを突っ込んで水を飲むしぐさを繰り返す。

 動力源などなさそうに見えるので、じつに不思議である。

 頭部は水を吸いやすいフェルトでできていて、くちばしが水につくと頭部全体が濡れる。この水の蒸発によって熱を奪われ

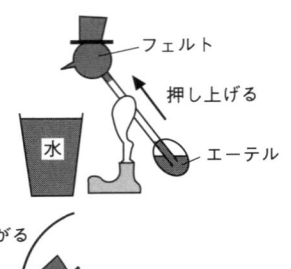

❶ 濡れた頭が蒸発熱を奪われて冷えるので、管上部の気圧が下がり、エーテルが押し上げられる。

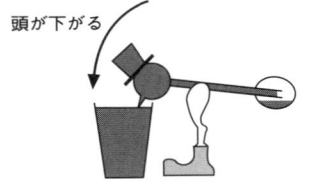

❷ エーテルで重くなった頭がコップの水に触れ、再び頭が濡れる。

❸ エーテルが流れ落ち、尾部が重くなるので頭が上がる。

図3-3-3　平和鳥

た頭部は、少し冷やされる。すると、頭内部の気体の圧力が尾部より小さくなり（図3-3-3❶）、尾内部の液体（エーテル）が圧力差によって押し上げられる。エーテルが頭部にたまると、頭が重くなって下がる（❷）。すると管の先がエーテル面から離れるため、エーテルが尾部に流れ落ち、再び頭部が上がる（❸）。両方の気体は混じり合い、温度差は解消される。しかしやがてまた頭部は蒸発で熱を奪われ、同じ動作を繰り返すことになる。

　平和鳥は巧妙な熱機関である。尾部を温める熱源は周囲の空

気で、尾部に熱量 Q_1 が流入する。ラジエーターは頭部で、蒸発熱として熱量 Q_2 を捨てている。そのわずかの差を、空気の抵抗や支点部分の摩擦に抗して運動を持続するための仕事 W に変えているのである。

平和鳥は1952年に小林直三氏が考案した。科学おもちゃの最高傑作の１つである。

4. 内部エネルギーと熱力学の第１法則

ところで、物体は熱すれば温まる。物体が熱量を受け取ると温度が上がるわけだ。これが熱の本来のはたらきである。

物体が静止したままなら、温度が変わっても力学的エネルギーはなんら変化していない。しかし、熱い物体は、熱源となって熱機関を動かすという仕事ができるのだから、冷たい物体よりエネルギーをもっているといえる。

このように、物体がその位置や運動状態とは関係なく、内部に秘めているエネルギーを**内部エネルギー**という。内部エネルギーについても次章で詳しく学ぶが、ここでは大まかに、同じ物体でも温度が高いほうが多くの内部エネルギーをもつ、としておく。内部エネルギーも U という記号で表すことが多い。

物体の温度を上げるには２つの方法がある。１つは熱いものに触れさせることだ。たとえばものは火であぶると熱くなる。もう１つは、こすったりたたいたりすることだ。冷たいものどうしでも、こすり合わせたり打ち合わせたりすれば熱くなる。前述した摩擦熱の発生もその例である。

別な言い方をすれば、物体の内部エネルギーは、それが受け取った熱量と捨てた熱量の差 ΔQ と、外部からされた仕事 W の分だけ増加する。内部エネルギーの増分を ΔU と書くとき、

$$\Delta U = \Delta Q + W \quad \cdots\cdots(5)$$

という関係が成り立つとするのが、**熱力学の第1法則**である。

前述の熱機関は $\Delta U = 0$ の例である。「した仕事」と「された仕事」の違いで仕事 W の正負が逆になるが、アイドリングがすんで定常運転している熱機関の温度は一定なので、内部エネルギー U は変化していないと考えられるからだ。

熱力学の第1法則は、力学的エネルギーと熱エネルギーをひっくるめた、より広い意味でのエネルギー保存の法則である。つまり、摩擦によって失われたと思われた力学的エネルギーは式(5)の W として物体の内部エネルギーの増加に使われたのだ。だからエネルギーはその形を変えただけで、全体としては一定に保たれている。

こうしてようやく問い2が解決できた。

5. いろいろなエネルギーとその移り変わり

最後に問い3を考えてみよう。

物理学の歴史は、エネルギー概念の拡大の歴史でもあった。新しい現象が発見されるたびに、エネルギー保存の法則についてのチェックが行われた。一時的には、エネルギーの保存法則が破れているのではないかと疑われる現象に行き当たることもあったが、理解が進むと新たなエネルギーが定義され、そのエネルギーも含めて考えれば、やはりエネルギーは全体としては一定に保たれていることが確かめられてきた。

力学的エネルギーや熱エネルギー以外にも、エネルギーとよべるものがいくつかある。いずれも、仕事をなしうる能力として、仕事または熱量に換算して評価される。

私たちが日ごろ利用している電気器具は、電気エネルギーを

3-3 エネルギーの保存と変換

光や熱や力学的なエネルギーに変換する道具である。火力発電所では熱機関を使って熱エネルギーを力学的エネルギーに、さらに発電機を使って、力学的エネルギーを電気エネルギーに変換している。電磁気現象については第6章で詳しく学ぶ。

物質は原子や分子から構成されていることを第4章で学ぶが、それらの間の化学結合によって物質内部に蓄えられているエネルギーを**化学エネルギー**という。燃焼などの発熱反応ではこの化学エネルギーの差が、反応熱として熱エネルギーに変わっている。私たちが使っているエネルギーの大半は、もとをたどると石油や石炭などの化石燃料を燃やして得る反応熱に由来していて、化学エネルギーを変換したものと見ることができる。

その化石燃料は、もとはといえば太古の生命活動の遺物である。生命は太陽からの光エネルギーによって育まれた。したがって、化石燃料は過去の光エネルギーを化学エネルギーに変えて蓄えたものだ。光もエネルギーをもっていることは、太陽光がものを温めることや、太陽電池で電流が得られることからもわかる。

ではその太陽はなぜ光っているのかというと、中心部で**核融合**という反応が起こっていて、莫大な核エネルギーが解放されて熱エネルギーを生み出しているからである。このへんは第7章で学ぶことになる。

これらのエネルギーは、互いに姿を変えていくことができる。次ページの図3-3-4で、その関係を示しておく。

かつて、外部からエネルギーの供給を受けることなく、仕事をし続ける機械「永久機関」というものの発明がブームになった時代があった。しかし、無から有を生み出すような機械は決してつくれないことは、熱力学の第1法則が教えている。エネルギーは消費されてなくなることも、新たに生まれることもな

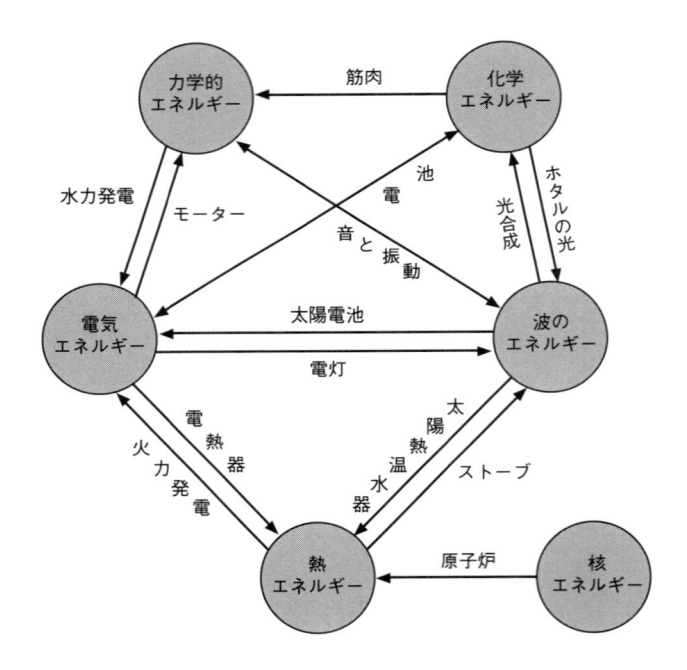

図3-3-4　エネルギーの移り変わり

く輪廻を繰り返している。

　変化の中で変わらない量に注目することはとても大切な視点だ。とくにエネルギーは、あらゆる物理現象にまたがって普遍的に保存される量であり、その保存の法則は物理学全体を貫くもっとも基本的な法則であると考えられている。

　この後の章でも、エネルギーに注目しながら学習を進めていってほしい。

第4章
ものは原子でできている

第4章のテーマは熱と物質の関係である。前の章では、熱というものをエネルギーの1つのあり方として巨視的（マクロ）に見てきたが、この章ではより微視的（ミクロ）な視点から見直してみたい。

　物質が原子や分子という微小な粒子を単位として構成されていることは、中学校でも学んだ。もちろん、目に見えない原子や分子の存在が、初めから明らかだったわけではない。それは、気体・液体・固体という物質のありさまを注意深く、詳細に観察することで明らかにされてきたのだ。

　気体は固有の体積をもたず、器から出すと拡散してしまう。熱すると著しくふくらみ、押せば著しく縮むという独特の性質もある。これに対して液体は、器に合わせて自由に姿を変え、体積はほとんど変化しない。

　液体の滴には丸くなろうとする性質もある。一方、固体は決まった形をもち、それを保とうとする。

　常温では液体の水という物質は、100℃以上の高温では気体の水蒸気に、そして0℃以下の低温では固体の氷になる。このように、気体・液体・固体という物質の状態は、その温度と深い関係がある。同じものでできた物質でありながら、温度によってありさまが大きく変わることは、水以外にも日常よく経験するところだ。

　いったい熱とは何か、物質とは何か、本章ではその正体に迫ろう。こうした、温度・熱と物質の状態の不思議な関係を深く探究することで、人類はミクロの世界への扉を開いた。それは原子の構造、宇宙の存在の意味へと果てしなく続く深遠な物理学の序章だった。

4-1　熱と分子運動

- ●問い1　同じ温度でも、金属が木よりも冷たく感じるのはなぜだろう。
- ●問い2　「熱が高い」という言い方は物理的には間違いだ。何がいけないのだろう。
- ●問い3　エネルギーは保存するから、どう使っても変わらないはずなのに、「エネルギーを節約する」というのは矛盾ではないか。

　金属にはなんとなく冷たいイメージがある。一方「木のぬくもり」といわれるように、木はなんとなく温かいイメージがある。もちろん、熱した金属に触れればやけどをするし、寒い日の木の床はやはり冷たいのだが、一般に金属は木より冷たいとイメージするのはなぜだろう。

　「熱が上がってきたみたいだ」「体温計で熱をはかってごらん」「だいぶ熱が高いぞ。医者に行ったほうがいい」。日常的なこの会話は、熱と温度を取り違えていて、物理としては不合格である。そもそも熱とは、温度とは何なのだろう。

　第3章でエネルギーはその姿を変えるだけで、総量としては増えも減りもしない「エネルギー保存の法則」を学んだ。それならエネルギーは使ってもなくならないはずだ。どうして「省エネルギー」などと、節約を考えなければならないのだろう。

　前章では、熱を巨視的（マクロ）に見てきたが、この章ではより微視的（ミクロ）な視点から見直してみたい。いったい熱とは何か、物質とは何か、その正体に迫ろう。

1. 温かい？　冷たい？

　大きさも厚さも同じ鉄と木の板を、閉めきった部屋の中に長時間置いたあと、それぞれに触れるとどんな感じがするだろうか（図4-1-1）。たしかに木に比べ鉄の板のほうが冷たく感じる。でも、はたして本当に鉄の板は温度が低いのだろうか。

図4-1-1　触れたときの冷たさ

　ためしに、赤外線をキャッチして非接触で手軽に温度がはかれる赤外線放射温度計を向けてみると、板の温度はほぼ同じという結果が出る。手で触れた感覚は、必ずしも物質の温度を反映していないことがわかる。これはどうしてだろうか。

　高温の物体と低温の物体が触れあうと、高温の物体は冷え、低温の物体は温まる。このとき、高温の物体から低温の物体に熱が移ったという。熱の移動は温度差がある限り続き、やがて両者の温度が一致すると、それ以上熱の移動はなくなる。この状態を**熱平衡**という。

　長い時間閉めきった部屋は、温度が一定で、熱のやりとりのない熱平衡の状態になっていると考えてよい。つまり部屋の壁も空気も鉄や木の板も温度は同じになっている。

　ところが指で触れると鉄は木に比べて、はるかに冷たい感じ

4-1 熱と分子運動

がする。これは物質の熱の伝わりやすさ、すなわち**熱伝導率**の違いが主な原因である。

熱伝導率は、厚さ1mの板の両面に1K（ケルビン：131ページ参照）の温度差があるとき、その板の面積1m²の面を通して1sの間に流れる熱量で表す。単位はW/m·Kである。

表4-1-1からわかるように、鉄は木に比べると桁違いに熱伝導率が大きい。だから、鉄の温度が体温より低い場合、指先の熱が速やかに鉄に移動するため、冷たく感じる。金属の熱伝導率が大きいのは、あとで学ぶように、それが自由電子をもつことと関係が深い。電流を通しやすいものは熱も伝えやすいのである。

木の場合は、それ自体が熱を伝えにくい物質であることに加え、内部にも表面にも空洞がたくさんあり、そこに熱を伝えにくい空気を蓄えているため、指から熱が奪われないのでそれほど冷たく感じない。断熱材の発泡スチロールは、その体積のほとんどを気体が占めているから、さらに熱を伝えにくく、肌触りが温かく感じるのである。これが、問い1の答えだ。

物質 （常温）	熱伝導率 [W/m·K]
木	0.18
鉄	81
ガラス	0.65
空気	0.03

表4-1-1　熱伝導率

台所の調理具を見ると、鍋ややかんの本体は熱をよく伝える金属だが、取っ手は断熱性のよいフェノール樹脂や木でできている。加熱したい中身には熱が速やかに伝わり、持ち手には伝わらないように工夫されているのである。

以上見てきたように、皮膚の温感は、熱伝導率も関係していて、対象物の温度を正しく反映しているとは限らない。肌で感じる暑さ寒さも同様だ。体感温度は、風のあるなしや湿度で大

きく異なるし、個人差も大きい。そこで、人間の感覚によらずに、客観的にものの熱い冷たいの度合い、すなわち温度を判断する手段が求められる。それが温度計である。

では、温度計はどうして温度がはかれるのだろう。そもそも温度とは何なのだろう。温度と熱はどう違うのだろう。

実は、科学の世界でも、長い間、温度と熱をはっきり区別できずにいた。問い2はその混乱を象徴している。そこで、まず温度と熱をきちんと定義することから始めよう。

2. 温度とは何か

(1) 温度計

よく見かける温度計は、ガラス管の中を赤や青の液柱が上がり下がりする。温度による液体の体積変化(**熱膨張**)を見ているのだ。ちなみに、こうした温度計を「アルコール温度計」というが、実は、中の液体は色付きの灯油や軽油である。

また電子体温計などのデジタル温度計は、温度センサー(サーミスタ)の電気抵抗が温度によって変化するのを利用して温度を知る。

私たちが日常用いている**セルシウス温度**(摂氏温度:単位記号℃)は、水の融点を0℃、沸点を100℃として、その間を100等分したもので、これも水の状態変化をめやすにして温度を決めたものである。

つまり私たちは、温度が変化したとき物質の内部状態が変化して、体積や電気抵抗などの変化が生じ、さらに特定の温度では融解(例:氷がとける)などの状態変化が起こることを経験的に知り、それらの現象を利用して、温度を数値化する目盛りを定めているのだ。

したがって、温度の本当の意味を知るには、これらの物質の

変化がなぜ起こるのかを知る必要がある。そこで、物質の内部を少し詳しく見てみることにしよう。

(2) 分子と熱運動

物質は原子・分子という微小な構成粒子が集まってできている。根元的な粒子は原子で、複数の原子の結合体が分子である。これらの粒子が結びついて物質を構成する。

原子の結合や物質の構成についての話はとりあえず後回しにして、まず分子からなる物質、たとえば「水」を例に話を始めることにする。

ポスターカラーをうすく溶かした水の1滴を、顕微鏡で600倍以上の倍率で観察すると、砂粒のような小さな粒子が小刻みに動いているのが見える。ポスターカラーの顔料粒子である。生きているわけでもない顔料粒子は、なぜ動くのだろうか。

水が乾くと、顔料粒子の動きが止まってしまうことがヒントだ。止まっている物体が動き出すには、何かから力を受ける必要がある。この場合の「何か」は、顔料粒子の周りにある水の分子だ。原子や分子は普通の顕微鏡では見えないほど小さい。

非常にたくさんの水分子が不規則に運動し、顔料粒子に衝突して不規則な運動をさせているのである（図4-1-2）。

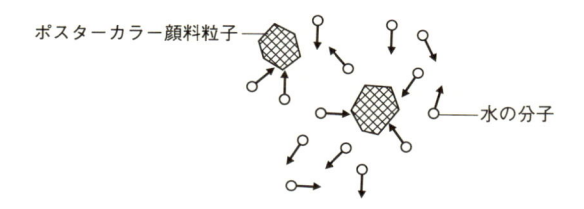

図4-1-2　ポスターカラーの顔料粒子に衝突する水分子

この現象は、発見者の名にちなんで**ブラウン運動**という。

煙の粒子でも同じようにブラウン運動が観察される。このことから、空気のような気体の分子も、同様の不規則な運動をしていることがわかる。また、固体でも原子や分子がそれぞれの決まった平均位置の周りで、たえず乱雑に振動していることが知られている。

物質を構成する原子・分子のこのような乱雑な運動を**熱運動**という。この熱運動によって、物質の状態変化をはじめとするさまざまな熱現象を説明することができる。

(3) 物質の三態と温度

固体・液体・気体の3つの状態を**物質の三態**という。水という物質では、氷が固体、水や湯が液体、水蒸気が気体である（図4-1-3）。どの状態でも水の分子は同じものであり、水という物質であることに変わりはない。同じ物質でもその温度によって状態が異なるのである。

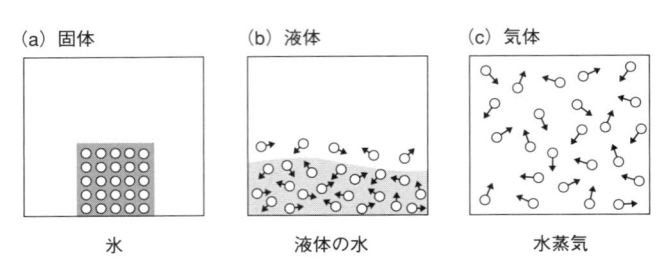

(a) 固体 (b) 液体 (c) 気体

氷 液体の水 水蒸気

図4-1-3 水の三態

固体では分子が規則正しく結びつきあっている。固体の分子は結合力によって互いに束縛しあっていて、それぞれの居場所から離れることはできない。

液体は、分子どうしはくっつきあってまとまろうとするが、

配列は不規則になり、分子がある程度動き回ることができる。

　各分子が完全にばらばらになった状態で、ほぼ自由に飛び回っているのが気体である。

　空気や水蒸気などの気体は、分子が1個1個ばらばらになっているので、ふつうは目には見えない。やかんの口から立ち上る湯気や空に浮かぶ雲が見えるのは、それらが光を散乱できるほど大きな液体や固体の粒だからである。

　分子どうしを結びつけようとする結合力は温度によらない。一方、三態のどの状態でも、分子はたえず熱運動している。熱運動が穏やかなときは、分子は互いに結合して固体となる。これが温度が十分低いときの状態である。

　熱運動が激しさを増すにつれ、分子は結合を振り切って定位置を離れ始める。これが融解という現象であり、物質は液体の状態になる。融点を過ぎた液体の温度は当然、固体だったときより高い。

　熱運動がさらに激しくなると、分子は勝手に飛び回り始め、互いの平均距離が開いてしまう。分子間の結合力は距離とともに急速に弱まるので、もはや引き戻すことはできない。容器がなければ分子はどこまででも飛んでいって拡散してしまう。気体はそういう状態である。

　つまり温度が高くなるというのは、分子の熱運動が激しくなることなのだ。

(4) 温度と内部エネルギー

　これまで見てきたように、私たちは物質を構成する原子・分子の熱運動が激しい状態を「熱い」とか「温度が高い」とよんでいる。温度が高く、すなわち原子・分子の熱運動が活発になると、それらの平均の間隔が開いて熱膨張する。互いの結合力が原子・分子をつなぎ止めておくことができないぐらい熱運動

融解　熱源　蒸発：大きなエネルギーを得た分子が飛び出す

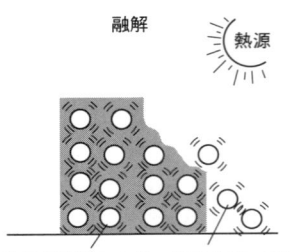

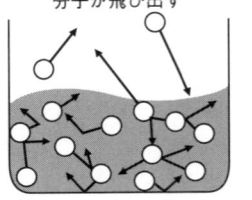

分子が振動しながら定位置にいる　結合を切って定位置を離れた活発な分子　液体中の分子はまだ結合力の影響があり、まとまろうとしている

図4-1-4　三態と分子の熱運動

が活発になると、原子・分子の結合状態は変化して、融解などの状態変化が起こる（図4-1-4）。

　結論として、「温度」の本当の意味は、物質を構成する原子・分子が行う熱運動の運動エネルギーの平均値の尺度だということになる。そして、原子・分子の一つひとつがもつ力学的エネルギーの総和が、その物体のもつ**内部エネルギー**なのである。

　ところで温度には上限や下限はあるのだろうか。

　まず上限を見ると、高い温度は、鉄の融点（1535℃）、太陽の表面温度（約5700℃）、太陽中心の温度（約1600万℃）……と際限がない。宇宙の始まり「ビッグバン」のころは、宇宙全体が何十億度という途方もない状態だったと推定されている。熱運動はいくらでも激しくなることができ、高い温度には限りがない。

　では下限はどうか。水の融点（0℃）、ドライアイスの昇華点（-79℃）、液体窒素温度すなわち窒素の沸点（-196℃）……さらにもっと温度を下げていこう。ヘリウムの沸点（-269℃）。ここでは、たいていの物質は凍っていて、もはや熱運動は停止

寸前だ。

　こう考えてくれば、低い温度には、高い温度と異なって、限りがあることに気づく。もうこれより下がりようがない温度は、古典的には原子・分子の熱運動が停止してしまう温度と考えることができる。その温度は-273.15℃である。

　したがって温度の物理的意味を考えるなら、この下限温度を温度目盛りの0にとるのが合理的だ。そのような温度目盛りを**絶対温度**(ぜったいおんど)とよび、提唱者のケルビン卿(きょう)にちなんで、**K**(ケルビン)という単位記号で表すことにする。

　-273.15℃が絶対零度0Kだ。絶対温度を$T[K]$、セルシウス温度を$t[℃]$で表すと、両者の関係は、

$$T = t + 273.15 \quad \cdots\cdots(1)$$

である。

　今日では真の絶対零度に到達することは不可能であることがわかっているが、絶対零度に限りなく近づく試みは物理学の研究の最前線で行われている。興味深い極限の世界である。

3. 熱とは何か

　問い2で「熱が高い」という言い方は、熱と温度を混同している。もっとも18世紀半ばまでは、学者たちも両者を明確に区別できていなかった。前章3-3で学んだことを復習しながら、熱とは何かをもう一度考えてみよう。

　温度とは、物質を構成する原子・分子が行っている熱運動の平均運動エネルギーの尺度である。熱運動に伴って物体は内部エネルギーをもつ。熱が伝わることにより物体の温度や内部エネルギーが変化するということは、熱とは、温度の高い物体から低い物体へ移動するエネルギーの流れだと考えられる。

たとえば、高温の物体と低温の物体が接しているとき、高温側の原子は物体表面でも激しく熱運動している。それが低温側の物体表面の原子と衝突して、その運動を激しくすると、低温側の物体表面の温度が上がることになる。低温側の物体中でも、表面から内部に向かって熱運動の激しさが伝達されていく。金属の内部では、自由電子の運動も、こうしたエネルギーの輸送に重要な役割を果たす。これが熱伝導のしくみである。

　前章3-3でも学んだように、物体の内部エネルギーは仕事によっても変化させることができた。摩擦熱の発生がその例である。摩擦熱は2つの物体がこすれ合う接触面で生じるが、その熱はどちらの物体に含まれていたものでもない。接触面で2つの物体の原子が互いにぶつかりあうことで、それぞれの原子の熱運動が激しくなった、つまり温度が上がったのである。摩擦力に抗する仕事を通じて、運動物体が全体としてもっていた運動エネルギーが内部エネルギーに変わったのだ。

　結局、温度とは、物体内部の熱的な状態を表す1つの量であり、物体間でやりとりされるものではない。一方、熱とは物体間を移動するエネルギーの流れであり、物体の状態を表す量ではないと整理することができる。

　したがって、問い2の「熱が高い」は「温度（体温）が高い」と言うのが正しく、体温計ではかるのはあくまで「温度」であって「熱」ではない、ということになる。

4. 省エネルギーとエントロピー

(1) 不可逆変化

　最後に問い3の意味を考えてみよう。「省エネルギー」とは何だろうか。

　温度の高いものと低いものが触れあうと、温度の高いものか

4-1 熱と分子運動

ら低いものに熱が伝わり、やがて同じ温度の熱平衡状態になる。

この逆に、温度の低いものから高いものに熱が自然に伝わり、温度差を拡大することは、決してない。

このように熱の伝わり方は一方向だけで逆向きには伝わらない。このような変化を**不可逆変化**という（図4-1-5）。

コップの水にインクを1滴たらすと、やがて均一に混ざってしまう。このインクの分子が再び自然に集まって1滴のインクとなることはない。これも不可逆変化である。

不可逆変化は、物質を構成する原子や分子などがおびただしい数存在し、それぞれが熱運動という乱雑な運動をしていることの現れである。

熱機関は高温物体から熱を得て仕事をするが、得た熱をすべて仕事に変えるような熱機関（第2種永久機関）は、エネルギ

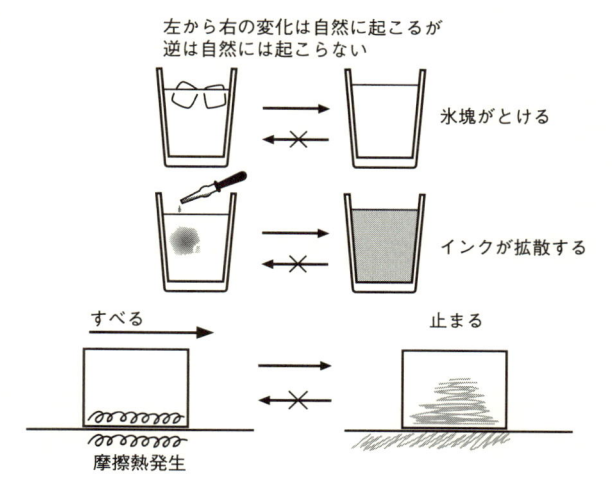

左から右の変化は自然に起こるが
逆は自然には起こらない

氷塊がとける

インクが拡散する

すべる　　　　　　　　止まる

摩擦熱発生

図4-1-5　不可逆変化

ー保存の法則にこそ反しないが、決してつくれないことが証明されている。

これは、摩擦による熱の発生過程とは逆に、無数の粒子の乱雑な熱運動を完全にそろえて、全体としての運動に変えることは不可能だということを意味する。

以上のように、おびただしい数の粒子が乱雑に動きまわる現象が一般に不可逆変化であることは**熱力学の第2法則**という法則にまとめられている。

(2) エントロピー増大の法則

熱を扱う物理学の分野・熱学にはエントロピーという基本的で重要な概念がある。19世紀にクラウジウスによって導入された、物質の状態を表す1つの量である。難しい話はぬきにして、あえて一口で言えば、エントロピーとは「乱れの尺度」あるいは「乱雑さの度合い」である。

コップの中で水とインクが分かれている状態は、一種の「整理された状態」である。これに対して両者が混ざった状態は、「無秩序で乱雑な状態」である。これを、「インクが水に混じって全体のエントロピーが増した」と表現する。

温度の高いものと低いものが接して熱が移動し、やがて両者の温度が等しくなって、熱平衡といわれる状態に達するのも、分子の運動が、より無秩序な状態に移ったことになるから、やはりエントロピーが増したのである。

床を滑っていた物体が摩擦によって減速し、摩擦熱が発生するという現象も、一方向にそろっていた分子の運動が、でたらめな方向の熱運動に変わったと見れば、同じくエントロピーが増したことになる（図4-1-6）。

自然な状態では、水とインクは混じり合っていく方向にだけ変化し、分かれる方向には変化しない。温度が違うものが接し

4-1 熱と分子運動

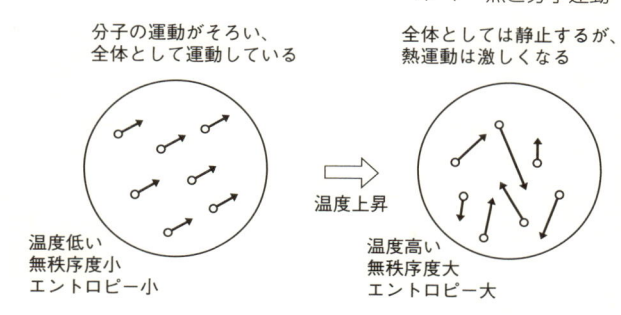

分子の運動がそろい、　　　　　全体としては静止するが、
全体として運動している　　　　熱運動は激しくなる

温度上昇

温度低い　　　　　　　　　　　温度高い
無秩序度小　　　　　　　　　　無秩序度大
エントロピー小　　　　　　　　エントロピー大

図4-1-6　温度とエントロピー増大の法則

ていれば、必ず同じ温度になる方向にだけ変化し、ますます温度差が増すようにはならない。

　つまり、この世で自然に起こることはいずれも、エントロピーを増大させる方向への不可逆変化なのである。エントロピーが縮小する、逆向きの変化は起こらない。これを**エントロピー増大の法則**という。それは前述の**熱力学の第2法則**の別な表現でもある。

　エントロピー増大の法則は、エネルギー保存の法則や、電荷保存の法則とともに、自然界に起こる変化を支配する3大法則の1つである。

　他の2つは、自然界でどんな変化が起こっても、その変化の前後でエネルギーや電荷（電気量）の総量は変わらないことを示している。それに対して、エントロピー増大の法則は「変わるもの」であり、変化の向きを決めている。

　ある変化の前と後を比べると、その変化に関与した物質をもれなく考えれば、変化の後は変化の前に比べて、必ずエントロピーが増大している。そして、エントロピーの小さいほうから大きいほうへという時間の流れが指定されているのだ。

人類を含めたすべての生態系では、熱の出入り、エネルギーの移動があれば、必ずエントロピーの変化が生じ、変化が起こるたびにエントロピーの総量は増大する。

　エネルギーは総量としては保存するが、人間が生活のためにエネルギーを使うと、そのたびに使用可能なエネルギー（エクセルギーとよぶこともある）の量が減少し、使用できないエネルギーに変わっていく。エネルギーは保存するが、エネルギーのエントロピーが増えているのである。

　「省エネルギー」とは、エントロピーの増加をできるだけ抑制し、エクセルギーを温存しましょうというスローガンにほかならない。これが問い3に対する答えである。

　このエントロピーを使って地球・科学・生命を見ていこうとする、ひいては地球規模の環境問題を論じようとする、新しい動きがある。人は、なぜ水を必要とするのか、なぜ食べ物を必要とするのか、といった根源的な問題まで科学で説明しようとする試みである。エントロピーの概念は、エネルギー、社会、教育、情報処理など人間生活とも幅広く関係している。

4-2　気体の性質

- ●問い1　影も形もないように見える空気が、圧力をおよぼすのはなぜだろう。
- ●問い2　気体は押すと著しく縮むのはなぜだろう。また、温度を上げると著しく膨張するのはなぜだろう。
- ●問い3　自転車のタイヤに空気を入れると、ポンプの根元が熱くなってくるのはなぜだろう。

　一般に気体は見えない。「空気のような」という形容があるように、その存在を意識させないのが気体だ。しかし、気体が物質として確かに存在している証拠に、私たちは気体の「手ごたえ」を感じることができる。空気中を走れば風を感じ、空気を風船や浮き輪に閉じこめれば、その圧力を実感することができる。このような手ごたえはなぜ生じるのだろうか。

　気体は固有の体積をもたない。器に閉じこめておかなければどこまでも拡散してしまう。気体の体積は、実は容器の体積だといってもよい。また、気体は押せば縮み、温めれば膨らむ。固体や液体でも圧縮や熱膨張はあるが、気体ではとくに体積変化が著しい。それはなぜなのだろう。

　自転車のタイヤに空気を詰めると、ポンプの根元が熱くなってくる。このように、気体は急に押し縮めると温度が上がるという性質がある。熱を加えたわけでもないのになぜだろう。

　これらの性質は、気体の分子運動によって説明することができる。物質のもっともシンプルな存在形態である気体を手始めに、ものの成り立ちについて学んでいこう。

1. 気体の法則

(1) 圧力

　気体の状態は、温度・圧力・体積という3つの量で表すことが多い。温度については前節で学んだ。体積については前述のように「器の体積」とみればよい。ここでは、**圧力**という量を定義することから始めよう。

　圧力とは面を押しつける作用のことで、単位面積に垂直にはたらく力の大きさで定義する。記号は英語の pressure の頭文字をとって p で表す。力を $F[N]$、力を受ける面積を $S[m^2]$ とすると、圧力 p は次の式で表される。

$$p = \frac{F}{S} \quad \cdots\cdots(1)$$

　つまり、同じ力でも、力を受ける面積が大きいと圧力は小さくなり、面積が小さいと圧力は大きくなる（図4-2-1）。

　圧力は「力」という文字を含むが、力を面積で割っているから、重力や弾性力のような力とは異なる量で、ベクトルでもない。

　圧力の単位は **Pa**（パスカル）である。1 m² の面積を1 N の力で垂直に押すときの圧力で、1 Pa = 1 N/m² である。その100倍が1 hPa（ヘクトパスカル）で、天気予報でおなじみの単位だ。

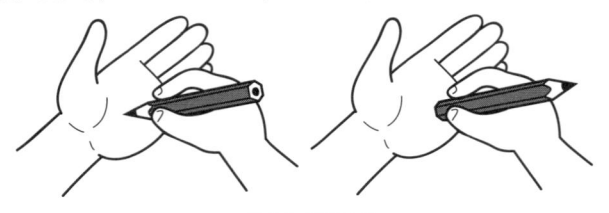

どちらが痛いか

図4-2-1　圧力を実感する

4-2 気体の性質

コラム
トリチェリの実験

一端を閉じたガラス管に水銀を満たし、さらにそれを水銀を満たした容器の中に逆さまにして立てると、水銀柱の上端はある高さまで下がって止まる。このとき、大気圧とガラス管内の水銀柱による圧力が水銀面でつりあっている。つまり、水銀柱の高さは大気圧の大きさに比例する。

この実験は1643年にイタリアのトリチェリが初めて行った。

圧力を水銀柱の高さで表す mmHg（ミリメートル水銀柱）という単位も使われる。日常よく使われる圧力の単位の atm（気圧）は、海面での大気圧をめやすに、760mmHg に相当する圧力と定義されている。つまり 1 atm ＝760mmHg ≒ 1013hPa である（154ページ参照）。

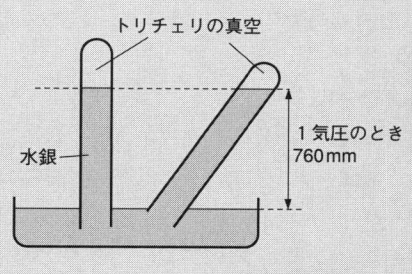

図4-2-2 トリチェリの実験

（2）ボイルの法則

ピストンに閉じこめた気体は、押せば縮む。自転車のタイヤに空気を入れると実感することだ。空気入れを押す力を強くすれば、いくらでも入りそうな気がする。

実験によると、気体の温度を一定にしたとき、圧力 p と体積 V には反比例の関係があり、式で表すと次のようになる。

$pV = $ 一定 ……(2)

たくさんの空気を狭いところに詰めこんだタイヤは、中の空気の圧力でカチカチになるというわけだ。

この関係は、**ボイルの法則**とよばれる（図4-2-3）。式の右辺の「一定」というのは、温度によって決まる定数である。

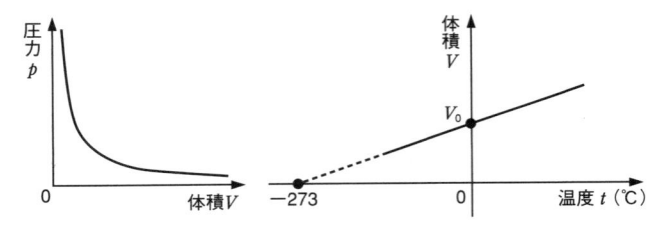

図4-2-3　ボイルの法則　　**図4-2-4　シャルルの法則**

（3）シャルルの法則

一方、気体は温めると膨らむ性質がある。熱気球が浮かぶのは、膨らんで密度が小さくなった空気が、周囲の空気から浮力を受けるからだ。

実験によると、圧力が一定のとき、一定量の気体の体積は、温度が1K上昇するごとに0℃のときの体積の273分の1ずつ直線的に増加する。式で表すと、温度t[℃]のときの体積をV、0℃のときの体積をV_0とすると、この関係は次の式で表される。

$$V = V_0 \left(1 + \frac{t}{273} \right) \quad ……(3)$$

この関係は**シャルルの法則**とよばれる（図4-2-4）。

シャルルの法則がどの温度でも成立すると仮定すると、温度を下げていくと体積が減っていき、$t = -273$℃で体積が0にな

る。体積が負になることは考えられないから、−273℃以下の温度はないということになる。この温度を**絶対零度**として新しい温度目盛りを定めたものが前節でも紹介した**絶対温度**である。

ここでもう一度復習しておこう。絶対温度を $T[\mathrm{K}]$、摂氏温度を $t[℃]$ とすると、両者の関係は、

$$T = t + 273 \quad \cdots\cdots(4)$$

である。簡単のため小数点以下の端数は省略した。

シャルルの法則は絶対温度 T を使うと、

$$\frac{V}{T} = 一定 \quad \cdots\cdots(5)$$

と簡単な形に書き直すことができる。すなわち、圧力が一定のとき、一定量の気体の体積は絶対温度に比例する。

(4) ボイル−シャルルの法則

ボイルの法則とシャルルの法則を1つにまとめると、一定量の気体の体積は、絶対温度に比例し、圧力に反比例する、ということになる。これを**ボイル−シャルルの法則**という。

圧力 p、体積 V、絶対温度 T とするとき次のように書ける。

$$\frac{pV}{T} = 一定 \quad \cdots\cdots(6)$$

右辺の「一定」の部分は、気体の量が同じなら気体の種類によらず同じ値をとる。気体の物質量を単位量の 1 mol（モル：143ページのコラム参照）にとるとき、上式を、

$$\frac{pV}{T} = R \quad \cdots\cdots(7)$$

と書き、R を**気体定数**という。

詳しい測定によれば、$R = 8.31[\mathrm{J/K \cdot mol}]$ である。

(5) 気体の状態方程式と理想気体

　気体を閉じこめた容器の中では、無数の目に見えない気体分子が熱運動で乱雑に飛び回り、たえず壁に衝突している。その一つひとつの衝突によって容器の壁は押され、結果として圧力を生じるのである。圧力は分子運動の証だ。これが問い1の答えなのだが、もう少し掘り下げてみることにしよう。

　イタリアの科学者アボガドロは、同温度、同圧力のもとでは、同体積の気体は、気体の種類によらず、同数の分子を含む、という仮説を提唱した。これは今日では完全に正しいことが確かめられており、**アボガドロの法則**といわれる。

　アボガドロの法則によれば、n[mol]の気体が、圧力p、絶対温度Tであるとき、体積Vは1 mol のときのn倍になるはずだから、式(7)の右辺はnRとなり、分母をはらうと、

$$pV = nRT \quad \cdots\cdots(8)$$

が成立する。これを**気体の状態方程式**という。

　この式は常温以上の気体についてや、比較的低い圧力のもとではよく成り立つ。どんな温度・圧力でも式(8)に完全にしたがう仮想的な気体を**理想気体**という。今後の議論では気体は理想気体であるものとする。

　理想気体に対して、現実の気体を**実在気体**という。実在気体は高い圧力や極端に低い温度のもとでは式(8)からはずれ、ついには液体になったり固体になったりする。これは、分子自身が空間に占める体積や分子間力のはたらきを無視できなくなるからである。

　結局、理想気体とは、その分子を相互作用のない、大きさの無視できる点とみなせる気体ということになる。

4-2 気体の性質

> **コラム**
>
> **アボガドロ数と物質量**
>
> あらゆる物質は気体・液体・固体の状態を問わず、決まった質量と大きさをもつ原子からできているのだから、物質の量は原子の個数をもとにして見積もるのがもっとも確実である。その際、膨大な数の原子の個数を取り扱うのに、きりのいい個数を指定した単位があると便利である。
>
> ^{12}C（炭素12）の原子を12g集めたときに、その中に含まれる原子の数は、測定によると約 6×10^{23} 個である。この数をアボガドロ数という。そこで、他の原子・分子でもアボガドロ数個の集まりを、1 mol の**物質量**ということにする。
>
> また、^{12}C の1個の質量を12として表した、各原子の相対質量の元素ごとの平均値を原子量といい、分子の場合はその構成原子の原子量の和を分子量という。これらの定義によれば、分子量 M の分子 1 mol の質量は $M[g]$ になる。

2. 気体分子運動論

普通の状態では気体の性質は状態方程式によくしたがう。ということは、気体は種類によらずどれも同じような振る舞いをするということである。分子の大きさや質量は物質によりまったく異なるのに、それが気体のときは、全体としての振る舞いに個性がないということになる。これはどうしてだろう。

気体分子を力学的な質点と考え、その運動によって圧力や温度などを説明しようとする考え方を気体分子運動論という。以下、その考え方を紹介しよう。

(1) 理論の前提

身の回りの空気中には酸素、窒素などの気体分子がぎっしりと詰まっているように思われるかもしれない。しかし、きわめ

て小さい気体分子をバスケットボール大にしてみると、広い部屋の中に、たった1個あるくらいの密度なのだ。

このように、空間の中で分子の占めるスペースはきわめて小さいので、その大きさや形は気にならない。つまり、気体が酸素であっても窒素であっても、分子の形や大きさは考慮しないことにする。

また、気体分子どうし、気体分子と容器の壁との衝突は弾性衝突、すなわち同じ速さではねかえるものとする。

(2) 気体の圧力

気体の圧力を気体の分子運動から計算してみよう。

一辺の長さ L、体積 $V(=L^3)$ の立方体の箱の中に、質量 m の分子 N 個からなる理想気体を閉じこめて、気体が箱の壁に衝突することによって壁が受ける圧力を求めよう(図4-2-5)。

図4-2-6のように、速度 v の分子が壁に垂直に衝突すると、衝突後は衝突前と反対向きに運動する。衝突前後の運動量はそれぞれ mv と $-mv$ となる。そこで、前章3-1の式(1)から、

$$\text{分子が受ける力積} = (-mv) - (mv) = -2mv \quad \cdots\cdots(9)$$

となる。作用反作用の法則により、壁も同じ大きさの $2mv$ の力積を逆向きに受ける。

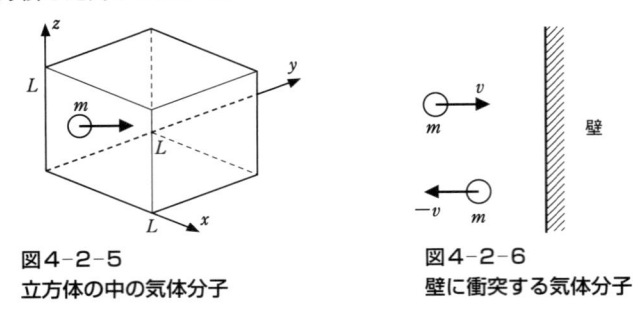

図4-2-5
立方体の中の気体分子

図4-2-6
壁に衝突する気体分子

4-2 気体の性質

向かい合う壁の往復距離は$2L$だから、1つの分子は1秒間に$\frac{v}{2L}$回同じ壁に衝突する。Δt秒間なら$\frac{v\Delta t}{2L}$回になる。これを壁が受ける力積$2mv$にかけると、1個の分子が壁におよぼす力積の総量$F\Delta t$が得られる。

$$F\Delta t = 2mv \times \frac{v\Delta t}{2L} = \frac{mv^2}{L}\Delta t$$

これから、

$$F = \frac{mv^2}{L} \quad \cdots\cdots(10)$$

として1分子が壁に及ぼす力の平均値が求まる。

分子はN個あるが、前後、左右、上下の3方向に3分の1ずつが運動して、それぞれの壁を均等に押すものと考えて式(10)を$\frac{N}{3}$倍し、さらに壁の面積L^2で割って圧力pを求めると、

$$p = \frac{Nmv^2}{3L^3} = \frac{Nmv^2}{3V} \quad \cdots\cdots(11)$$

となる。ここで立方体の体積$V = L^3$を考慮した。

なお、ここでは気体分子の速度がすべてvで等しいとしているが、実際には速度分布があるので、式(11)のv^2は2乗の平均値を表すものとする。

式(11)は、気体の圧力は容器内の気体の分子数Nと、分子の平均運動エネルギー$\frac{1}{2}mv^2$に比例し、体積Vに反比例しているということを教えてくれる。

「分子数Nに比例」は、タイヤに空気を押しこめば圧力が高まることで納得できる。「体積Vに反比例」は、まさにボイルの法則である。

では「分子の平均運動エネルギーに比例」の部分はどう解釈したらいいだろうか。

式(8)の状態方程式に式(11)を代入してみよう。アボガドロ数を

N_0 とすると $N = nN_0$ であることを考慮して、

$$\frac{1}{2}mv^2 = \frac{3R}{2N_0}T = \frac{3}{2}kT \quad \cdots\cdots(12)$$

を得る。$k = \dfrac{R}{N_0}$ を**ボルツマン定数**とよぶ。

　この式は、絶対温度 T が気体分子の運動エネルギーの平均値に比例していることを示している。温度が上がると、分子の運動エネルギーが増し、速度が増えるので、圧力が増すのである。もし圧力が一定なら式(11)により体積が増える。

　こうして、前節でも学んだ温度の意味が確認されるとともに、問い1および問い2について、はっきり答えが得られた。

　以上のように、気体分子運動論は、ボイル-シャルルの法則などの気体の振る舞いをよく説明する。こうしてミクロな見方で圧力、温度が説明できるということは、気体が自由に運動する微小な分子からなる、という考え方が正しいことの証明でもある。

(3) 気体分子の速さ

　また式(12)は、気体分子の平均の速さ v は気体の温度だけで決まり、圧力や体積には関係しないということを教えてくれる。

　式(12)を用いて気体分子の平均の速さを計算してみると、気温20℃のとき、酸素分子の速さは約480m/s、水素分子の速さは約1900m/s にもなる。

　実際には、分子は自分自身の大きさの数百倍程度走ったところで他の分子に衝突している。また、ある温度ですべての分子が同じ速さで走っているのではなく、速い分子もあり遅い分子もある（中程度の速さのものがもっとも多い）。

　分子どうしが衝突しあうと互いの速度は変化するが、弾性衝突なので運動量も力学的エネルギーも、ともに保存していて分子全体の状態は変わっていない。

（4）気体の内部エネルギー

一つひとつの気体の分子がもっているエネルギーの総和を**内部エネルギー**という。理想気体の場合は、分子間力を無視するから位置エネルギーを考えなくてもよい。したがって、気体の内部エネルギーとは、気体分子の熱運動の運動エネルギーの総和であるということになる。つまり、多数の気体分子が勝手に飛び回っているが、その一つひとつの分子の運動エネルギーをすべて足し合わせたものが、内部エネルギーというわけである。したがって式(12)から気体の内部エネルギーと絶対温度 T とは比例する。

内部エネルギーが減少すると温度が下がることを、次のような実験で示すことができる。

図4-2-7のように、空気入れのビーチボール用ノズルをゴム栓に貫通させ、炭酸飲料用ペットボトルに栓をする。ペットボトルにはあらかじめ少量の水を入れて、内部を湿らせておく。空気入れで空気を押しこんでいくと内部の圧力が高まり、やがてゴム栓は摩擦の限界がきて突然はずれる。

事故防止のためにゴム栓とペットボトルはしっかり糸で結び

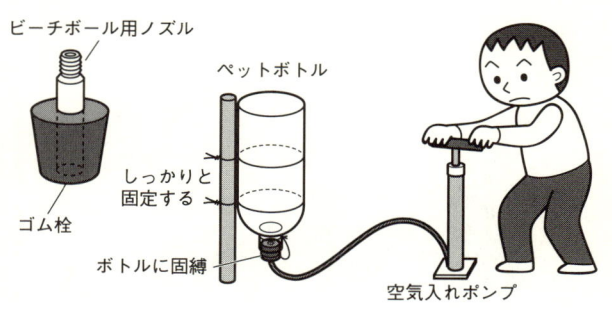

図4-2-7　ペットボトルで霧をつくる

つけておくと、どちらも飛んでいくことがない。

さて、このときペットボトルの内部に霧が発生するのを観察することができる。

ゴム栓が飛ぶとペットボトル内部の空気は一気に膨張する。膨張する気体は外部の大気を押し広げる仕事をした。そのためペットボトル内の気体は内部エネルギーを失って温度が急に下がる。そこで、含まれていた水蒸気が凝縮して水滴となったのである。

熱の出入りを伴わないか、変化が急で熱の出入りが起こる前に終了するような気体の膨張を**断熱膨張**という。断熱膨張すると気体の温度は下がる。

地表付近で温められた空気が上昇したり、風が山肌を吹き上がるときなど、大きな空気のかたまり（気塊）が急に高いところに上がると、上空は気圧が低いので気塊は急に膨らむ。また空気はもともと熱を伝えにくい。つまり、上昇する気塊は断熱膨張を起こして温度が下がる。この気塊が湿っていれば雲が発生することになる。山に雲がかかることが多いのはこのためだ（図4-2-8）。

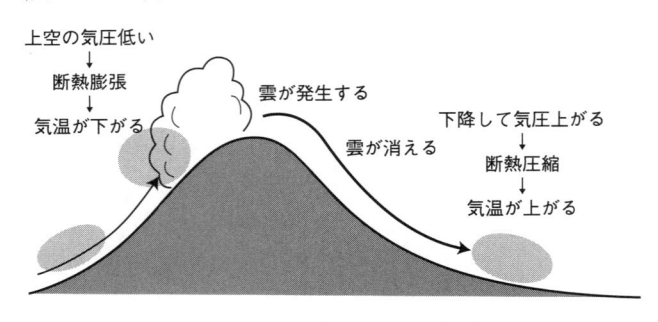

図4-2-8　山脈をこえる気流

4-2 気体の性質

　ポンプで自転車のタイヤに空気を入れるとき、ポンプ内では上と逆のことが起きている。

　ピストンを押し込むと、内部の空気分子は向かってくるピストンに衝突されて速さを増す。テニスボールをラケットで打ち返すようなものだ。気体分子の速さが増すことは、温度が上がったことを意味する。これを**断熱圧縮**（だんねつあっしゅく）という。断熱圧縮では、空気の温度が上がる。ポンプの根元が熱くなるのはこのためである。これが問い3の答えだ。

　ディーゼルエンジンは、ガソリンエンジンと違って点火プラグをもたない。吸気後、ピストンが押し込まれることでシリンダ内は断熱圧縮によって高温になる。そこへ燃料を吹き込んで、自然発火で爆発させるのである。

4-3 液体の性質

- ●問い1　気体は押すと縮むのに、液体は縮まないのはなぜだろう。
- ●問い2　木が水に浮くのはなぜだろう。
- ●問い3　水滴やシャボン玉はなぜ丸くなるのだろう。

　気体と液体の違いは？　と問われたら、「気体は見えないけど液体は見える」とか、「気体は軽くてつかみどころがないけど、液体は重くて明らかな手ごたえがある」とか、「気体はふた付きの器に閉じこめておかないとすぐなくなるけど、液体は開いた器でもすぐにはなくならない」とか、いくつかの答えをすぐに思いつく。気体と液体は似ているところもあるが、どこかはっきりと違う。それは何だろう。

　木が水に浮くのは当たり前だと思うかもしれない。「木は水より軽い（密度が小さい）から」と答える人が多いだろう。「浮力」という言葉をもちだして説明する人もいるかもしれない。「では、その浮力が生じるメカニズムは？」とつっこまれたらどうだろう。

　蛇口からしたたる水滴は丸くなる。ワックスのきいた車のボディの上の水滴も丸くなろうとしている。シャボン玉や洗剤の泡も自然に球形になる。

　これはどうやら液体独特の性質らしい。なぜ液体はそういう性質を示すのだろう。

　これらの性質は、液体が目に見えない小さな分子からなることと関係している。ミクロの目で液体に迫ってみよう。

1. 気体と液体の違い

水や油など液体は、一定の体積はもつが、決まった形はもたない。コップに入れればコップの形に、ビンに入れればビンの形に、容器にしたがってどんな形をとる。

分子レベルで見ると、固体では分子どうしがしっかり結合し、それぞれ定位置をもつ。一方、液体の分子は、集合してはいるが、結合の相手を替えながら、なかば自由に動いている。

液体中の分子が熱運動で動く速さは、常温では、気体中の分子の速さの約半分である。水では約200m/s（約720km/h）で、ジェット機なみの速さである。分子どうしが衝突しあう間に動く距離は、液体では気体の約1000分の1である。

また、気体分子はほとんど自由に飛び回っているのに対して、液体の分子は人込みを歩くように、押し合いへし合いしている。

気体も液体も、外から加えた力で自由に形を変える。この性質をもつものを総称して**流体**とよぶ。

流体という点では気体と液体は似ているが、両者が決定的に異なるのは、気体が外力により体積も変化させることができるのに対し、液体では体積はほとんど変わらない点である。気体では分子運動が激しく、分子間力をほとんど無視できるのに対し、液体では分子は分子間力によって寄り集まり、なるべく小さな体積をとろうとしているからだ。この現象を**凝縮**という。

凝縮の結果、密度が大きくなった液体は、光を屈折させるようになり、透明でも輪郭が見えるようになる。密度が大きいから、当然、重さや手ごたえを感じるようになる。分子が互いに引き合っているから拡散しにくく、開放的な容器でも長時間蓄えることができる。そして、すでにその温度での最小の体積と

なっているから、押しても、それ以上は縮まない。

これが、問い1の答えである。

2. 液体による圧力

コップに入れた水は、コップの壁や底に力をおよぼしている。水がコップの底面におよぼす水圧は入れ物の形状によらず、水面からの深さだけで決まる。水がコップの底を押す力は、圧力と底面積の積だから、底面積に比例して大きくなる(図4-3-1)。

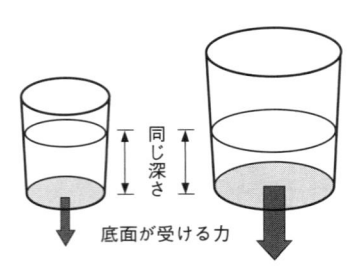

図4-3-1　同じ深さなら圧力は同じだが力は面積による

水に潜るとき、鼓膜に水圧が加わるのを感じる。深く潜るほど圧力は増すことがわかる。これは潜っている位置より上にある水に押されるためである。

流れのない水中では、図4-3-2のように上下・前後・左右のあらゆる面に水圧が加わっている。各面が水から受ける力は、その面に垂直である。

さて、液体中のある深さでの圧力は、どのようにして求めたらよいか。

密度 ρ （ローと読む）の液体があるとする。この液体の一部を水面から深さ h まで角柱状に切り取ったものを考え（図4-

4-3 液体の性質

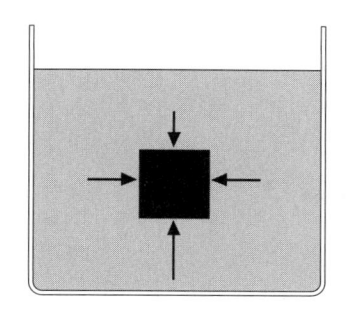

あらゆる面に垂直にはたらく

図4-3-2 水からの圧力

3-3)、角柱の底面積を S とする。この角柱の質量 m は密度 ρ と体積 Sh の積だから、

$$m = \rho \times Sh$$

である。この角柱はもともと液体の一部で、静止しているから、角柱にはたらく周囲からの力はつりあっていると考えられる。特に角柱の底面にはたらく力 F は重力 mg とつりあっており、

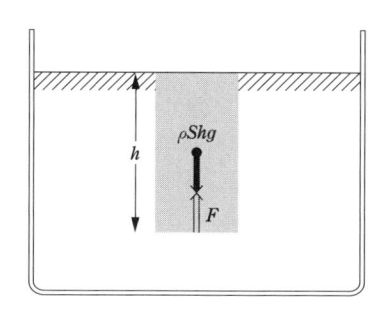

図4-3-3 液体中の圧力

$$F = mg = \rho Shg$$

となる。前節の式(1)から、圧力 p は次のように求められる。

$$p = \frac{F}{S} = \frac{\rho Shg}{S} = \rho hg \quad \cdots\cdots(1)$$

となり、圧力が液面からの深さだけで決まることがわかる。

139ページのコラムでトリチェリの実験を紹介した。水銀柱の上部は真空で、下の水銀面では大気圧 P_0 と水銀柱による圧力 p がつりあっていたから、

$$P_0 = \rho gH \quad \cdots\cdots(2)$$

となる。つまり、水銀柱の高さ H をはかることで大気の圧力 P_0 を求めることができる。

これが水銀柱気圧計の原理である(図4-3-4)。

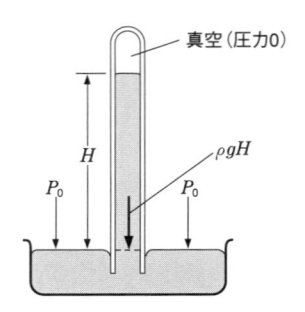

図4-3-4 水銀柱気圧計の原理

1 atm(気圧)は760mm の水銀柱の生じる圧力と定義した。水銀の密度 ρ は13.6g/cm^{3}である。したがって密度が1.00g/cm^{3}の水で同じ実験を行うと、13.6倍積み上げないと底部の圧力は同じにならない。つまり、1 atm の水圧を生じる水柱の高さ

4-3 液体の性質

H は0.760mの13.6倍で約10.3mとなる。

　潜水する場合、水面からおよそ10m潜るごとに1atmの水圧が加わる。水面ですでに大気圧が1atmあるから、水深10mで2atm、20mで3atmの圧力がダイバーに加わることになる。水深4000mの大洋底で暮らすカニや深海魚は、400atmを超す圧力を受けながら生きているわけだ。

3. パスカルの原理（連通管）

　液体は、内部に圧力差を生じれば、自由に変形してつりあうまで移動するから、静止した液体内の各部分では、どこでも圧力がつりあっている。また、閉じ込められて動けない液体のどこか1ヵ所に圧力を加えると、液体のすべての場所で圧力が同じだけ増加する。これを**パスカルの原理**といい、水圧計などに応用されている。

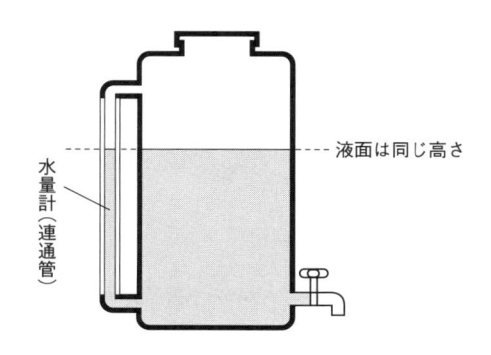

図4-3-5　連通管を利用したポットの水量計

　上部が開放され、下部は連絡している器を連通管という（図4-3-5）。パスカルの原理の応用で、湯沸かしポットなどの水量計や、水位計などに用いられている。静止した液体の圧力

は容器の形状によらず深さだけで決まるから、連通管の各部分の液面は、管の太さに関係なくどこも同じ高さになるのである。

4. アルキメデスの原理（浮力）

プールなどで水の中に入ると、体が軽くなったように感じるだろう。体重（質量）は元のままのはずなのに軽くなったように感じるのは、体の周りの水から重力とは逆向きに力を受けるためだと考えられる。

この上向きの力を浮力(ふりょく)とよんでいる。

浮力がなぜ生じるかを、液体中にある円柱形の物体で考えてみよう（図4-3-6）。

液面の大気圧を P_0、液体の密度を ρ とし、物体の底面積は S、高さは H であるものとする。

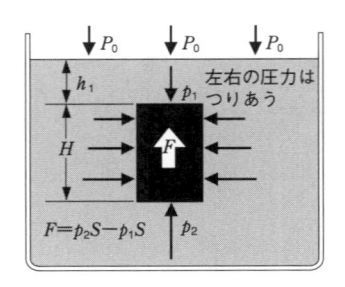

図4-3-6 液体中の物体が受ける浮力

この物体が液体中にあるとき、その物体の上面（深さ h_1）と下面（深さ h_1+H）に作用する圧力 p_1、p_2 はそれぞれ、

$p_1 = P_0 + \rho g h_1$
$p_2 = P_0 + \rho g (h_1 + H)$

となる。したがって、物体の上面は下向きにp_1Sの力を、下面は上向きにp_2Sの力を受けるから、物体は差し引き、

$$F = p_2S - p_1S = \rho HSg = \rho Vg \quad \cdots\cdots(3)$$

の力Fを上向きに受けることになる。これが浮力である。

$V=HS$は物体の体積を表す。ρVは物体と同体積の液体の質量である。すなわち、水中の物体は、それが排除したのと同体積の水が受ける重力と等しい浮力Fを受けることになる。

これは、ギリシャ時代のアルキメデス（紀元前287〜前212年）が入浴中に思いついたと伝えられており、**アルキメデスの原理**とよばれている。

このようにして、水より密度の小さいものは水に浮き、密度の大きいものは、重力とつりあうだけの浮力が得られないため水中に沈む。

これが問い2のとりあえずの答えなのだが、水圧や浮力が生じる本当の原因は何なのだろうか。

5. 水圧や浮力はなぜ生じるのか

前節で述べたように、気体の圧力は分子運動の結果生じる。乱雑に飛び回る無数の小さな分子が、物体の表面をたたく衝撃がまとまって、圧力というマクロな形で現れるのである。液体でも分子は温度に応じた熱運動をしているので、液体に接した物体は同様にして圧力を受けることになる。

浮力は物体の上下の圧力差によって生じるのだから、物体表面をたたく分子からの衝撃の総和が、下からのもののほうが大きいことになる。

しかし、深さによる温度差はないものとすると、分子運動の勢いは、上下で変わらないはずである。すると、上下の圧力差

を生じる原因は、分子の速さ以外に求めなければならない。

　液体が気体と大きく異なるのは、無視できなくなった分子間力によって凝縮が起こり、分子間の距離が接近していることである。分子間力は分子どうしがある程度離れているときは引力

コラム

浮沈子の実験

　魚形の醬油入れにナットをつけ、魚の尾が水面すれすれになって浮いている程度に、水を入れて重さを調節する。

　この醬油入れ（浮沈子）を、水を満たしたペットボトルに入れる。ボトルのふたをしっかりしめる。

　こうしてから、ペットボトルの側面を強く押すと、醬油入れは沈む。力を緩めると浮き上がる。

　パスカルの原理で、ボトルを押した圧力は、醬油入れの中の空気にもかかるので、この空気も圧縮されて体積が減る。するとアルキメデスの原理で浮力が減るから、醬油入れは沈む。力を緩めると醬油入れの空気が膨らみ、浮力が増すので浮き上がるのである。

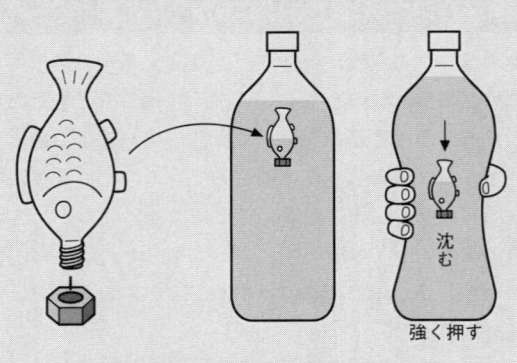

図4-3-7　醬油入れの浮沈子

4-3 液体の性質

なのだが、ある距離を境に反発する力（斥力（せきりょく））に転ずる。その境目の距離が、大まかにいって液体の分子間の平均距離ということになる。

ただし重力のもとでは、液体中の深いところほど、それより上の部分によって押し縮められて、分子間距離がほんの少しだが縮まる。液体は押されても縮まないといったが、実はちょっとだけ縮むのである。その結果、分子の密度が若干大きくなり、同時に分子間力による反発力も発生することになる。

こうして、より深い部分では、単位時間に、より多くの分子がより大きな力で物体表面をたたくことになる。物体の上下におけるその差が、差し引き上向きの浮力として物体に作用するわけだ。これが問い2の答えである。

この原理がわかれば、液体より密度の小さな物体を浮かばないようにすることもできる。液体が物体の下側に回り込まないようにすればよいのだ。

たとえば、パラフィンは水より密度が小さいから普通は浮く。ところが、平らな水槽に底面が平らなパラフィンのブロックを置き、上から押さえながら水を注ぎ込むと、押さえをなくしてもパラフィンは浮かんでこない。

パラフィンの下面に水が入り込まないからである。そこでパラフィンをちょっとつつくと下面に水が入り込むので、パラフィンは浮いてくる。

ビーカーの底に鉄の円柱を置き、上から静かに水銀を注ぐ。鉄は水銀より密度が小さいが、やはり浮かんでこない。しかしビーカーをちょっと揺すって、鉄の底面に水銀が回り込むすきまをつくってやると、鉄はたちまち浮かび上がってくる。

これらの実験は、ものが単に「軽いから浮く」のではないことをはっきりと示してくれる。

6. 表面張力

水滴やシャボン玉などが球形になるのは、液体が表面積を最小にしようとする**表面張力**がはたらくからである。

表面張力も、分子間力のはたらきで説明できる。

液体内部の各分子は互いに分子間力で引き合って、つりあいの状態にある。これに対して液体表面の各分子は、外側には隣の分子が存在しないから、内部へ引っ張られる力 F を受けている（図4-3-8）。

液体の表面積が増えることはこのような分子を増やすことだから、分子間力に逆らって仕事をしていることになる。

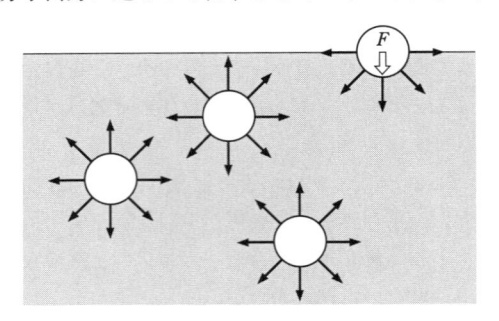

図4-3-8　液体表面で分子が受ける引力

このように、液体表面は内部に比べてエネルギーの高い状態と考えることができる。表面がもつこの過剰なエネルギーを表面エネルギーという。表面張力のはたらきは、液体が表面エネルギーを最小にするように振る舞うと言いかえてもよい。

球は、同じ体積の立体のうちではもっとも表面積が小さい。表面エネルギーを最小にしようとする結果、水滴やシャボン玉は球形になるのである。

これが問い3の答えだ。

ただし、水が親和性のある物質と触れあうときは、少し様子が異なる。

細いガラス管を水の中に立てると、水が管内をある高さまで上昇する。この現象を**毛管現象**という。

これも表面張力と同類の現象で、水とガラスの間の付着力が、水どうしの凝集力より大きいために起こる。ガラス表面の分子や水面の水分子は、内部よりエネルギーの高い状態にあるが、水がガラスを濡らすことで、全体として表面エネルギーを減らすことができるので、水がガラス管内を上昇して重力による位置エネルギーが増えても、全体のエネルギーは低くなるのである。このとき水は管壁の周辺では凹面をつくる。

コラム　表面張力で動く舟

薄いプラスチックシートとストローで、小さな舟をつくる（図4-3-9）。後端に接着剤をつけると舟が水面を動き続ける。

接着剤に含まれる有機溶剤は水の表面張力を弱めるので、舟の後方の表面張力が、前方より小さくなる。この力の差が舟を引っ張る推進力になるのだ。昔からよく知られる樟脳舟と同じ原理である。樟脳は防虫剤として使われていた。

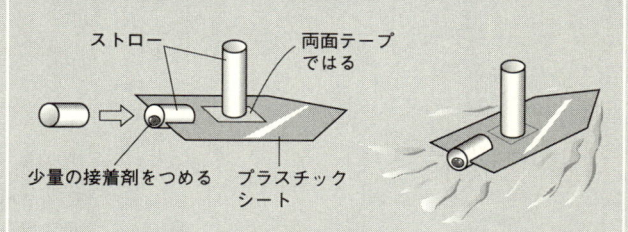

図4-3-9　接着剤で動く舟

第5章

波うつ世界

ここまで力学を学んできたが、高等学校で学ぶ物理には、大別して力学・波動・電磁気の3分野がある。そこでつぎに波について考えてみよう。

　波動（波）は力学的な振動現象の集合体としてとらえることもできる。ただし波には、これまで学んできた力学とは異なり、時間的な変化に加えて空間的な広がりがある。1点に注目すれば揺れているだけだが、全体を見わたすと波打つ大海原のように、広がりをもつ。また時間的にも空間的にも、あるパターンを繰り返す。つまり「周期的」という特徴がある。この周期性が、波ならではの独特な性質を生み出すのである。

　第5章では、身近な波の例として、水面の波のほかに「音」と「光」をとりあげる。どちらも「波」には違いないが、そのありさまや伝わり方は大きく異なる。

　それでは、これらに共通する「波の性質」とは何だろう。本章で少し学んでみよう。

　17世紀にニュートンやホイヘンスによって始められた光の科学的探究は、19世紀に結実し、波としての光の詳しい性質や、それが電気と磁気の作用によることが明らかになった。そして20世紀の声を聞くころには、光についての研究は意外な展開を見せ、光は一躍ミクロの物理世界の主役に躍り出る。

　つまり本章で学ぶ波動の知識は、これまで学んだ力学からわき道にそれるのではなく、やがて本流と合流して大海に注ぐ大きな流れの始まりなのだ。その大団円を楽しみにしながら本章を読み進めてほしい。

5-1 波の伝わり方

- ●問い1 水面で波待ちをするサーファーは、どうして波とともに海岸に打ち寄せられてしまわないのだろう。
- ●問い2 地震で地球内部の様子がどうしてわかるのだろう。
- ●問い3 光が空気中からガラスの中に入るときに屈折するのはなぜだろう。

　サーフィンはサーフボードに乗って、波とともに前進するのを楽しむ。ところが沖合で波待ちをしているサーファーは、波をやり過ごしていて、波とともに海岸に打ち寄せられたりはしない。湖面に浮かぶ木の葉も、波に合わせて揺れるだけで、波とともに進むわけではない。波動は「波の形」が、等速直線運動する物体のように進んでいくように見えるが、ここまでに学んだ物体の運動とは何が異なるのだろう。

　地球の内部は直接見ることはできないし、穴を掘って調べるにも限界がある。人類が掘った穴は、もっとも深いものでもたかだか12kmにすぎない。半径6400kmもある地球の内部の様子はどのようにして調べられたのだろうか。

　光は空気中からガラスや水の中に進むとき、その境目で折れ曲がる。よく見かける屈折という現象だが、それはなぜ起こるのだろう。

　これらはいずれも波という現象の性質を反映している。世界はいろいろな波に充ち満ちていて、私たちはとくに意識しなくても、それらを巧みに利用しながら生活している。ここではさまざまな波の種類と、それらに共通の性質について学ぶ。

1. 身の回りの波

ピンと張ったひもの中央にリボンを結び、片端を上下に振ってみる。リボンはその場で上下に動くだけで、ひもやリボンが先に進んだりはしない（図5-1-1）。つぎに、ばねとおもりを交互に1列につなげ、1つのおもりをばねの方向に沿ってゆるやかに振動させると、その動きは隣へ隣へとつぎつぎに伝わって、やがて遠くのおもりにも伝わる。しかし、おもり自身が移動していくわけではない（図5-1-2）。

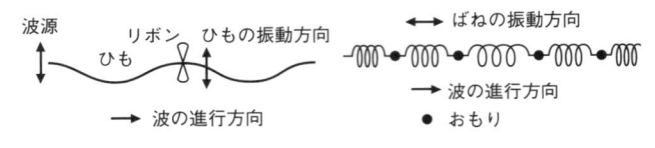

図5-1-1　ひもを伝わる波　　**図5-1-2　ばねを伝わる波**

つまり波動とは、物質自身の移動を伴わずに、その振動だけを遠くへ伝えていく現象なのである。

波といえば水面の波をまず思い浮かべる。しかし実は音も光も電波も波動である。ありがたくない地震も、地震波という波が伝わる現象だ。私たちの世界は波動に満ちている。

ひもやばねのように、振動して波を伝える物質のことを**媒質**（ばいしつ）という。音なら空気が、地震波なら地球の岩石がその媒質だ。では、光や電波の媒質は？　その話は、後の節であらためて取り上げることにしよう。

振動している物体はエネルギーをもっている。そこで、波は遠くへエネルギーだけを伝える現象だともいえる。地震はもちろん、音や光もすべて波の形でエネルギーを遠くへ伝えている。

波動は媒質の振動がつぎつぎに伝わっていく現象だから、2

−3で学んだ単振動と関係が深い。

単振動は物体の変位を元に戻そうとする作用、つまり復元力がはたらくときに起きる現象だった。また物体に慣性があり、元に戻ったときに、勢い余って元の位置を通り過ぎるのも振動が起こる原因の1つだ。

波動も同じである。ばねが波を伝えることができるのは、ばねに元の長さに戻ろうとする弾性があるからだ。ひもが波を伝えるには、ひもがピンと張った状態でなければならない。

波の速さは媒質の性質で決まる。一般に、密度が小さく、復元力が大きい媒質は波を速く伝えることができる。

2. 波の種類

(1) 横波と縦波

ひもを伝わる波(図5−1−1)のように、波の進行方向と振動の方向が垂直な波を**横波**、図5−1−2のように、波の進行方向と振動の方向が平行な波を**縦波**という。

波の進行方向を横切るように媒質が振動することを横方向、それに対し進行方向と平行に前後に振動することを縦方向として、それぞれ横波、縦波とよぶのである。

ちなみに、ピンと張ったひもを揺らすとできるのは横波、音波は縦波である。

液体や気体には、横方向のずれを元に戻そうとする性質がないので、横波は伝わらない。固体が横波を伝えるのは、原子・分子が隣どうししっかり結びついていて、形を保とうとする力がはたらくからである。

縦波は、ばねが縮められたように媒質が密になっている部分と、ばねが伸ばされたように媒質が疎になっている部分とが、交互に繰り返すので**疎密波**ともいう。

また図5-1-3のように、x方向に進行する縦波のx軸に沿った変位をy方向の変位に置き換えると、縦波を、波形がわかりやすい横波の形で表すことができる。

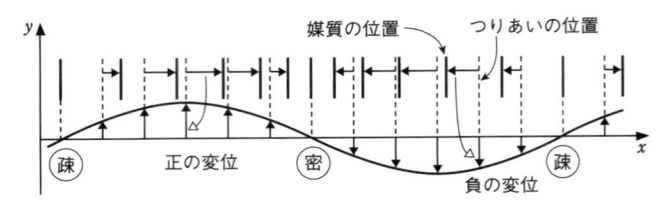

縦波の波形は，横のように表すことができる

図5-1-3　縦波のグラフ

（2）表面波

水面に広がる波はもっとも身近な波の例だが、実は水面波は、縦波でも横波でもない。上で、液体中は縦波しか伝わらないと述べたが、水面では、表面を平らにしようとする重力や表面張力のはたらきがあるので、これらが復元力となって波を伝えるのである（図5-1-4 a）。このような波を**表面波**という。

このとき、水面近くの水の運動は、同図 b に示すような円運動になる。この円運動の半径は、水深が深くなるにつれて小さくなる（同図 c）。波が大きくうねっていても、海底の水が静かなのはこのためだ。

海水はその場で円運動をしているだけだから、水に浮いている物体は、波が通過してもその場にとどまる。波待ちの人や、波に乗り損ねた人が、波から置き去りにされるのはそのためだ。これが問い1の答えである。

サーフィンで「波に乗る」とは、波頭の前面の斜面にとどまることである。そこでは水が回転しながらせり上がってくる。

5-1 波の伝わり方

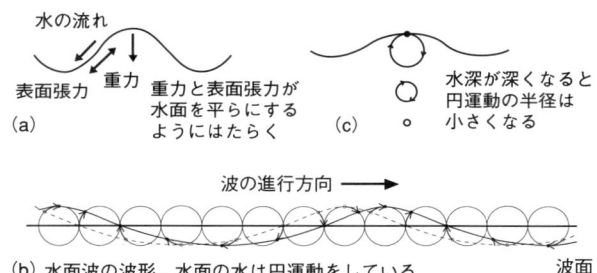

図5-1-4 表面波
- (a) 水の流れ／表面張力／重力／重力と表面張力が水面を平らにするようにはたらく
- (b) 水面波の波形。水面の水は円運動をしている／波の進行方向／波面
- (c) 水深が深くなると円運動の半径は小さくなる

そのせり上がりとうまくつりあいをとるように滑り降りられれば、サーファーは波の上の同じ形の部分にとどまり、「波に乗る」ことができる。これがサーフィンのコツだが、熟練を要する技術で、簡単ではなさそうだ。

(3) 地震と津波

ある地点で地震が発生すると、そのエネルギーは地震波として地中を伝わる。地震波にも、縦波、横波、表面波の3種類がある。

縦波はもっとも速く、初期微動を伝えるので「最初の」を意味する primary の頭文字をとって**P波**とよばれる。つぎに到着する横波は「2番目の」を意味する secondary の頭文字をとって**S波**という。表面波はいちばん遅く、S波とともに主要動となって地震被害を引き起こす。

縦波のP波は、固体中・液体中のどちらも伝わることができるが、S波は横波なので固体中しか伝わらない。地球の内部にS波が伝わらない領域があることから、地球の**外核**とよばれる部分が液体状に溶融していることが突きとめられた（次ページ図5-1-5）。

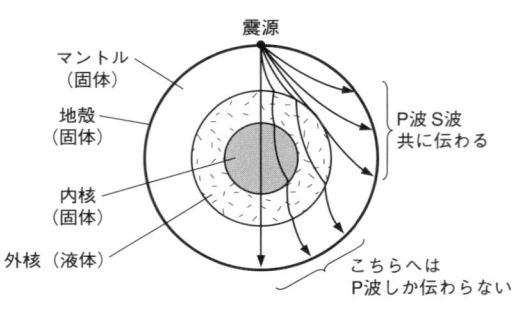

図5-1-5 地震波の伝わり方と地球の構造

> コラム

津波

　海底地震が原因で起こる津波は、海水の巨大な表面波である。2004年にインド洋沿岸を襲った津波の大被害は記憶に新しい。1960年、日本のちょうど裏側で起きたチリ地震では、津波が700km/h以上というジェット旅客機並みの速さで太平洋を横断し、日本の太平洋沿岸にも大きな被害を与えた。

　津波の速さvは、水深をh、重力加速度をgとすると$v = \sqrt{gh}$で表され、水深が深いほど速い。hに太平洋の平均水深4000m、gに地球の重力加速度9.8m/s^{2}を代入すると、vは約200m/sとなる。時速に直すと約720km/hで、その猛烈な速度が説明できる。

　沿岸で水深が浅くなると津波の速さは遅くなる。するとあとからやってきた波が追いついて重なり、津波の高さがとても高くなる。湾の形がV字形に狭まっているとさらに波高が増す。

　このように津波は、すさまじいエネルギーがとてつもない速さで襲ってくる恐ろしい自然災害である。海辺で強い地震を感じたら、急いで高台に逃げることが何よりも重要だ。

5-1 波の伝わり方

また、地震波の速さは、振動する部分の物理的性質によって決まるから、地震波の到達時間は、経路上の各部分の状態に関する情報を含む。そのため地震波を詳しく調べると、地球内部の状態を推定することができる。こうして地震波がもたらす情報によって、直接観察できない地球内部の構造も知ることができたのだ。

これが問い2の答えである。

3. 波の表し方

静かな水面のある1点を上下に規則的に振動させると、その点を中心に、水面に一定間隔で同心円の波が広がっていく。この水面のある瞬間の断面の波形をとらえると、図5-1-6のように山と谷が等間隔に並んだ形になっているだろう。この1組の山と谷からなる波の長さを**波長**という。波長を表す記号には、ギリシャ文字の λ (ラムダ) がよく使われる。

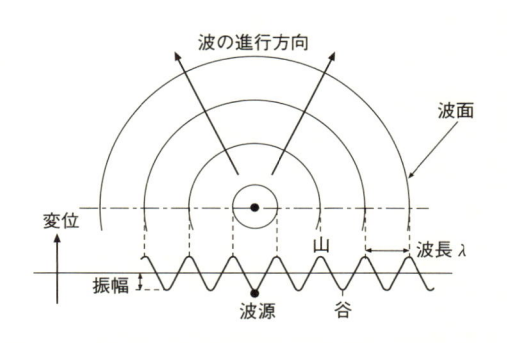

図5-1-6 水面に広がる波

振動が1往復する時間を**周期**といい T(periodic time のT)で表す。周期の単位は秒(s)である。1秒間の振動回数は**振**

動数あるいは周波数といいf（frequencyの頭文字）で表す。振動数は1秒を周期で割れば求まるから、

$$f = \frac{1}{T} \quad \cdots\cdots(1)$$

の関係がある。振動数の単位は（1/s）となるが、これをHz（ヘルツ）とよぶことにする。1秒に1回の振動が1Hzである。

波は1回の振動で1波長λ[m]進むから波の速さv[m/s]は、

$$v = \frac{\lambda}{T} \quad \cdots\cdots(2)$$

で求めることができる。上記のfとTの関係を使うと、

$$v = f\lambda \quad \cdots\cdots(3)$$

とも書ける。波は1秒間に波長λのf個分を進むということだ。

式(3)は波の進み方を扱うとても重要な式で、このあともたびたび登場するので「波の基本式」と名づけておく。

波の速さvは媒質の性質で決まり、同じ媒質ならば、振動数fが大きいほど波長λは小さくなる。

周期的な運動で、1周期のうちのどの状態にあるかを表す量を**位相**という。たとえば図5-1-6の同心円上の点がすべて波の山の頂上にあたるとすると、これらの点はいつもそろって同じように揺れている。これを位相が等しいとか位相がそろっているという。この同心円のように同じ位相の点をつないだ線あるいは面を**波面**という。

4. 波の重ね合わせと干渉

（1）波の重ね合わせ

ビリヤードの球を衝突させると、互いにはね返ったりして、衝突後の球の速さや向きは、衝突前とは違っている。では、波

5-1 波の伝わり方

が出会うとき、波の形や速度はいったいどう変わるだろうか。

波は出会っても互いにはね返ることはなく、重なり合うだけである。重なり合った波の形は、変位があまり大きくなければ、元の波の変位を足し合わせた形になる。これを**重ね合わせの原理**という（図5-1-7）。

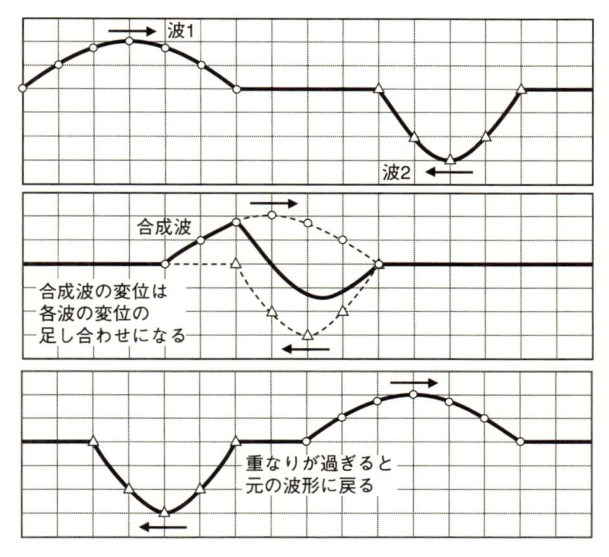

図5-1-7　波の重ね合わせ

また、いったん重なり合った波は互いに相手をすり抜けるようにして再び元の形に戻り、何事もなかったように先に進んでいく。

このような性質を**波の独立性**という。雑踏の中でも会話ができるのは音波の独立性のおかげである。

(2) 波の干渉

図5-1-8は、水面上の2点A、Bを同じ振幅、同じ位相で振動させたときに広がる波が、重なり合う様子を表している。

実線はある瞬間の波の山、破線は波の谷とする。それぞれの円は、時間とともに同じ速さで広がっていく。

黒丸の位置では、Aからの距離とBからの距離の差が、波長の整数倍になっている。ここで出会う波はつねに位相が等しいので、重なった波は強め合う。白丸の位置では、A、Bからの距離の差が、波長の整数倍＋半波長になっている。そこでは2つの波は、つねに山と谷、谷と山で出会って打ち消し合う。

この結果、振幅が大きい場所と小さい場所が交互に現れることになる。このように複数の波が重なり合って、強め合ったり弱め合ったりする現象を、**波の干渉**という。

干渉は、波動を特徴づける現象の1つである。

独立性や干渉という波のもつ独特の性質は、波の進行が媒質自身の移動ではなく、媒質の各部分の状態が隣接する部分につぎつぎに伝えられていく、いわば情報やエネルギーの伝達であるということによっている。

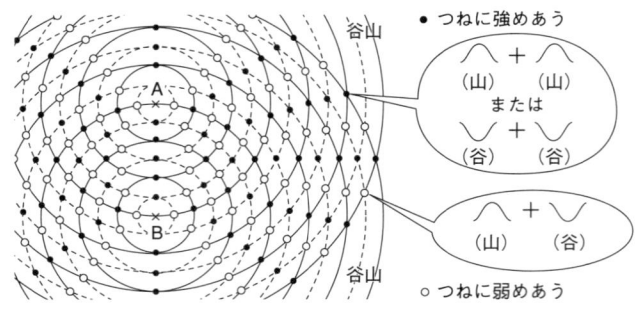

図5-1-8　波の干渉

5. 波の反射と定常波

一般に波は媒質の性質が変わる境目で反射する。

たとえば、ピンと張った弦の一端をはじいて1つのパルス波を送ると、波は弦の他端で消えてしまわず、はね返ってくる。

弦端が固定されているとき（**固定端**）、端は動けないのだから、端での変位は0になる。入射波と反射波が重ね合わさった結果が0であるためには、端での入射波と反射波の変位がつねに逆向きで同じ大きさになっている必要がある。つまり、反射波は入射波の山と谷が入れ替わった波形になる（図5-1-9）。

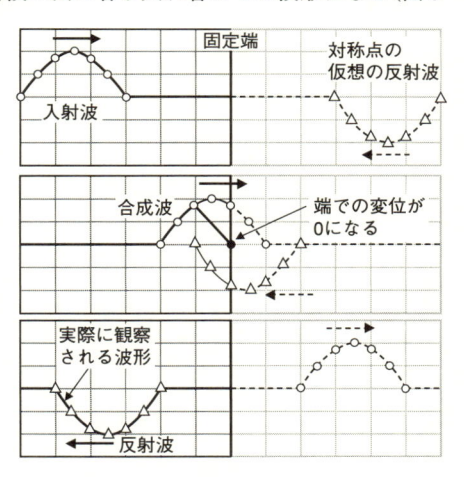

図5-1-9　固定端での波の反射

弦の端が自由に動けるとき（**自由端**）、波は入射波と同じく、山は山、谷は谷として反射する。合成波の変位は入射波の2倍になり、自由端は大きく揺れることになる。（次ページ図5-1-10）。

自由端

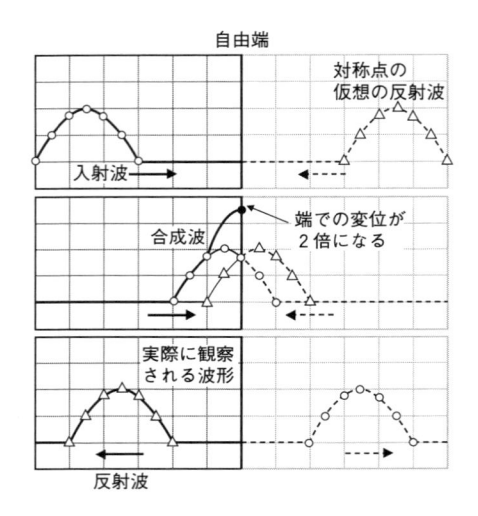

対称点の
仮想の反射波

入射波 →

合成波　端での変位が
　　　　2倍になる

実際に観察
される波形

← 反射波

図5−1−10　自由端での波の反射

　図5−1−11は、振幅と波長が等しい2つの波が、同じ媒質上を逆向きに進んでくる場合の合成波を示している。

　同じ媒質上を進むのだから2つの波の進行速度は同じだ。

　合成波の振幅は、○の位置ではつねに最大、△の位置ではつねに打ち消し合っている。媒質がもっとも激しく振動している○の点を腹、まったく振動していない△の点を節という。合成する前の2つの波は、山や谷の位置が進んでいくのに、合成波では腹や節の位置が変わらず、波が止まっているように見える。このような波を定常波という。

　媒質に端があるとそこで波が反射することは前に述べた。反射波が同じ道を戻ると、あとから連続してやってくる入射波とすれ違うように重なるので、自然に定常波を生じることになる。このとき、固定端は動けない点だから必ず定常波の節にな

5-1 波の伝わり方

合成波(定常波)　進行波1　進行波2

節　腹　節　腹　節　腹　節　腹　節

○印の部分(腹)は大きく振動している。
△印の部分(節)はいつも変位が0で振動しない。
腹と節は同じ位置にとどまって左右に移動しない。

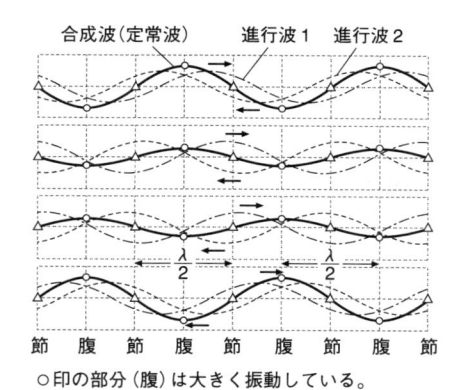

図5-1-11　定常波

り、自由端は激しく振動する点、すなわち定常波の腹になる。

　もし、弦楽器の弦のように両端が固定された弦があると、この弦をはじいたときに生じるいろいろな波長の波のうち、定常波として生き残れるものは、弦の両端に節をもつという特別な条件を満たさなければならない。

　ところで、図5-1-11でもわかるように、定常波の隣り合う腹と腹、節と節の間隔は波長の半分 $\frac{\lambda}{2}$ である。したがって、弦に生じる定常波は、弦の長さが $\frac{\lambda}{2}$ の整数倍になるような波長λをもつものに限られ、その振動数が限定されてしまう。これを、弦の**固有振動**といい、その振動数を**固有振動数**という。長さの決まった弦が、決まった高さの音を出すのはこのためである。

　弦楽器や管楽器が出す音の高さがどのように決まるかについては次節5-2で詳しく学ぶ。

6. 波の回折

　水面に波を起こし、波の進行をさえぎるように板を立てると、板の後ろの影になる部分でも水の振動が観察できる。波が板の裏に回り込んでくるのである。板に細いすきま（スリット）をあけ、板面に平行に平面波を送り込むと、すきまをぬけた波はそこから円形になって後ろ側全面に広がる。

　このように、波が障害物の後ろに回り込む現象を回折という。回折は波動を特徴づける現象で、ある部分の振動が隣接する部分につぎつぎに伝わることから説明できる。

　回折は、障害物の大きさに比べて波長が長いとき著しく、波長が短ければ短いほど目立たなくなる（図5-1-12）。

　光をさえぎると後ろにくっきり影ができるのは、光の波長が非常に短い（$1\mu m = \frac{1}{1000}$ mm 以下）からだ。これに対し音波の波長は非常に長い（約2cm～20m）ので回折が著しい。このため音は影をつくりにくく、物陰でもよく聞こえる。"声はすれども姿は見えず"はこんな事情を反映している。

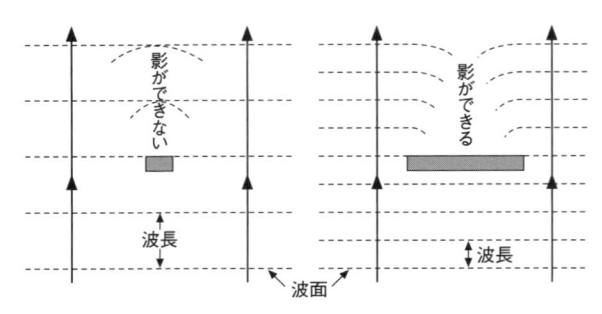

（1）波長に対して障害物が小さいとき回折が目立つ

（2）波長に対して障害物が大きいとき回折は目立たない

図5-1-12　波の回折

7. 波の屈折

　光は、空気中からガラスや水の中に進むとき、その境目で折れ曲がる**屈折**という現象を起こす。その理由を考えてみよう。

　整然と並んだ隊列が、海岸を行進している様子を想像してほしい。隊列は海岸線に対して斜めに進み、やがて海中に入っていくとする。海中では砂浜より歩く速さが遅くなる。すると、先に海に入った人から遅れていくことになるから、列の向きは渚を境に自然に折れ曲がる（図5-1-13）。

　波の屈折はこうして起こる。

　波を伝える速さが異なる2つの媒質が接しているとき、その境界を斜めに越える波は屈折する。上記の隊列が波の波面、砂浜と海が境を接した、異なる媒質に相当する。

　光が空気中から水やガラスの中に入ると、光の速さは空気中よりだいぶ遅くなってしまう。このため水面・ガラス面に斜めに入射した光は、折れ曲がって進むのである。

　これが問い3の答えだ。光に限らず、波は一般に媒質の境界

海中と砂浜で
歩く速さが違うと
列の向きが変わる

図5-1-13　海岸を歩く隊列

で屈折を起こす。

屈折の法則を導いてみよう。

図5-1-14のように、2つの媒質の境界面x-x'に垂直な法線を立て、これと入射波の進行方向がなす角を入射角 θ_1、同様に屈折角を θ_2 とする。それぞれの媒質中での波の速さを v_1、v_2 とすると、同じ時間 t の間に媒質1中では $v_1 t$、媒質2中では $v_2 t$ だけ波面が進む。

2つの三角形△AA'Bと△B'BA'について、

$$A'B \sin \theta_1 = v_1 t \qquad A'B \sin \theta_2 = v_2 t$$

が成り立つから、左の式を右の式で辺々割り算すると、

$$\frac{\sin \theta_1}{\sin \theta_2} = \frac{v_1}{v_2} = n_{12} \quad \cdots\cdots(4)$$

が導かれる。

これを**屈折の法則**といい、波の速さの比 n_{12} を媒質1に対する媒質2の**屈折率**という。速さの違いが大きいほど、角度の違

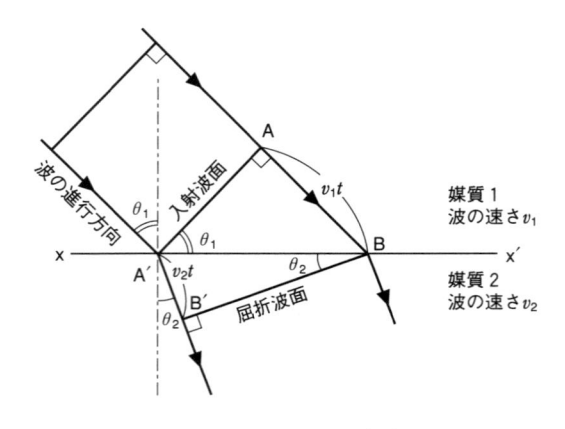

図5-1-14 屈折の法則

いも著しく、大きく屈折することになる。

ところで、図5-1-13で、海に入った隊列の前後の間隔が狭まっている。これはなぜだろう。

媒質が変わって速度が変化しても、波の振動数 f は変わらない。このため、それぞれの媒質中での波長 λ は、波の基本式 $v=f\lambda$ により、波の速さ v に比例する。海中では砂浜より行進の速度が遅くなるので、まだ砂浜にいる後ろの列が追いついて、隊列の間隔が狭くなるのだ。

つまり、媒質2での波の速さが媒質1より遅いと、屈折波の波長は短くなるのである。

5-2 音の波

- ●問い1 　超音波で体内の臓器や胎児の様子を見ることができるのはなぜだろう。
- ●問い2 　一般に、大きな楽器が低い音を出すのはなぜだろう。
- ●問い3 　救急車が近づくときと遠ざかるときで、サイレンの音の高さが違うのはなぜだろう。

　胎児の超音波診断は、もはやごく普通の診断になった。若い世代の母親なら、経験者も多いだろう。お母さんのおなかの中で、経験した読者もいるにちがいない。もっとも、当時本人は気がついていなかっただろうが。

　健康診断の手段としても超音波断層撮影が普及し、体内の病変の早期発見に役立っている。

　ところで、超音波といえば音の仲間である。音で体の中が見えるというのはどういうしくみなのだろう。また、なぜ超音波でなければいけないのだろうか。

　弦楽器も管楽器も、低い音を出すものは一般に大型である。グランドピアノのふたをあけると、弦が張ってあるのが見えるが、低音側の弦は太くて長い。どうしてなのだろう。

　救急車がかたわらを通り過ぎていくとき、ピーポーというサイレンの音程が変化するのがわかる。自分のそばを通過したときに急に音程が低くなる。電車に乗って踏切を通過するときの警報機の音も同じように音程が変わる。音を出している側には変化はないはずなのになぜだろう。

　音波はきわめて身近な波動である。あまりに身近すぎて日ごろ意識していない現象に、ちょっと耳を傾けてみよう。

5-2 音の波

1. 音の発生

　何かをたたいたり震わせたりすると音が出る。音を止めるには、音が出ているものを押さえて、その振動を止めればよい。

　物体が振動すると、その周囲の空気に圧力の変化（振動）が生じて伝わっていく。これが音波である。大音量を放っているスピーカーの前面に紙をかざすと、空気の振動で紙がピリピリと震えるのがわかるだろう。この空気の振動が耳に伝わり鼓膜を震わせると音が聞こえる。

　前節5-1で述べたように、横波は気体中を伝わらないので、音波は縦波である。つまり、空気中を伝わる縦波が音の正体だ（図5-2-1）。

　音が伝わるのは空気中だけではない。シンクロナイズドスイミングでは水中スピーカーを使っているし、机や床にピッタリ耳をつけて向こうのほうをたたくと、音がよく聞こえる。

　空気以外の気体や、液体・固体中でも音は伝わる。物質中を伝わる縦波一般を広い意味で音波と総称する。

　ただし、振動を伝える媒質がなければ音波は伝わらない。真空の宇宙空間で爆発が起きたとすると、光は見えてもその爆発

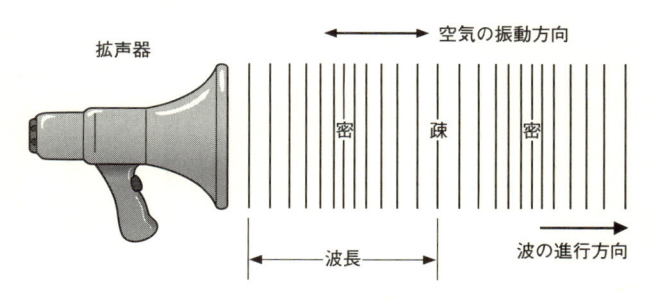

図5-2-1　空気中を伝わる音（縦波）

音は伝わらないはずだ。SF映画・アニメなどの宇宙シーンで爆発の効果音が入っているものは、科学的には誤りである。

2. 音の3要素

音の特徴を表す音の高さ、音色、強さ、を音の3要素という。音の高さは音波の振動数で決まり、振動数が大きいほど音は高いと感じる。

人が聞くことができる音（可聴音）の振動数は約20～2万Hzで、さらに振動数が大きい音を超音波という。

ちなみにNHKの時報では、最初の3回の予報音に440Hz、最後の時報音に880Hzの音が使われている。これらはいずれも「ラ」の音に相当しているが、時報音の「ラ」は1オクターブ高い。1オクターブとは振動数が1：2になる関係である。

同じ高さの音でも、ピアノやバイオリン、人の声など、楽器によって音は違う。図5-2-2はコンピュータで解析した、いくつかの楽器の音の波形である。基本振動の波の上にさまざまな振動数の波が重なり合って、複雑な波形をつくり出している。この波形の違いが音色の違いとして聞き分けられる。

音の強さは振幅の大小で決まるが、超音波のように振幅が大

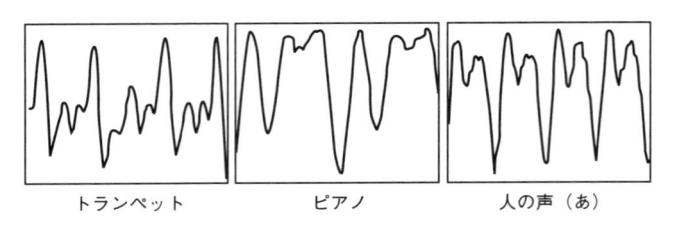

図5-2-2　いろいろな楽器の波形

きくても、人間には聞こえない音もある。人間の耳は音の高さによっても感度が違い、同じエネルギーの音でも、振動数が違うと大きさが違って聞こえるのだ。

3. 音の速さと波長

音の速さがそれほど速くないことは、トンネルの中の反響音や、山びこの体験でわかる。ブラスバンドの演奏で広いスタジアムを行進する選手団の足並みは、音源からの距離で微妙にずれているのがわかる。音が伝わるのに時間がかかるからだ。

発音体の振動によって生じた圧力の変化は、空気の疎密波として先へ伝わっていく。この圧力変化が伝わる速さが音速だ。

乾いた空気中の音速は絶対温度の平方根に比例し、

$$v = v_0 \sqrt{\frac{T}{T_0}} \quad \cdots\cdots(1)$$

となる。T は空気の絶対温度、v_0 は 0 ℃（絶対温度で表すと $T_0 = 273$K）の空気中での音速で331.5m/s である。

式(1)は室温 t [℃]付近で、

$$v = v_0 \left(1 + \frac{t}{2 \times 273}\right) = 331.5 + 0.6t \quad \cdots\cdots(2)$$

と近似できる。式(2)の結果は、実際にはかった音速とよく一致している。

室温での音速340m/s、可聴音の振動数20〜2万 Hz を波の基本式 $v = f\lambda$ に代入すると、空気中での可聴音の波長、17mm〜17m が求められる。

ちなみに、空気中の光速は約30万 km/s である。遠くで光った雷や花火の音が光より遅れるのは、光の速さに比べて音の速さがとても遅いためだ。

一般に気体中より、液体・固体中のほうが音速は速い（表5

物質	音速(m/s)	物質	音速(m/s)
空気（0℃）	331.5	海水（塩分3％）	1513
He（0℃）	970	氷	3230
CO_2（0℃）	260	ガラス	5440
蒸留水	1500	鉄	5950

表5-2-1　物質中の音速

-2-1)。

　前節で述べたように、可聴音は波長が長いので回折が著しく、影をつくりにくい。これに対し波長が短い超音波は、可聴音に比べて回折しにくいので、直進性がよく、影をつくりやすい。

　コウモリが暗闇の中を自由に飛べるのは、超音波を発してその反射音を聞き分け、反射物までの距離や物体の大きさをはかっているからである。音を発してから反射音が聞こえるまでの時間が短ければ、相手は近くにいるということだ。離れているわりに反射音が大きければ、相手が大きいか、音をよく反射する物体だということになる。

　水の中では電波が伝わらないので、潜水艦はソナーという音響探査機で周囲の様子を探る。漁船は同じ原理の魚群探知機を装備して魚の群れを探す。イルカにも同じような能力がある。

　医療の超音波診断も、体表面から入射した超音波が臓器などから反射されて返ってくるまでの時間や、その強さを測定して、体内の断層像を得ている。小さなものを見分けるためには、回折が目立たないように、それよりもずっと波長の短い波を使わなければいけない。だから超音波が使われるのである。

　これが問い1の答えだ。

4. 楽器が出す音

楽器を演奏するには、意図したとおりの音が出せなければならない。楽器は、決まった操作をすると、決まった高さの音を出すように作られている。音の高さを決めるのは、音源の振動数だ。管内の空気や弦に生じる定常波がこの振動数を決める。これを固有振動とよぶ。

楽器の音程を決める固有振動数が、どのようなしくみで決まるのか考えてみよう。

(1) 管楽器の原理

管楽器に息を吹き込むと、管口付近では空気の密度が激しく変化して、いろいろな振動数の混じった音波が生じる。

音波は管の端で反射を繰り返し、管内で重なり合う。一般にはこの合成波は不安定で、すぐに消えてしまうが、特定の振動数の波は安定して長く存続できる定常波をつくる。

両端が開いた管（**開管**）では、波は管端を自由端として反射する。この場合、定常波は管の両端が腹になるように生じる。

一方、試験管のような片端が閉じた管（**閉管**）に息を吹き込むと、口の部分では自由端として、もう一方を固定端として、音波は反射を繰り返す（次ページ図5-2-3）。

開管では、管の長さLは定常波の半波長$\frac{\lambda}{2}$の整数倍になる。任意の整数をnとして次式を満たすように波長λが決まる。

$$L = \frac{n\lambda}{2} \quad \cdots\cdots(3)$$

波長が決まれば、基本式$v = f\lambda$から固有振動数fが決まる。

$$f = \frac{v}{\lambda} = \frac{nv}{2L} \quad \cdots\cdots(4)$$

nは任意の整数なので、式(4)を満たす固有振動は無数にあ

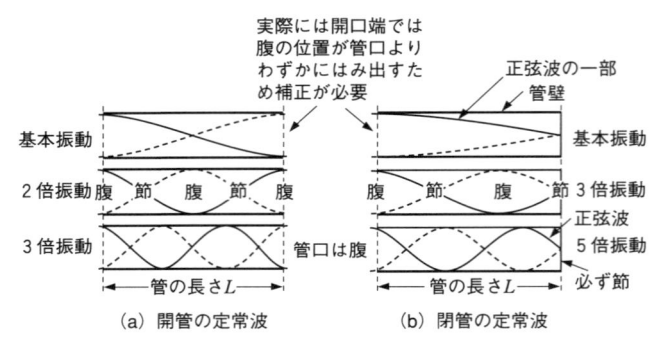

図5-2-3 管楽器に生じる定常波（縦波を横波で示した）

図中のラベル：
- 実際には開口端では腹の位置が管口よりわずかにはみ出すため補正が必要
- 正弦波の一部
- 管壁
- 基本振動
- 2倍振動　腹　節　腹　節　腹
- 腹　節　腹　節　3倍振動
- 3倍振動
- 正弦波
- 5倍振動
- 管口は腹
- 必ず節
- 管の長さ L
- （a）開管の定常波
- （b）閉管の定常波

る。その中でいちばん波長が長く、振動数が低い固有振動を**基本振動**(きほんしんどう)という。音の高さは基本振動の振動数で決まる。

他の固有振動は、振動数が基本振動の整数倍になるので**倍振動**(ばいしんどう)という。実際の音はいくつもの倍振動による音（**倍音**(ばいおん)）が重なり合っていて、その配合の割合が音色を決める。

一方、閉管の固有振動は、開端は腹、閉端は節という条件を満たさなければならないので、上図（b）のように、基本振動の奇数倍の振動数をもつものに限られ、

$$f = \frac{nv}{4L} \quad (n \text{は奇数}) \quad \cdots\cdots(5)$$

となる。

式(4)と式(5)で $n=1$ としてみるとわかるように、同じ長さの管では、閉管のほうが開管より約1オクターブ低い基本振動数になる。フルートとクラリネットはほぼ同じ長さなのに、クラリネットが1オクターブ下の音まで出せるのは、フルートは開管でクラリネットは閉管という構造の違いによる。また、大きな管楽器が低い音を出すのは、管の長さ L が大きいので、振

動数 f が小さい定常波をつくることができるからだ。

フルートやリコーダーでは、穴を開閉することで実質の管の長さ L を変化させて音程を制御する。トロンボーンはスライド管で管の長さを変化させている。トランペットやホルンは、ピストンを押すことで迂回管をつなぎ替えて L を変えている。

(2) 弦楽器の原理

弦楽器では、弦をはじいたり、たたいたり、こすったりしたときに弦に生じる固有振動が音源になる。

弦楽器のように両端を固定した弦にできる定常波は、両端が節にならなければならない（図5-2-4）。

すると、半波長の整数倍が弦の長さ L に等しいから、次式が成り立つ。

$$\frac{n\lambda}{2} = L \quad (n \text{ は整数}) \quad \cdots\cdots(6)$$

これより弦の固有振動数は、弦を伝わる波の速さを v として、

$$f = \frac{v}{\lambda} = \frac{nv}{2L} \quad \cdots\cdots(7)$$

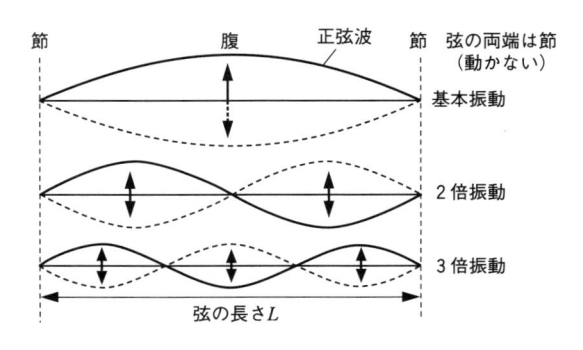

図5-2-4　弦に生じる定常波

となる。なお v は、弦の張力を S、線密度（長さ1mあたりの質量）を ρ とすると $v=\sqrt{\dfrac{S}{\rho}}$ で与えられる。

弦楽器は指で押さえる場所を変えたりして弦の長さ L を変えながら演奏する。音の基本的な高さを調整するチューニングは、張力 S を変えて v を調整することによって行う。また ρ の大きい重い弦ほど低い音を出す。

以上見てきたように、管楽器でも弦楽器でも、その固有振動数 f は管や弦の長さ L に反比例する。つまり、f の小さな、低い音を出すためには、楽器自体が大きくなければいけないということになる。

これが問い2の答えである。

（3）共振と共鳴

適当な棒と糸とおもりを用意して、図5-2-5のような振り子をつくる。振り子の糸の長さを変えておくのがポイントだ。

1つの振り子だけに注目し、その揺れの周期に合わせて棒をほんの少し揺らしてやる。すると、その振り子が大きく揺れるのにほかの2つは揺れない、という手品ができる。

このような現象を共振（音の場合には共鳴）という。

共振（共鳴）は身近なところでも見聞きできる現象だ。

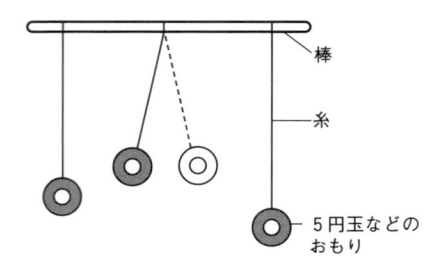

棒をうまく揺らすと1つの振り子だけを大きく揺らすことができる

図5-2-5　振り子の共振

5-2 音の波

　ブランコは、揺れにタイミングを合わせて押してやると、大きく揺らすことができる。地震による揺れと、建築物の固有振動数が一致すると、共振で建物が大きく揺れて、思わぬ被害を出すことがある。

　振動数が等しい音叉を2つ用意し、一方の音叉を鳴らしてからその音を止めると、振動を与えていないもう一方の音叉が響いているのがわかる。鳴らした音叉の音のわずかなエネルギーで、止まっていた音叉が共振して振動しはじめたのだ。

　管楽器も、吹き口（歌口）で生じた雑多な振動の中から、管に共鳴する音だけが大きく響いているといってもよい。弦楽器の胴も、いろいろな高さの音に共鳴するように工夫された共鳴器で、弦で選び出した音を大きく響かせるのである。

コラム　うなり

　オーケストラは演奏前に必ずチューニング（音合わせ）を行う。「ラ」の音を440Hzや442Hzに合わせることが多い。演奏者は1Hzや2Hzの音の違いをどうやって聞き分けるのだろう。

　振動数がわずかに違う2つの音を同時に鳴らすと、一定の間隔で音が大きくなったり小さくなったりする。これをうなりという。うなりが聞こえるのは音の時間的な干渉が原因だ。

　次ページ図5-2-6のように、ある時点で2つの音の位相が一致しているとしよう。このとき音は強め合っている。2つの音の振動数が少し違うと、時間がたつにつれて位相が少しずつずれていき、やがて逆位相になって音は弱め合い、一瞬聞こえなくなる。そして位相がさらにずれると、1周期ずれた状態で再び強め合って音は大きく聞こえる。

　これが周期的に繰り返されてうなりになる。

　それぞれの音源から1秒間に出る波の数は、振動数の差だけ

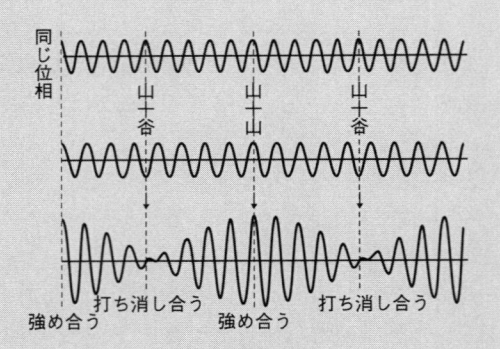

図5-2-6 うなり

異なる。波が1つずれるごとにうなりが1回生じるので、この差が1秒間に聞くうなりの数になる。

2つの楽器の音程がぴったり一致すると、うなりは消える。1Hzの振動数の差を聞き分けるのは大変だが、うなりを使えば素人でも違いがわかる。

5. ドップラー効果

救急車がそばを通り過ぎるとき、サイレンの音の高さが変わるのを体験したことがあるだろう。これは音を出す救急車(音源)や、その音を聞く人(観測者)の運動に伴って、音の振動数が変化して観測される現象で、**ドップラー効果**という。

波の基本式 $v=f\lambda$ から、音の振動数 f は、

$$f=\frac{v}{\lambda} \quad \cdots\cdots(8)$$

で定まる。ドップラー効果で f が変化するのは、波長 λ と音速 v のいずれか、または両方が、音源と観測者の相対運動によっ

5-2 音の波

て変わるためだと考えられる。

まず、振動数 f_s のサイレンを鳴らしながら、速度 u_s で通り過ぎる救急車の音を立ち止まって聞く場合を考えよう。

音が空気中を伝わる速度 v は一定である。サイレンの波長は、救急車が止まっていれば、波の基本式により $\dfrac{v}{f_s}$ になる。しかし、救急車が走りながら音を出すと、自分の出した音の波面を追いかけるようにして次の波面を送り出すので、サイレン音の波面間隔（つまり波長）は、前方で縮まり後方で伸びる。

1秒間に音波は v 進み、救急車は u_s 進む。その間に送り出された f_s 個の波面は $v-u_s$ の中に圧縮されるから、救急車が進む前方での波長は、

$$\lambda' = \frac{v - u_s}{f_s} \quad \cdots\cdots(9)$$

となる。波長が変わるから式(8)によって振動数が変わるのが、音源が動く場合のドップラー効果の原因だ（図5-2-7）。

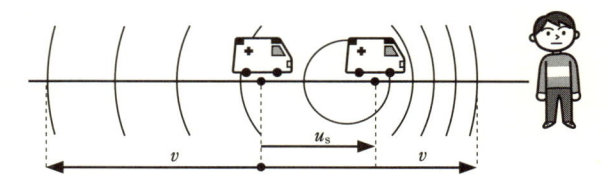

図5-2-7　音源が動く場合のドップラー効果

一方、観測者が動く場合は、音の相対速度が変化すると考えればよい。観測者の移動速度を u_o とすると、観測者が聞くサイレン音の相対速度は $v' = v - u_o$ だ（次ページ図5-2-8）。

以上をまとめると、音源と観測者の動きによって波長と音速がそれぞれ変化して λ' および v' になったと考え、式(8)にこれらを代入すれば、観測者が聞く振動数 f_o が求まる。

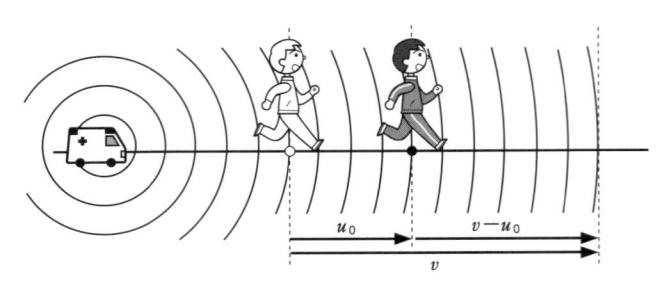

図5-2-8 観測者が動く場合のドップラー効果

$$f_\text{o} = \frac{v'}{\lambda'} = \frac{v - u_\text{o}}{v - u_\text{s}} f_\text{s} \quad \cdots\cdots(10)$$

 v や u_o、u_s の符号は共通の座標軸に基づいて決めれば、式(10)は音源と観測者がどちら向きに動いていても成り立つ。

 たとえば、救急車と音を聞く人が互いに近づく向きに運動している場合、音の進む向きを正にとれば、救急車の速度 u_s は正、人の速度 u_o は負となるから、式(10)の f_o は f_s より大きくなる。つまり音程が高く聞こえることになる。

 ドップラー効果は、音に限らず、すべての波に起こる現象である。反射する電波の振動数変化から、自動車の速度や投手の投球速度をはかったり、超音波で船や血流の速度をはかることにもドップラー効果が応用されている。

 次節で学ぶ光も、波動なので、ドップラー効果を受ける。地球から遠ざかる運動をしている星からの光は、その遠ざかる速さに応じて波長が長くなる。つまり、可視光でいえば赤い色のほうにずれることになる。そこで、この現象を赤方偏移とよぶ。観測によると、遠方の銀河ほど大きな赤方偏移を示すので、より速い速度で地球から遠ざかっていることになる。

5-3　光の波

- ●問い1　曲がりくねった光ファイバーの中を光が漏れずに進むのはなぜだろう。
- ●問い2　凸レンズで像ができるのはなぜだろう。
- ●問い3　光の波長はどうやってはかったのだろう。
- ●問い4　7色の虹はなぜ現れるのだろう。

　私たちは体験から、光が直進することを知っているので、光がやってくる方向に、その光のもとがあると認識する。だから鏡などで光の進路を曲げられると、簡単にだまされてしまう。マジックの常套手段だ。

　ところで、光を使って信号を伝える光ファイバーは、途中がどんなに曲がりくねっていても、光を導くことができる。これはいったいどんなしくみなのだろう。

　写真や映画が楽しめるのは、レンズのおかげである。凸レンズは光を集め、像をつくることができる。この不思議なはたらきのしくみはどうなっているのだろう。

　光が波であることは、どうやって確認し、その波長はどうやってはかったのだろう。CDの銀色面で反射した光が美しい色を見せる現象は、光が波であることとどう結びつくのだろう。

　雨上がりの空にかかる美しい虹には誰もが感動を覚える。あの7色のアーチは、どういうしくみで空に現れるのだろう。そもそも、色というのは何なのだろう。

　光はごく身近な現象だが、不思議に満ちている。光の正体を探る旅に出よう。

1. 光はどのように進むのか

霧の中で車のヘッドライトをつければ、光の直進性は一目瞭然だ。しかし光が直進しない場合もある。もっともよく見かける例が反射だ。

図5-3-1に、平面鏡での光の反射を示す。反射面に垂直な線（法線）と入射光がなす角度を**入射角**、反射光がなす角度を**反射角**という。入射角と反射角はつねに同じ角度になる。この関係を光の**反射の法則**という。

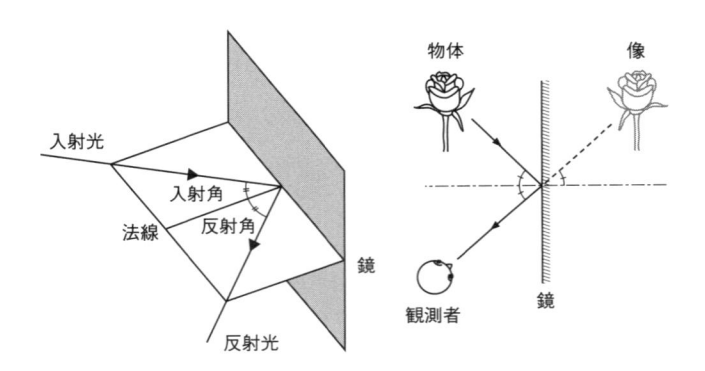

図5-3-1　反射の法則

図5-3-2　平面鏡によってできる像

鏡の向こうには、こちら側と同じ世界があるように見える。実際にはないのに、そこに物体があるように見えるとき、それを物体の像という。

物体の像は、鏡に対して物体と対称な位置に見える。私たちは、目に入った光が直進してきたものと見て、その延長線上に像を認めるのである（図5-3-2）。

光を反射するのは鏡だけではない。一般に波は媒質の境界で

5-3 光の波

多少なりとも反射するから、光はあらゆる物体の表面で反射しているのだ。物体の表面が鏡のように滑らかではなく、細かい凹凸がある場合は、ミクロな反射面がいろいろな方向を向いていることになるから、反射光はバラバラな方向に散ってしまう。これを**乱反射**という。乱反射のおかげで、物体がどこに置かれていても、そこからの反射光の一部をとらえられる。こうして、光に照らされたものを見ることができるのである。

光が直進しないもう1つの例は屈折である。

カップの底にコインを置き、コインが見えなくなる位置まで目を下げる。視線はそのままで、カップに水を入れていくと、やがてコインが見えてくる。

水がないときは、コインから出た光はカップの縁にさえぎられ目には届かない(図5-3-3 a)。ところが水があるときは、コインから出た光が屈折して目に届くようになる(同図b)。すると私たちには、コインがあたかも線分OP′上にあるように見える。

湯船やプールの中に立つと、足がひどく短くなったように感じるのも、同様に光の屈折のいたずらである。

光の屈折についても、5-1で学んだ波の屈折の法則が成り

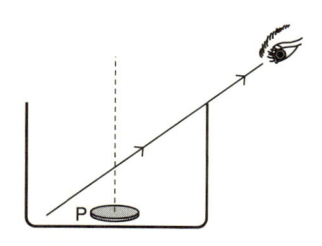

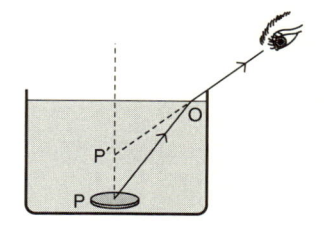

(a) 水を入れる前は見えない　　(b) 水を入れると見える

図5-3-3　カップの中のコインの見え方

立つ。屈折が起こるのは、それぞれの媒質中での光の速さが異なるからである。

2つの物質の光速の比 n_{12} を**相対屈折率**という。光が真空中から物質中へ進んだときの屈折率は**絶対屈折率**といい、単に**屈折率**とよぶことも多い。

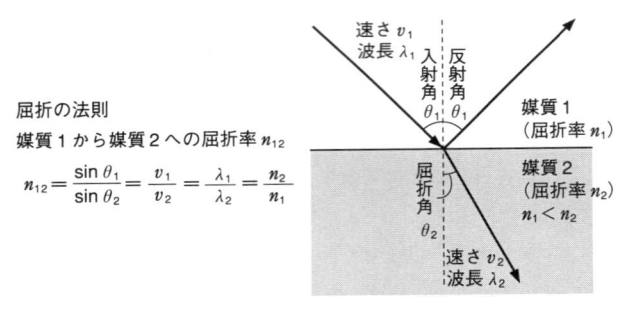

屈折の法則
媒質1から媒質2への屈折率 n_{12}

$$n_{12} = \frac{\sin \theta_1}{\sin \theta_2} = \frac{v_1}{v_2} = \frac{\lambda_1}{\lambda_2} = \frac{n_2}{n_1}$$

図5-3-4　光の反射と屈折

空気中の光速は真空中とほぼ同じだが、水など一般の物質中の光速は空気中よりも小さくなる。したがって、物質の絶対屈折率は1よりも大きい（表5-3-1）。

光が屈折率の小さい（光速が大きい）物質から屈折率が大きい（光速が小さい）物質に入るときには、屈折の法則により屈折角は入射角よりも小さくなる。したがって、光が空気から水

物質	屈折率	物質	屈折率
空気	1.00	石英ガラス	1.46
水	1.33	水晶	1.54
エタノール	1.36	ポリスチレン	1.59
グリセリン	1.47	ダイヤモンド	2.42

表5-3-1　主な物質の屈折率（絶対屈折率）

5-3 光の波

中に入射するときには図5-3-4のように屈折する。

逆に、光が屈折率の大きい物質から小さい物質に進むときは、屈折角は入射角よりも大きくなる。

図5-3-5のように入射角がしだいに大きくなると、屈折角がちょうど90°になり、屈折した光が水面と平行に進むようになる。このときの入射角 θ を**臨界角**という。入射角が臨界角を超えると、光は屈折せず、すべて反射するようになる。これを光の**全反射**という。

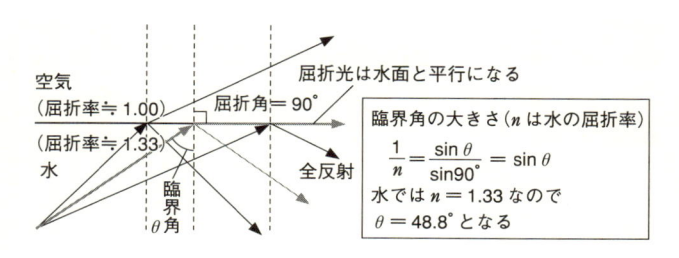

図5-3-5　光の全反射と臨界角

臨界角の大きさ（n は水の屈折率）
$$\frac{1}{n} = \frac{\sin\theta}{\sin 90°} = \sin\theta$$
水では $n = 1.33$ なので
$\theta = 48.8°$ となる

光通信に使われる光ファイバーは全反射を利用して光を送っている。光ファイバーは図5-3-6のように屈折率の大きいガラスなどの繊維（コア）を屈折率の小さいガラスやプラスチック（クラッド）で包んだものである。

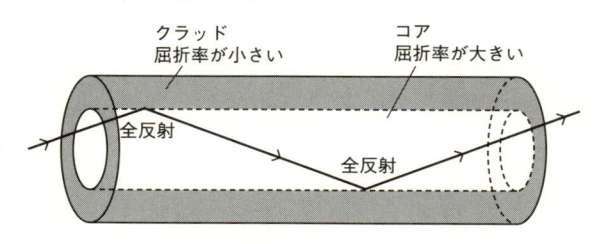

図5-3-6　光ファイバーのしくみ

光ファイバーに入射した光は、経路がくねくねと曲がっていても、図5-3-6のように境界面での入射角が大きいため、全反射を繰り返しながら進んでいく。全反射の反射率は100％だから、光の信号は遠くまで弱まることなく伝わる。

　これが問い1の答えだ。

　光ファイバーは、インターネットの通信網や、電話回線・ケーブルテレビなどの基幹部分にすでに使われていて、21世紀の情報通信の主役になろうとしている。

2. レンズのはたらき

　レンズは光の屈折を利用した道具で、メガネやカメラ、望遠鏡などに広く使われている。

　凸レンズに、対称軸（**光軸**(こうじく)）と平行な光をあてると、光はレンズで屈折して光軸上の1点に集まる。これを凸レンズの**焦点**(しょうてん)という。一方、凹レンズに光軸と平行な光をあてると、光は屈折した後に広がる。この光線の経路を逆に延長すると、1点から出ているように見える。この点が凹レンズの焦点である。

　どちらの場合も、レンズの中心から焦点までの距離を**焦点距離**という（図5-3-7）。

　凸レンズの焦点の外側に物体を置くと、物体のある1点から出た光線はレンズを通って反対側の1点で交わる。この位置にスクリーンを置けば物体がさかさまに映った像を見ることができる。物体を焦点に近づけると、像を結ぶ位置が遠ざかり、像の大きさは大きくなる。

　この像は、光が実際にそこに集まってできた像なので、**実像**(じつぞう)という（図5-3-8）。

　一方、凸レンズの焦点の内側に物体を置くと、物体のある1点から出た光は、広がって1点で交差することはない。しか

5-3 光の波

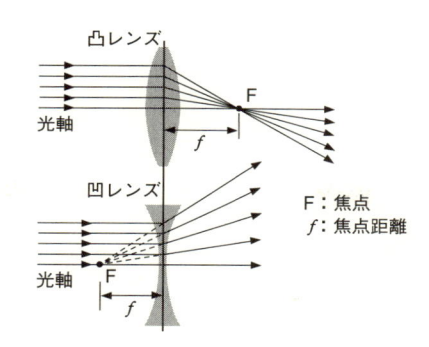

図5-3-7　凸レンズと凹レンズでの光の屈折

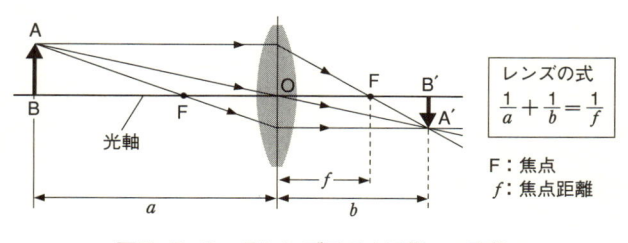

図5-3-8　凸レンズでできる像——実像

レンズの式
$$\frac{1}{a}+\frac{1}{b}=\frac{1}{f}$$

F：焦点
f：焦点距離

し、この広がった光を反対方向にたどると、1点から出ているように見える。レンズの反対側からのぞくと、そこに拡大された像が見える（次ページ図5-3-9）。

　この像は光が集まってできた像ではないため、そこにスクリーンを置いても像を結ばない。このような像を**虚像**(きょぞう)という。

　カメラは、前者の方法でフィルム上に実像をつくり、フィルムに記録する。この光線の向きを逆にすれば、写真を拡大してスクリーン上に大きな実像をつくり出す映写機ができる。実像がつくれるのは凸レンズだけだから、カメラでも映写機でも凸

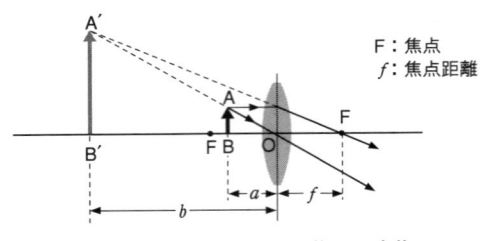

図5-3-9 凸レンズでできる像——虚像

レンズが使われる。虫メガネも凸レンズだが、観察対象を焦点距離内に置いて、後者の方法で虚像をつくり、ものを拡大して観察する。以上が問い2の答えだ。

凹レンズも虚像をつくるが、像の大きさは実物より小さくなるので、視界を広げる目的で使われることがある。

また、近視用メガネには凹レンズが、老眼鏡には凸レンズが使われる。これらの視力矯正レンズは、眼球内の凸レンズ(水晶体)の焦点距離を補正し、網膜上に正しく結像するようなレンズを選ぶ。

メガネ屋さんが使うレンズの度数(ジオプトリー)は、焦点距離の逆数 $\frac{1}{f}$ である。

光の速さはどれぐらいか

古代ギリシャでは、光は瞬間的に伝わると考えられていた。中世にはガリレオ・ガリレイが、2つの山の頂上にランプを持った人間を立たせ、一方から送ったランプの光を見たら、相手からすぐに光を送り返すという方法で光の速度を測定しようとしたが、もちろん失敗に終わった。

短い距離で初めて光速の測定に成功したのは、19世紀のフランスのフィゾーである。彼は光源と鏡の間に歯車を置いた装置

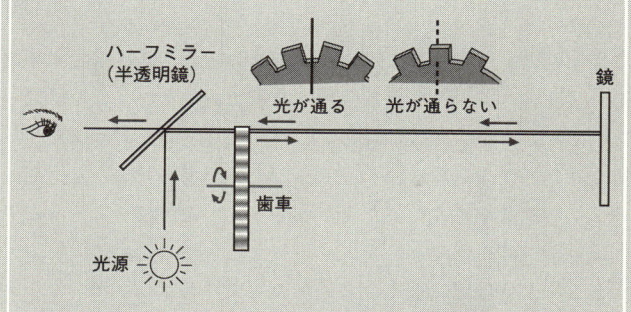

図5-3-10　フィゾーの光速の測定

を用いた（図5-3-10）。歯車が止まっているときには、光は歯のすき間を通って往復し、反射光を観測することができる。歯車を回転し、しだいに回転を速くしていくと、光が歯車の間をぬけて鏡で反射し、戻ってきたとき、ちょうど歯でさえぎられるようになり、反射光が見えなくなる。このときの歯車の回転数と歯数から、光が往復する時間を計算することができる。歯車と鏡の間の往復距離をこの時間で割れば光速が得られる。

こうして、彼は光速を3.15×10^8 m/s と求めた。秒速約30万 km である。

翌年、フランスのフーコーは、回転する鏡を使って光速をさらに詳しく測定し、水中では光の速度が空気中のおよそ4分の3と遅くなることも発見した。

現在は、真空中の光速は2.99792458×10^8 m/s と定められている。

3. 光の正体を探る（回折と干渉）

ところで、光が波であることは、初めからわかっていたわけ

ではない。

17世紀末、ホイヘンスが光は波であるという「波動説」を唱えた。一方、ニュートンは、光は粒子であるという「粒子説」を唱えた。ホイヘンスの説明はしっかりしていたが、反射や屈折などの光の性質は、粒子説でもどうにか説明できたし、ニュートンの権威が絶大だったこともあって、光は粒子であると一度は結論づけられた。

ところが19世紀になると、光が波でなければ説明がつかない実験結果が示されるようになる。5-1でも紹介した、回折や干渉という現象である。

前節でも学んだように、音は物陰にいても聞こえる。これは音がかなり波長の長い波で、回折しやすいからである。一方、光は物体の後ろにくっきりとした影をつくる。これは、光の回折は音ほど顕著ではなく、光が波ではないことを示唆しているようにも見える。

もしも光が粒子なら、光を1本の小さなすき間（スリット）に通すと、スリットの幅が光の粒子が通り抜ける大きさである限り、やはり1本の細い光線となって出てくるはずである。ところが、このスリットの大きさを、光の波長の数倍ほどまで小さくすると、中心の明るい光の両側にも光が届いて、縞模様が見える（図5-3-11）。

これは光が回折し、回り込んだ光が干渉して明暗をつくっているのである。この縞を回折縞という。

光は波長が小さい波のため、私たちの身の回りでは光の回折現象を見ることが困難だったのだが、光も物体が十分に小さくなると回折することがわかったのである。これは光が波であることの有力な証拠である。

光の回折と干渉を実験的に観察し、光が波であることをつき

5-3 光の波

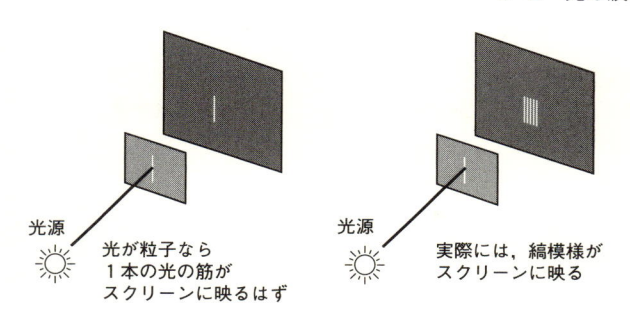

光が粒子なら
1本の光の筋が
スクリーンに映るはず

実際には、縞模様が
スクリーンに映る

図5-3-11 光の回折の様子

とめたのはイギリスのヤングである。彼は1801年に、図5-3-12のような装置で実験を行った。

光源から出て、1段目のスリット S_0 を通過してその後ろに広がった光は、さらに2段目の2つのスリット S_1, S_2 を通ってスクリーンに達する。

もし光が粒子であれば、直進してスクリーンに2つのスリットの像ができるはずだ。ところが、スクリーンには多くの縞模様が映し出されたのである。この縞模様を干渉縞という。

スクリーン上の点Oからある距離のところにある点Pに届く

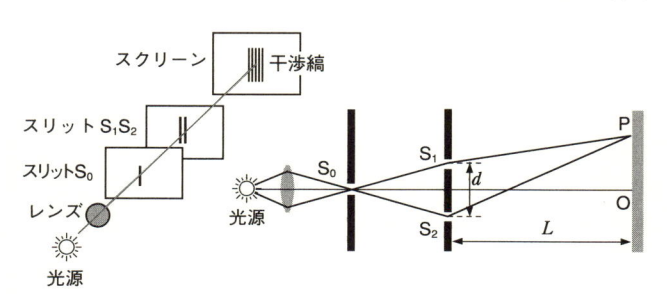

図5-3-12 ヤングの干渉実験

2つの光の干渉を考えてみよう。2つの光の道筋 S_1P、S_2P の距離の差（光路差）を ΔL、光の波長を λ とするとき、図5-3-13（a）のように光路差が波長の整数倍すなわち、

$$\Delta L = m\lambda \quad (m = 0, 1, 2, 3, \cdots) \quad \cdots\cdots(1)$$

が満たされる点Pでは、2つの光は強めあい、明るくなる。一方、同図（b）のように、

$$\Delta L = m\lambda + \frac{\lambda}{2} \quad (m = 0, 1, 2, 3, \cdots) \quad \cdots\cdots(2)$$

が満たされる点では、山と谷が重なって弱めあい、暗くなる。

式(1)を満たす点と式(2)を満たす点は等間隔に交互に並ぶので、明暗の縞模様が見られることになる。

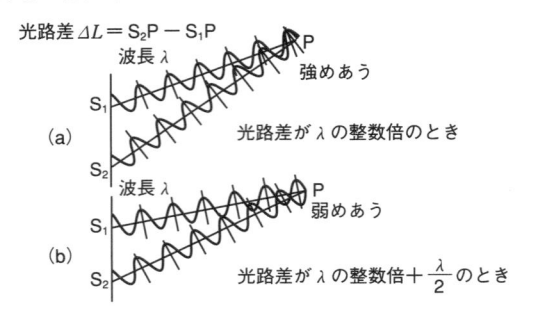

図5-3-13 光路差と波の干渉

スリット S_1、S_2 の間隔や、スリットからスクリーンまでの距離を知ると、ΔL を計算することができる。こうしてヤングは式(1)(2)をもとに、光の波長 λ を求めることができた。

それは、次のコラムで紹介している薄い膜による干渉の実験から求めた波長ともよく一致し、光の波動説を不動のものにした。光の波長は0.5μm 前後、すなわち1mmの1000分の1のそ

5-3 光の波

のまた半分という小さな値だった。

以上が問い3の答えである。

ヤングの干渉実験に使われた2つのスリットの代わりに、たくさんのスリットを規則的に並べたものを用いると、より明暗がはっきりした干渉縞ができる。

実際にはガラスの表面にたくさんの溝を等間隔に刻んだものを使う。溝の部分では光は乱反射してガラスを透過することができないが、溝と溝の間の部分は光が透過するので、スリットと同じはたらきとなる。このようなものを**回折格子**という。

CDの銀色の面に電灯を映すと虹のように色づいて見える。CDの表面には情報を記録するためのピットというくぼみが等間隔にたくさん並んでおり、その規則正しい並びが回折格子と同じはたらきをして反射光が干渉を起こすためである。

光が波であるなら、縦波と横波のどちらだろう。これは偏光板を使って調べることができる。

偏光板は一方向に振動する光だけを通すので、振動方向が1つの方向にそろった光を得ることができる。このように振動方向がそろった光を**偏光**という。

図5-3-14のように、2枚の偏光板を置いて、1枚の偏光板

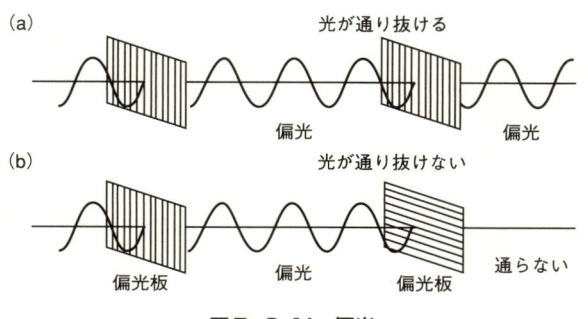

図5-3-14 偏光

を回転させながら光の明るさを調べると、偏光板が90°回転するごとに明るさが変わる。偏光は、最初に通り抜けた偏光板と同じ向きの偏光板は通り抜けることができる(a)が、向きが垂直な偏光板は通り抜けることができない(b)からである。

このことから光は波の進行方向と振動方向とが互いに直角な横波だということがわかる。偏光の研究から光が横波であることを初めて唱えたのもヤングだった。

コラム

シャボン玉に色がつくのはなぜか

シャボン玉の表面や水面に広がった油膜には、虹のような美しい縞模様が見える。この現象も光の干渉によって起こる。

図5-3-15のように、光が薄い膜にあたると、表面で反射する光のほかに、膜の中に入ってから下の面で反射し、再び膜の外に出てくる光も生じる。この2つの光は、膜の厚さのためにごくわずか経路の長さが違うことになり、干渉を起こすのである。

場所によって、たとえば赤色だけが強く見えたり、青色だけが強く見えたりするためカラフルな縞模様になる。

縞模様がさまざまに変化するのは、シャボン玉の膜の厚さがたえず変化するためである。

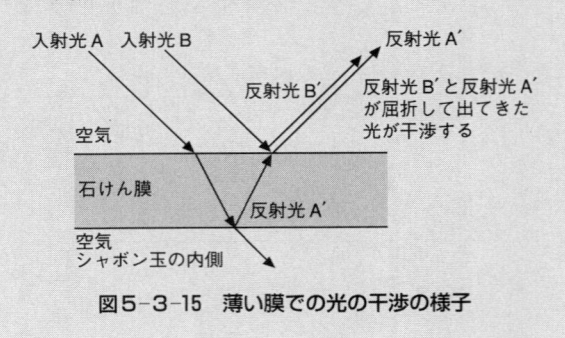

図5-3-15 薄い膜での光の干渉の様子

4. 虹はなぜ見えるのか

太陽光をプリズムに通すと、図5-3-16のように、赤から紫まで連続して変化する虹のような色の帯が現れる。この色の帯を**スペクトル**という。

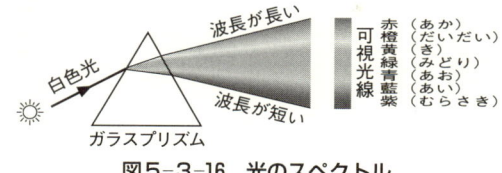

図5-3-16　光のスペクトル

太陽光は白色光だが、その白色光を無色透明なガラスのプリズムに通すと、どうして色が現れるのだろう。

私たちが光の色として感じているのは、光の波の波長（あるいは振動数）である。私たちの目は、波長の長い光を「赤い」と感じ、波長の短い光を「青い」と感じるようにできている。

スペクトルは光の成分が波長の順に並んだもので、波長の長いほうから赤橙黄緑青藍紫という虹の7色の順になっている。むろん、7という数字にこだわる必要はなく、連続した無数の色があるというほうが正しい。

太陽や白熱電球の光のような白色光は、多種類の波長の光がブレンドされた混合光である。では、なぜプリズムを通った白色光はスペクトルに分かれるのか。それはガラス中での光の速さが、光の波長によって少しずつ異なり、波長が短いほうが遅く、屈折率がやや大きいためだ。青い光のほうがちょっと大きく曲げられるのである。

この現象を**光の分散**という。混じり合ったまま同じコースを進んできた各色の光は、プリズムに入射後はそれぞれ微妙に異

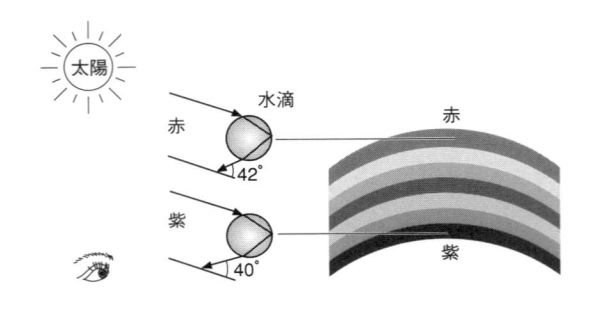

図5-3-17 虹が見える理由

なったコースに分かれ、分散してスペクトルをつくる。

雨上がりの空に虹がかかるのも、光の分散による。

雨上がりの空には、まだたくさんの小さな雨粒があって落下中だ。水滴にあたった太陽光は、屈折して水滴の中に入り、一部が水滴の内側で反射し、再び表面で屈折して外へ出てくる。この光は、光の色によってある特定の角度で強くなる。

空中に浮かんだ無数の水滴一粒一粒でこのような屈折が起こり、分散した光が観測者の目に届くと虹に見える（図5-3-17）。

これが問い4の答えだ。

スペクトルには、太陽光線によってできるような**連続スペクトル**と、細い明線（めいせん）がとびとびに現れる**線スペクトル**がある（写真5-3-1）。

水銀灯の光を回折格子を通して見ると、水銀の線スペクトルを観察することができる。

線スペクトルは原子の内部の状態を伝える重要な情報である。これについては第7章で詳しく学ぼう。

連続スペクトル（太陽光）

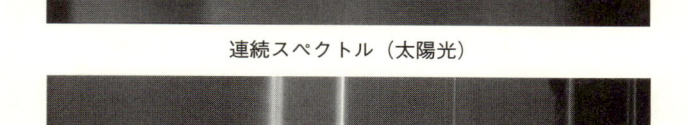

線スペクトル（水銀灯）

『新 物理実験図鑑』（講談社刊）より

写真5-3-1　スペクトル

5. 電磁波（光の仲間たち）

　太陽光の赤から紫までの連続スペクトルの外側では、私たちは色を見ることはできない。この部分には何があるのだろう。

　太陽光の連続スペクトルに温度計をあて、どの色の光で温度が高くなるかを調べると、赤色の外側の暗いところで、温度がいちばん高くなる。このことから赤色の外側には熱を運ぶ何かがあると考えられ、赤外線と名づけられた。熱作用の強い赤外線は熱線とよぶこともある。日向ぼっこで体が温まるのは、赤外線によるところが大きい。

　一方、紫色の外側の暗い部分にも、物質に化学変化を起こさせる性質をもつ目に見えない何かがあることがわかり、紫外線と名づけられた。今日では紫外線が日焼けの原因となることはよく知られている。皮膚の細胞が紫外線の大きなエネルギーでダメージを受けるのが日焼けだ。

　赤外線や紫外線は人間の目には見えないが、やはり光である。

　赤外線や紫外線を見ることのできる生物もいる。また、テレビやエアコンの制御に使うリモコンは赤外線で命令を送っている。目には見えないが、デジタルカメラやビデオカメラでリモ

コンの発光部を撮影すると、光っているのが確認できる。カメラの撮像素子は、赤外線も感じるからだ。

可視光の赤い光よりさらに波長が長い光が赤外線であり、紫の光よりさらに波長が短いのが紫外線である。そのさらに外側へと広げていくと、図5-3-18に示すように、長波長側には、携帯電話、電子レンジ、テレビ、ラジオなどで使われている「電波」がある。電波は波長によって、長波、中波、短波など、さらに細かなよび名がつけられている。

他方、紫外線より短波長側には、人体の透視撮影（いわゆるレントゲン写真）にも使うX線、工業検査などで使われるγ（ガンマ）線という電磁波が存在する。

実は、私たちが「光」とよんでいたものは、電磁波と総称される波のごく一部である。私たちの網膜の視細胞は、波長が380〜770nm（ナノメートル：1 nm = 10^{-9}m）の範囲の電磁波だけを受信することができるアンテナだということもできる。人間の目に感じる電磁波（光）を可視光線という。

電磁波はその名のとおり電気的・磁気的な波である。波は媒

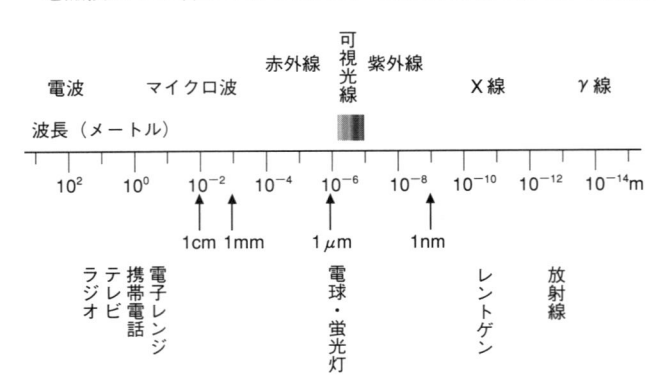

図5-3-18　光と電磁波の仲間

5-3 光の波

質の振動が伝わっていく現象だから、波が伝わるためにはまず媒質が必要だと考えるのは当然である。光や電波が波ならば、それが空間を伝わるための媒質があるに違いない。ところが、光も電波も物質が何もない真空中でも平気で伝わっていく。いったい何の振動が伝わっているのだろう。

光の本質を知るには、電気と磁気の現象について学ぶ必要がありそうだ。

次の第6章で電磁気学を学ぶことによって、光を含む電磁波がどのような波なのかが明らかになる。また、第7章では光は私たちの目の前にまったく別の姿で登場することになる。

第6章

電気と磁気の不思議な関係

原人も雷は見ていたはずだから、人類と電気のつきあいは長い。学問として電気（静電気）に興味をもったのは、紀元前600年ごろのギリシャの哲学者タレスらしい。しかし、その後は長い間、電気が歴史の表舞台に立つことはなかった。

　16世紀末になって、ヨーロッパのブルジョア社会や宮廷では、さまざまな静電気の実験が、見せ物として人気だった。そんな中で、1600年にイギリスのギルバートが『磁石について』という本を著した。これをきっかけに、ようやく科学としての電気・磁気の研究が始まる。

　やがて1800年にイタリアのボルタが電池を発明し、流れる電気「電流」も研究対象となる。

　当初、電気と磁気はまったく別の分野の現象と認識されていた。しかし、1820年にエルステッドが電流の周辺に磁気が発生することを見つけ、1831年にはファラデーが電磁誘導を発見し、ようやく電気と磁気の関係が明らかになった。

　その後、電磁気学の研究は急速に進む。さらに1879年にエジソンが白熱電球を発明するなど、電気の利用も普及する。

　電気と磁気の結合というブレイクスルーにより、19世紀後半、電磁気の研究と応用技術は爆発的に花開いたのである。

　そして20世紀は電気の時代となった。今日、私たちはその応用技術なしには暮らせないほど、電磁気学の恩恵を受けている。

　本章では、こうした電気発見の歴史に沿い、日常の話題をからめながら電気・磁気の知識を概観していく。そして、この第6章の立て役者「電子」は、前の第5章で登場した「光」とともに、次の第7章では主役の座につくことになる。そこで電子は物質をつくる「素粒子」の1つであり、電磁気の作用は、この世界を組み立てるのにもっとも大切なはたらきをしていることが、皆さんにもおわかりいただけるだろう。

6-1　磁場と電場

- ●問い1　ものをこすると静電気が生じるのはなぜだろうか。
- ●問い2　セーターでこすった下敷きに髪の毛や紙くずが吸い付くのはなぜだろうか。
- ●問い3　電気や磁気の力はなぜ離れていてもはたらくのだろうか。

　冬場に、ドアノブや車のドアに触れて「パチッ」と電撃を受けた経験があるだろう。セーターを脱ぐとき、パチパチ音がすることもある。真っ暗な部屋で脱ぐと、上半身が青白い光で包まれてびっくりする。

　よく知られているように、これらは「静電気」のしわざだ。異なる種類の物質がこすれ合うときに生じる電気なので「摩擦電気」というのが、より正しい。

　下敷きをセーターでこすり、髪の毛や紙くずを吸い付けて遊んだこともなつかしい。「ああ、あれは静電気のせいさ」で片づけないで、なぜ引力がはたらくのかを考えてみよう。そこには深遠な物質世界のしくみを垣間見ることができる。

　静電気遊びや磁石遊びが不思議に感じるのは、電気や磁気の力が、直接触れていないものにもはたらくからだろう。空気が力を伝えるのかというとそうではない。周りを真空にしてもこれらの力ははたらく。真空の空間をへだててもはたらくこの不思議な力の正体は何だろう。

　身近な摩擦電気の現象を第一歩として、電磁気の世界への旅を始めることにしよう。

1. 静電気

　喫茶店でできる静電気実験を紹介しよう。

　ジュースなど好きな飲み物を注文する。お目当ては紙袋入りのストローだ。紙袋は濡らさないように注意する。ストローを紙袋から取り出し、その紙袋でこする。紙袋がない場合はティッシュペーパーでこすってもよい。

　すると、ストローは紙きれや髪の毛を吸い付けるようになる。うまくやると、コップの水に浮いた氷を引きつけて動かすこともできる。

　プラスチック字消し（プラ消し）とシャープペンシルがあれば、さらに進んだ実験ができる。

　シャープペンシルの芯を5mmぐらい出して鉛直に立て、これにストローの中央部を突き刺して水平にのせる。穴は大きめにあけてストローが楽に水平に回転できるようにする。

　このストローの一端を、紙袋またはティッシュで、他端をプラ消しでこする。さらに別のストローを用意して、同じように両端を紙とプラ消しでこする（図6-1-1）。

　どちらでこすったかわかるようにあらかじめ折り目などで印

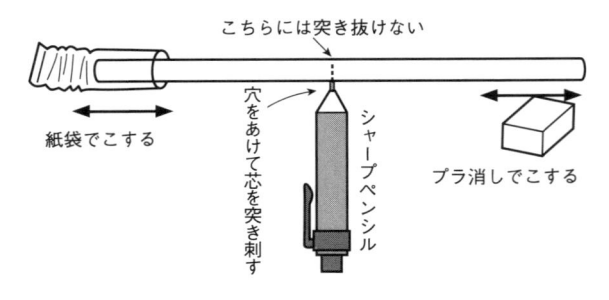

図6-1-1　ストローで静電気実験

6-1 磁場と電場

をつけておくとよい。以上で準備完了。

シャープペンシルの上にのせた回転ストローに、もう1つのストローを近づけると、ストローどうしが引きあう場合と、反発しあう場合がある。よく観察すると、同じものでこすった部分どうしは反発しあい、違うもの（紙とプラ消し）でこすった部分どうしは引きあうことがわかる。磁石のN極、S極がおよぼしあう力によく似ている。

物体が電気を帯びることを**帯電**（たいでん）という。電気には互いの性質を打ち消しあう2種類があり、同種のものは退けあい（斥力）、異種のものは引きあう（引力）。2種の電気は、それぞれ正および負とよばれ、＋－の記号で表される。

正・負の区別を提案したのはアメリカのフランクリンで、ガラス棒を絹でこすったときガラス棒に生じる電気を正、樹脂を毛皮でこすったとき樹脂に生じる電気を負とした（1750年）。

身の回りの電気現象の原因は、原子の構造にある。

原子は正の電気をもつ原子核の周りに、負の電気をもつ電子が分布する構造になっている（図6-1-2）。原子核はさらに、正の電気をもつ陽子と、電気をもたない中性子とからなる（332ページ参照）。普通の原子は、陽子の正電気と電子の負電気が等量で、個数が等しいので、電気的に中性である。帯電していなくても、あらゆる物質はその内部に正と負の「電気のもと」

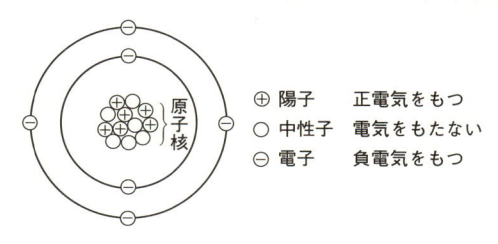

記号	名称	説明
⊕	陽子	正電気をもつ
○	中性子	電気をもたない
⊖	電子	負電気をもつ

図6-1-2　原子の構造

を大量にもっているのだ。

この電気こそ、原子が形づくられ、それが多数結合して物質となる主な原因なのだが、その話は第7章の楽しみにしよう。

摩擦電気は、2種の物質がこすれあうとき、物質表面の原子がもつ電子が、一方から他方へ乗り移ることによって起こる。物質の種類や表面の状態によって、電子を引きつける度合いが異なるためだ。電子は負電気をもつから、電子を受け取ったほうは負に、電子を失ったほうが正に帯電する。

先の例では、紙（セルロース）とストロー（ポリプロピレン）をこすり合わせると、紙が正に、ストローが負に帯電する。ポリプロピレンのほうが電子を引きつけやすいからである。プラ消し（ポリ塩化ビニル：塩ビ）でストローをこすると、今度はストローが正に帯電する。同じ物質でも相手によって結果が異なる。

図6-1-3のように、電子を引きつけやすい順に物質を並べたものを**帯電列**という。この中の2物質を摩擦すると、右のものが正に、左のものが負に帯電する。

羊毛のセーターで塩ビの下敷きをこすると、下敷きに髪の毛を吸い付けることができる。羊毛と塩ビは、帯電列上でかなり離れていて、摩擦電気の実験には絶好の組み合わせだったことによる。以上が問い1の答えだ。

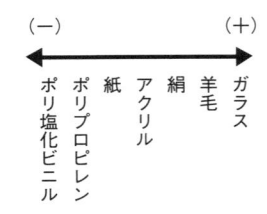

（−）　　　　　　　（＋）

ポリ塩化ビニル　ポリプロピレン　紙　アクリル　絹　羊毛　ガラス

上の図の物質から2つ選んでこすり合わせると、＋側の物質が＋に、−側の物質が−に帯電する。

図6-1-3　身近な物質の帯電列

摩擦電気の実験材料に不導体が多いのは、電荷が逃げにくいからだが、絶縁に気をつければ、金属でも摩擦電気の実験ができる。

2. クーロン力

ストローの実験で、正電気どうし、負電気どうしは反発しあうが、正電気と負電気では引きあうことがわかる。この力を**静電気力**という。

静電気力の性質を初めて量的に詳しく調べたのはフランスのクーロンで、2つの小さな帯電体(点電荷)の間にはたらく静電気力 F が、それぞれの電気量 Q, q に比例し、距離 r の2乗に反比例することを見いだした(1785年)。式で表すと、

$$F = \frac{1}{4\pi\varepsilon} \cdot \frac{Qq}{r^2} \quad \cdots\cdots(1)$$

となる。ε(イプシロン)は**誘電率**とよばれる、間を満たす物質による定数、π は円周率である。

式(1)を、**クーロンの法則**といい、静電気力のことを**クーロン力**ともいう(図6-1-4)。

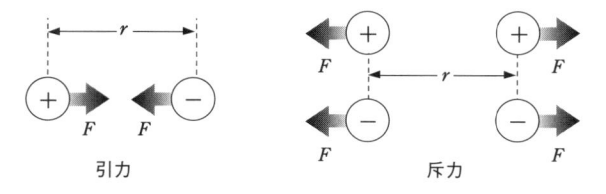

図6-1-4 クーロンの法則

実は細長い棒磁石の磁極の間にはたらく磁気力も、式(1)と同じような形の、距離の2乗に反比例する力になる。これを見いだしたのもクーロンで、**磁気に関するクーロンの法則**とよばれている。ここでも電気と磁気は興味深い類似性を示す。

さて、1A(アンペア)の電流が1秒間に運ぶ電気量を1C(**クーロン**)と定め、距離をm(メートル)ではかると、真空

中での誘電率 ε_0 の値は$8.9\times10^{-12}C^2/Nm^2$となる。仮に１Cの電気量に帯電した物体間の距離が１mあるとすると、その間にはたらく静電気力 F は9.0×10^9N になる。

これは、約90万トンの質量（大型タンカー１隻分）が受ける重力と同じ大きさである。１Cは帯電体の電気量としては途方もなく大きい量だ。たとえば、セーターで下敷きをこすって生じた摩擦電気の帯電量はせいぜい100万分の１C程度である。

物体の帯電は電子の過不足によって起こるが、電子１個がもつ電気量の大きさは、

$e = 1.60\times10^{-19}$C ……(2)

である。これを**電気素量**という。電子は負電荷なので$-e$の電気量を、陽子は$+e$の電気量をもつ。

電気素量は、単独で取り出すことができる電気量の最小単位で、すべての電気量は、その整数倍である。電気はツブツブに分かれた量だったのだ。

3. 静電誘導と誘電分極

金属のような導体に帯電体を近づけると、導体の帯電体に近い側に、帯電体と反対の電気が現れ、反対側には帯電体と同じ電気が現れる。この現象を**静電誘導**という。

静電誘導を利用したのが箔検電器だ（図6-1-5左）。金属の内部には自由に動ける電子（自由電子）がたくさんある。電子は負電荷だから、たとえば正の帯電体を箔検電器の金属円板に近づけると、静電誘導によって、箔付近の自由電子の一部が金属円板のほうに引きつけられ、金属円板が負に、箔が正に帯電する。２枚の箔はともに正なので互いに斥力をおよぼし合って開く。

6-1 磁場と電場

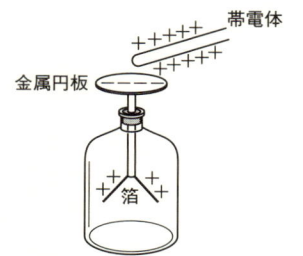

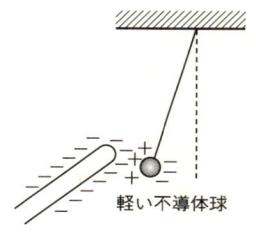

箔検電器に帯電体を近づける　　電気振り子に帯電体を近づける

図6-1-5　静電誘導

　帯電体を金属円板から遠ざけると、箔は閉じる。

　こうして、箔の開き具合で、箔検電器の円板に近づけた帯電体の静電気量が判断できるのである。

　では、不導体に帯電体を近づけると、どうなるだろうか。やはり、不導体の帯電体に近い側に、帯電体と反対の電気が集まり、遠い側に帯電体と同じ電気が集まる（図6-1-5右）。

　しかし、不導体には自由電子はない。それなのに、なぜ導体と同じようなことが起きるのか。

　不導体も原子で構成されていることに変わりはない。そこに帯電体を近づけると、静電気力によって、一つひとつの構成粒子の中で電子の配置が少しずれる。自由電子ではないから遠くまで移動することはないが、それぞれが原子や分子の内部で若干居場所をずらし、部分的に正負が生じるのである。

　その結果、不導体の表面には電荷が現れる。これを**誘電分極**という（次ページ図6-1-6）。不導体は誘電分極を起こすので、**誘電体**ともいう。

　帯電した下敷きに髪の毛や紙片がくっつくのも、誘電分極が起こるためである。下敷きに近い側の電荷がより強い静電気力

223

を受けるため、つねに引力がまさるのである。

これが問い2の答えだ。

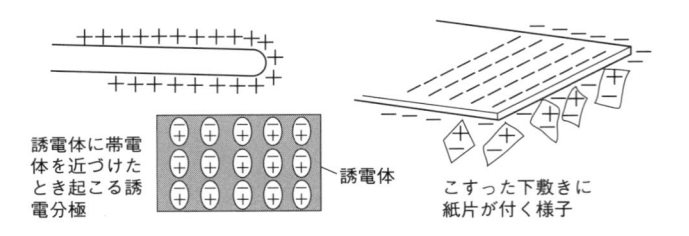

誘電体に帯電体を近づけたとき起こる誘電分極

誘電体

こすった下敷きに紙片が付く様子

図6-1-6　誘電分極

4. 磁場と磁力線

ここでまた磁石を例にもち出すことにしよう。電気の世界と磁気の世界は共通点が多く、イメージの助けになるからだ。

棒磁石を横に寝かせて置き、その上に大きめの画用紙をのせる。つぎに、紙の上に鉄粉または砂鉄をまんべんなく振りかける。すると鉄粉が縞模様になる（写真6-1-1）。

その縞模様をよく見ると、鉄粉は棒磁石の両端に集中し、ここに磁気的な作用の強い部分があることを示す。これが磁極である。鉄粉は磁極と磁極を結ぶように曲線の縞模様をつくる。

磁極の強さはWb（ウェーバー）という単位で表す。真空中で強さが1Wbの2つの磁極を1m離したときおよぼし合う磁気力の強さは6.33×10^4Nになる。

ミクロに見れば、写真6-1-1の鉄粉の一粒一粒は、磁化して小磁石になっている。磁極から離れた、何もないように見えるところにも磁気の影響がおよんでいる。

子ども心に磁石に不思議な魅力を感じるのは、こうして磁気

6-1 磁場と電場

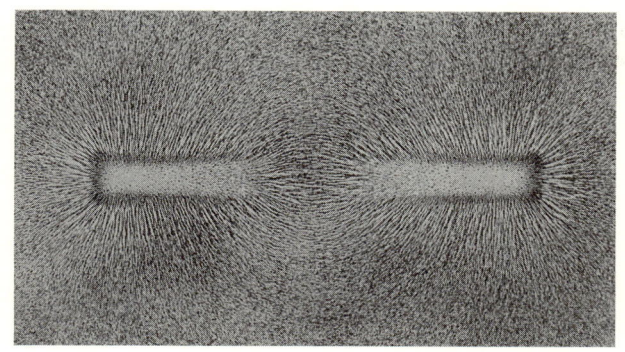

『新 物理実験図鑑』(講談社刊)より

写真6-1-1　棒磁石による磁場

の作用が空間をへだててはたらくからではないだろうか。直接触れていないものに力がおよぶのは、とても不思議に感じる。磁気力のこの不思議な性質をさらに調べてみることにしよう。

　上の観察でもわかるように、磁極の周りの空間には磁気的な作用を伝える、目に見えない「何か」が生じている。このような性質を帯びた空間を、**磁場**または**磁界**といい、写真6-1-1のような状態を「磁場が生じている」という。

　磁気力の向きと磁場の向きを考えよう。磁場の中に入れた他の磁石のN極とS極は、互いに反対向きの磁気力を受ける。このうちN極が受ける磁気力の向きを「磁場の向き」とよぶことにする。S極は磁場の向きとは反対の磁気力を受けることになる。この磁気力の大きさによって磁場の強さを定めよう。

　強さ m[Wb] の磁極が磁場中にあって、磁気力 F[N] を受けているものとする。このとき、

$$\vec{F} = m\vec{H} \quad \cdots\cdots(3)$$

225

磁力線

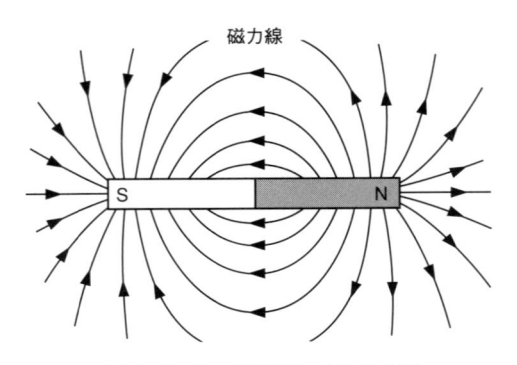

図6-1-7 棒磁石による磁力線

の関係を満たす量 $\vec{H}$ を磁場の強さと定める。

磁極の強さが1Wbで、これにはたらく磁気力の大きさが1Nである場合、磁場の強さは1N/Wb（ニュートン毎ウェーバー）である。磁気力はもちろんベクトルだから、磁場も大きさと向きをもつベクトルで、磁場ベクトルという。磁場の生じている場所に、磁針（小さな磁石）を置くと、磁針のN極の指す向きが磁場ベクトルの向きである。

白い紙の上に大きな棒磁石を置いて、そのN極の近くに磁針を置き、その向きを紙の上に磁針の長さくらいの矢印で記録する。つぎに、磁針をその矢印につなぐように置き、その磁針の向きを再び矢印で記録する。

この作業を繰り返すと、磁針は、最後に磁石のS極に到着する。記録した短い矢印をつなげると、向きのある1つの曲線ができる。この曲線を磁力線という（図6-1-7）。

磁力線は磁石のN極から出てS極に入る。磁力線を描くことで、目に見えない磁場の様子を図示することができる。磁力線の各点での接線の向きは、その点の磁場の向きと一致する。

6-1 磁場と電場

磁力線が、それに垂直な単位面積を貫く本数は、磁場の強さを表す。磁極の近くは磁場が強いので磁力線が集中するのだ。

5. 電場と電気力線

それでは再び、電気の話に戻ろう。

静電気力は磁気力と共通点が多い。両者とも離れていてもはたらく力であり、正負の電荷に対し、NS の磁極を対応させて考えると、力の性質は同じ数学的関係を満たす。この共通性に着目して、磁気と同じような形で電気現象を整理してみよう。

写真6-1-2は、絶縁性の高い液体の中に散らしたマツバボタンの種子が、高い電圧を加えて帯電させた2つの電極の間に

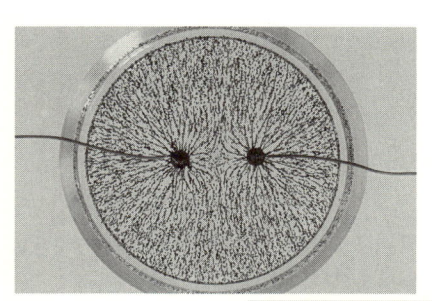

2つの正の電極

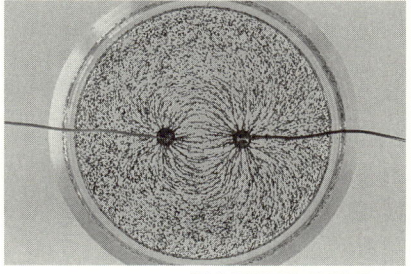

正と負の電極

『新 物理実験図鑑』（講談社刊）より

写真6-1-2　電場の観察

並んでいる様子である。

写真6-1-1で見た、磁石の周りの鉄粉の分布に似たパターンが見られる。種子は誘電分極によって連なって、電極の周囲の空間に静電気の影響がおよんでいることを示している。

磁気的な作用を伝える空間の性質を磁場（磁界）とよんだように、電気的な作用を伝える目に見えない「何か」を、**電場**または**電界**とよぶことにする。

電荷 q[C]が電場中で受ける静電気力を $\vec{F}$[N]として、

$$\vec{F} = q\vec{E} \quad \cdots\cdots(4)$$

を満たすように電場ベクトル $\vec{E}$ を定める。E は electric field（電場）の頭文字である。

1Cの電荷が1Nの力を受ける電場の強さが1N/C（ニュートン毎クーロン）である。式(4)にしたがって、正電荷は電場と同じ向きに、負電荷は電場と逆向きに力を受ける。

磁場の様子を表すのに磁力線を考えたように、電場の様子は**電気力線**によって表現するとわかりやすい。電場中に小さな正の電荷を置いて、それが受ける静電気力の向きに少しずつ電荷を移動させていく。このときその正電荷がたどる一つながりの向きのある曲線を電気力線という。

電気力線は正電荷から出て負電荷に入り、電気力線上の各点での接線の向きはその点の電場ベクトルの向きと一致する（図6-1-8）。電場の強さは電気力線の混み具合で表される。

ところで式(1)のクーロンの法則で、2つの点電荷 Q, q の間にはたらく力 F を表した。これと式(4)を合わせて考えると、第1の電荷 Q がつくる電場の強さ E は、距離 r 離れた場所で、

$$E = \frac{1}{4\pi\varepsilon} \cdot \frac{Q}{r^2} \quad \cdots\cdots(5)$$

6-1 磁場と電場

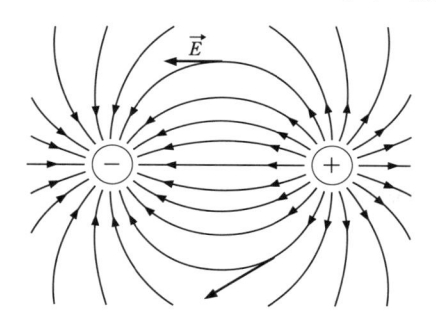

図6-1-8 点電荷の周囲の電場と電気力線

であり、さらに式(4)によって、第2の電荷 q がその電場から受けた力が式(1)のクーロン力になったと解釈できる。

式(5)は、点電荷がその周囲につくる電場を与える。点電荷がつくる電場は、電荷からの距離の2乗に反比例する。

電場はベクトルの性質をもち、力や速度のベクトルと同様に合成することができる。そこで、点ではない電荷分布に対しても、電子や陽子がそれぞれ式(5)にしたがってつくる電場が重ね合わされたものとして、合成電場を求めることができる。

こうして、ある電荷がつくる電場は空間の至るところで、式(4)にしたがって、他の電荷に力をおよぼすことになる。

電荷どうしは電場を仲立ちにして、また磁極どうしは磁場を仲立ちにして、互いに相互作用をするのである。

このような「場の考え方」は現代の物理の基本的なスタンスである。重力（万有引力）も、質量がその周りにつくる重力場が空間のあらゆる場所に影響を与えていて、それが離れたところにある他の質量に力をおよぼすのである。

場は物質ではなく空間自身の性質である。真空でも空間には場が生じる。以上が問い3の答えだ。

6. 電位と電位差

電場の中に電荷を置くと、電荷は静電気力を受ける。だから、電荷が電場の中で動くと静電気力に仕事をされることになる。ちょうど、物体が重力を受けて高いところから低いところへと運動すると、重力が物体に仕事をするのと似ている。この対比により、力学的な仕事を用いて電場の中で「高さ」に相当する量を定めることができる。それが電位である。

電場中のA点からB点まで、+1C（クーロン）の電荷が静電気力を受けて移動したとき、静電気力にされた仕事が1J（ジュール）であれば、A点はB点より1V（ボルト）電位が高いということにする。

電位は地形図でいう標高のようなもので、ある基準点からの「高さ」に相当する。また、2点間の高さの差に相当する量を電位差または電圧という。階段の高さ、滝の落差などのイメージだ。

上の定義によれば、電位差 V の2点間を、高電位のほうから低電位のほうへ電気量 q の電荷が動くとき、静電気力がする仕事 W は、

$$W = qV \quad \cdots\cdots(6)$$

で与えられる。電位差 V の単位V（ボルト）はJ/C（ジュール毎クーロン）に等しい。

単位の記号と物理量の記号が同じ文字なのでちょっとまぎらわしいが、いずれも電池の発明者ボルタにちなむ。

強さと向きが一定の電場（一様な電場）E を考えてみよう。

強さも向きも一定だから、電気力線を描くと、図6-1-9のように平行で等間隔な直線になる。

6-1 磁場と電場

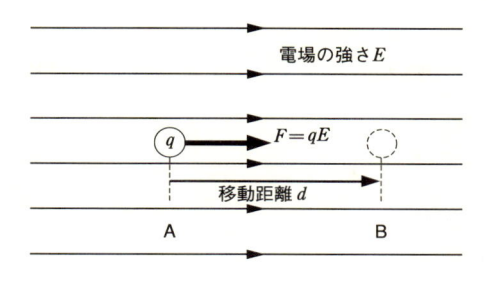

図6-1-9　一様な電場

　式(4)から、この電場の中ではどこでも、q の電荷が受ける静電気力 F は qE である。その電荷が静電気力を受けながら、A点から電気力線に沿って d だけ離れたB点まで動いたとき、静電気力がした仕事 W は、

$W = qEd$ ……(7)

になる。式(6)と(7)を比べると、次の関係が成り立つ。

$V = Ed$ ……(8)

　結局、電場の強さ E は、電場の向きの長さ1mあたりの電位差を表していることがわかる。このことから、電場の強さを**電位勾配**ということがある。勾配は傾きのことで、電位を高さにたとえると、電場の強さは斜面の傾きに相当するわけだ。

　式(8)から電場の単位は V/m（ボルト毎メートル）でもよいということがわかる。N/C＝V/m で、どちらも同じ単位である。

　一方、点電荷 Q の周りでは、電場の強さは式(5)のように距離によるのだから、電場は一様ではない。この場合の電位は、Q からの距離を r とすると、無限遠点を基準（$V = 0$）として、

$$V = \frac{1}{4\pi\varepsilon} \cdot \frac{Q}{r} \quad \cdots\cdots(9)$$

で表されることが知られている。

電位の高いところにある正電荷は、低いほうに向かって移動するときに仕事をすることができるので、位置エネルギーをもっている。位置エネルギー U は、式(6)の仕事 W と同じ値になり、電位を $V[\mathrm{V}]$、電荷の電気量を $q[\mathrm{C}]$ とすると、

$$U = qV \quad \cdots\cdots(10)$$

と表すことができる。単位は J（ジュール）である。

7. 電場のイメージ

さて、電場は見たり、さわったりできないので、なかなか理解しにくい。そこで、電位 V を高さにたとえて、次のようにイメージすると理解の助けになる。

電場は、電気をもつ粒子や物体が、その場その場で静電気力を受けながら、電気現象を演じる舞台である。舞台の床は起伏に富んでいて、正電荷の近くでは山のように盛り上がり、負電荷の近くではじょうごの穴のようにへこんでいる。各部の床の高さ（電位）を与える式が(9)である（図6-1-10a, b）。

一方、一様な電場は1枚の平面を傾けたような斜面のイメージである。電場の強さ E を斜面の傾きと考えるとよい（図6-1-10c）。

一様な電場は、平行に置いた2枚の広い金属板に電位差を与えると板の間に生じる。また、金属導線の両端に電圧を加えると電流が流れるが、電流が一定（定常電流）になったとき、導線内には一様な電場ができている。

このときは、一定の傾きの斜面を、川が一定の速さで流れ下

6-1 磁場と電場

(a) 正電荷周囲の電場　　(b) 負電荷周囲の電場

電位 高/低

等電位線　　電気力線

(c) 一様な電場

電位差 V

傾き $E = \dfrac{V}{d}$

距離 d

図6-1-10　電場のイメージ

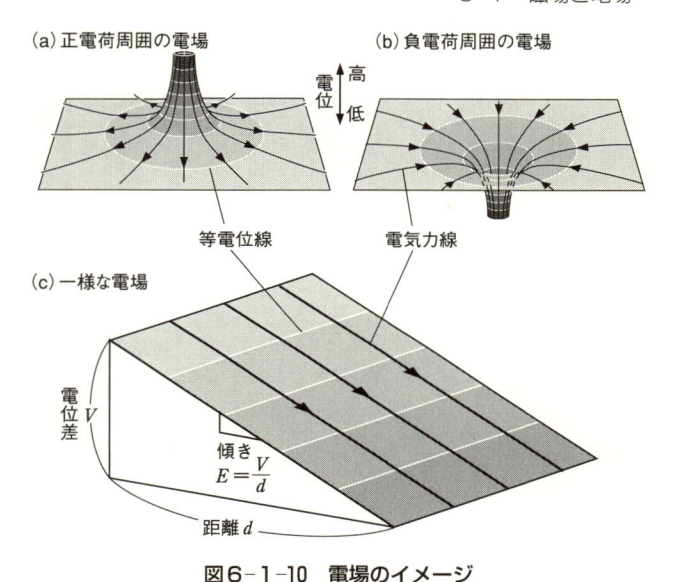

っているありさまを想像するとよい。

　電場の斜面に置かれた別の電荷は、斜面に沿って力を受ける。正電荷はイメージどおり斜面を下る方向に力を受ける。しかし、負電荷はあまのじゃくで、斜面を登る方向に力を受ける。したがって正電荷同士は退け合い、正電荷と負電荷は引き合うことになる。

　電場を地形のように見立てて、その起伏を電位が等しい点を結んだ**等電位線**(実際には立体的なので等電位面)で表すこともよく行われる。地形図の等高線と同じように、等電位面がこみあっているところは傾斜(電場)が強いと見ればよい。電気力線は斜面の最大傾斜線に沿うので、等電位面と電気力線は必ず直交する。

> コラム
コンデンサー

同じ面積の金属板2枚を、互いに触れない程度に接近して向かい合わせて電池に接続する。金属板間の電圧は、電池の電圧に等しくなる。すると、2枚の金属板には、それぞれ互いに異符号で同量の電荷が現れる。

同符号の電荷は互いに反発するが、異符号の電荷を近くに置くことで反発を打ち消して、狭いところに電荷を集中することができるのである。

このように、電気を一時的に蓄えるための装置をコンデンサーという。condense は濃縮するという意味である。コンデンサーは抵抗とともに電気回路中で多用される基本的な回路素子で、大小さまざまのものがある。

コンデンサーの2つの極板間に電圧 $V[V]$ を加えたとき、それぞれの極板に $+Q[C]$、$-Q[C]$ の電荷が現れた状態をコンデンサーに電荷 Q が蓄えられている状態という。V と Q の間には比例関係があり、

$Q = CV$ ……(11)

と表すことができる。これをコンデンサーの式といい、比例定

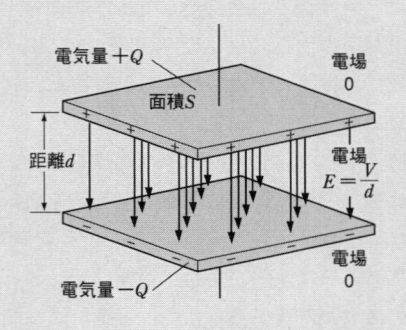

図6-1-11 コンデンサーの原理

数 C をコンデンサーの電気容量またはキャパシタンスという。

電気容量 C はコンデンサーの構造によって決まり、

$$C = \frac{\varepsilon S}{d}$$

で求められる。ε は金属板間を満たす物質の誘電率、S は金属板の面積、d は金属板間の距離である。

電気容量の単位はC/V（クーロン毎ボルト）だが、これをあらためてF（ファラド）と名づける。１Vの電圧で１Cの電荷を蓄えるコンデンサーの電気容量が１Fである。

6-2 電流と直流回路

- ●問い1 電灯を光らせる電気と、摩擦によって起きる電気は同じ電気なのだろうか。
- ●問い2 銅線中の電子の速さはどのくらいだろうか。光速くらい？ 音速くらい？ アリよりも遅い？
- ●問い3 豆電球に電池をつないで光らせている回路で、電流が電球を通過したあと、電流の強さはどうなるだろうか。増える？ 減る？ 変わらない？

　私たちの現代の生活を支える電気は、流れる電気すなわち「電流」である。本節では電気とエネルギーの「流れ」に注目してみることにしよう。

　前節で話題にした摩擦電気と、普段使っている家庭用の商用交流電源や乾電池による電気は、同じく「電気」とよばれるが、その様子はあまりにも異なっているように見える。これらはいったいどこが共通しているのだろうか。

　スイッチを入れると電灯はすぐにつく。自動ドアは人間を感知するとただちに開く。電話の声は瞬時に相手に届き、遠方でも隣にいる人と同じ感覚で話ができる。

　このように、電気は「速い」という印象がある。銅の導線の中を流れる電流は、電子の運動によるのだが、その電子の速さはどれほどだろう。やはり目にも止まらぬほど速いのだろうか？ それとも……。

　電池は使い古すと使えなくなる。省エネ・節電という言葉もよく聞く。電流は使うとなくなってしまうものなのだろうか。

1. 電流とオームの法則

 電池と豆電球を導線で接続すると電球が光る。このとき導線の中を電流が流れている。電流は電荷が移動している状態である。この場合の電荷は、導線をつくる金属の中に含まれ、どの原子にも属さず自由に動ける電子で、**自由電子**とよばれる。

 電流の向きは、正の電荷が移動する向きと定められた。しかし後年、電子の運動が電流の正体であること、電子が負の電荷をもつことがわかった。そのため、電流の向きは自由電子が移動する向きとは反対になってしまったが、今でも電流の向きは正電荷が移動する向きと決められている（図6-2-1）。

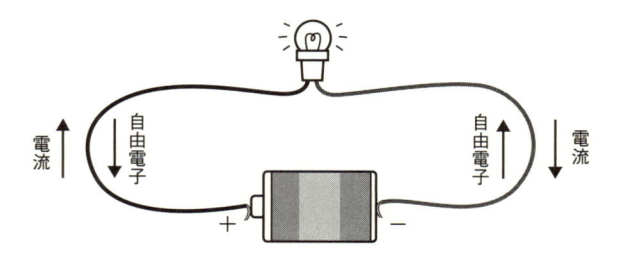

図6-2-1 電流と自由電子の流れ

 見えない電流は、水の流れにたとえるとイメージしやすい。
 斜めに置いた樋に水を流すと、落差が大きいほど水流は強くなる。落差が電圧に、水流が電流に対応する。電流を流し続けるには、電池などの電源が必要である。電源は落差を保つためのポンプに相当する（次ページ図6-2-2）。

 電流を流そうとするはたらきを電圧といい、**起電力**ともよぶ。力学的な力とは異なる物理量に「力」という名称を用いるのは好ましくないが、電圧、エネルギー、力などの概念の区別

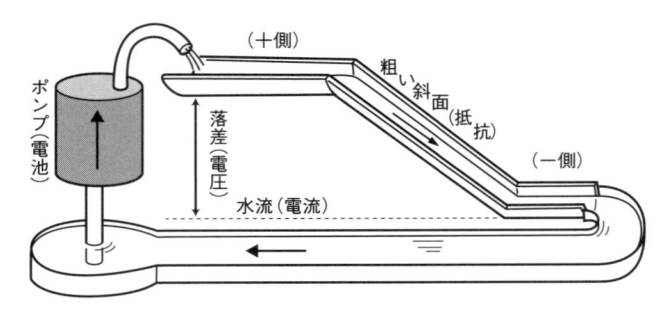

図6-2-2　電流の水流モデル

が明確でなかった時代のなごりである。

　実験によると、導線を流れる電流の強さは導線の両端の電圧に比例する。電流の強さを I (Intensity of electric current の頭文字)、電圧を V (Voltage の頭文字) で表すと、

$$V = RI \quad \cdots\cdots(1)$$

と書くことができる。これを発見者にちなんで**オームの法則**という。

　ここで、比例定数 R は**電気抵抗**(Resistance)という。1 V の電圧で、1 A の電流が流れるとき電気抵抗は 1 Ω (オーム) である。オーム (Ohm) の頭文字が数字のゼロとまぎらわしいため、Oに相当するギリシャ文字のオメガを単位記号としている。

　電気抵抗 R は、電流の流れにくさを表す量である。同じ電圧を加えても R が大きければ流れる電流は小さくなる。

　式(1)は、電気抵抗 R の導体に電流 I が流れるとき、流れに沿って RI だけ電位が下がっていると読むこともできる。これを、抵抗 R に電流 I が流れることによる**電位降下**という。

　金属のような導体に流れる電流については、普通の温度範囲

ではオームの法則がよく成り立つ。しかし、電球のフィラメントのように極端な温度変化をするときの金属や、251ページで紹介するダイオードなどの半導体素子はオームの法則にはしたがわない。これらを非オーム抵抗という。

2. 電気抵抗とその原因

電気抵抗 $R[\Omega]$ は導線の長さ $L[\mathrm{m}]$ に比例し、断面積 $S[\mathrm{m}^2]$ に反比例する。ストローでジュースを飲むことにたとえると、長いストローほど通りが悪く、太いストローほど通りがよいようなものだ。これを式で表すと次のようになる。

$$R = \rho \frac{L}{S} \quad \cdots\cdots(2)$$

式(2)の比例定数 ρ は物質に固有の量で**電気抵抗率**といい、長さを 1 m、断面積を 1 m^2 としたときの電気抵抗に相当する。単位は $\Omega \cdot \mathrm{m}$ である（表6-2-1）。

ポリエチレンの電気抵抗率は銅の 10^{22} 倍である。すなわち、

	物質	電気抵抗率 [Ω·m]
導体（20℃）	銀	1.62×10^{-8}
	銅	1.72×10^{-8}
	金	2.4×10^{-8}
	アルミニウム	2.75×10^{-8}
	タングステン	5.5×10^{-8}
	鉄	$10 \sim 20 \times 10^{-8}$
	ニクロム	$90 \sim 104 \times 10^{-8}$
半導体（室温）	ゲルマニウム	約 4.5×10^{-1}
	ケイ素	約 2.0×10^{3}
不導体（室温）	ポリ塩化ビニル	$10^{12} \sim 10^{13}$
	アクリル	10^{13} より大
	ポリエチレン	10^{14} より大

表6-2-1　主な物質の電気抵抗率

電気抵抗率の値は物質によって22桁も違うことになる。身近な物理量でこれほど桁違いな差があるものも珍しい。

一例として、直径2.0cmの銅線で、100km離れた町に電気を送電するときの、送電線1本あたりの抵抗を求めてみよう。

$$R = \frac{\rho L}{S} = \frac{1.72 \times 10^{-8} \times 100 \times 10^{3}}{3.14 \times (1.00 \times 10^{-2})^{2}} = 5.48\,\Omega$$

抵抗はわずか5.5Ωである。

100Wの白熱電球のフィラメント（タングステン）の抵抗は100Ω程度、電気アイロンやトースターのヒーター（ニクロム）では15〜20Ω程度である。

金属では、それを構成するほとんどすべての原子が、そのいちばん外側を回る電子を自由電子として共有するのに対して、不導体ではほとんど全部の電子が原子に束縛されている。この違いが電気抵抗率の大きさの違いをもたらすのだ。

さて、表6-2-1の不導体が、静電気の実験によく使われる物質であることに気づいただろうか。

摩擦によって、電子が一方の物質から他方へと乗り移るのが摩擦電気の原因だったが、これらの不導体では、そのようにして表面に生じた電荷は移動できず、そのまま物体表面にとどまるので、「静」電気となるのである。金属などの導体でも摩擦電気は生じるが、自由電子がすみやかに移動して、持っている手などを通じて電荷が逃げてしまうことが多い。

私たちが生活の中で利用している電流も、摩擦によって生じる静電気も、物質の中に含まれる電子が起こす電気現象である。それが動いているか、静止しているか以外に本質的な違いはないといってよい。

これが問い1の答えである。

3. 金属の中の電子の運動

金属の両端に電圧を加えると、金属内に電場が生じ、自由電子は−側から＋側へ向かう電気的な力を受けて移動し、電流が流れる。

このとき、金属原子が厳密に規則正しく並んで完全な結晶になっていれば、自由電子の運動の妨げにはならず、量子力学によれば、理論上、電気抵抗は生じない。原子の配列が乱れていると、自由電子の運動を妨げて電気抵抗を生じる。

原子の配列が乱れる原因の1つに熱運動がある。金属の原子はその温度に応じて無秩序な熱振動をしているので、各瞬間瞬間には、原子は、厳密には規則正しく並んでいない。これが電気抵抗の原因になる。

一般に、高温ほど金属の電気抵抗率が増加するのは、温度が上がると原子の熱振動が激しくなるからである（図6−2−3）。

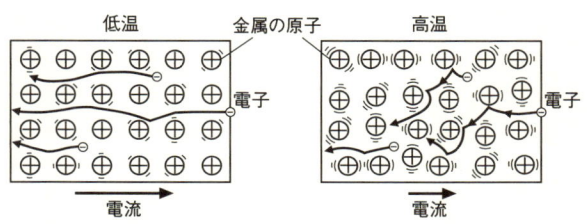

熱運動による原子配列の乱れが電子の運動を妨げて抵抗を生じる。

図6−2−3　金属の電気抵抗の温度による変化

金属中を電流が流れるとき、自由電子の流れの速さはどのくらいだろう。光のように速いのだろうか。それとも音の速さぐらいだろうか。それは次のようにして見積もることができる。

断面積 S が一様な導線中を自由電子がすべて同じ一定の速

自由電子の速さ v [m/s]　　S [m^2]

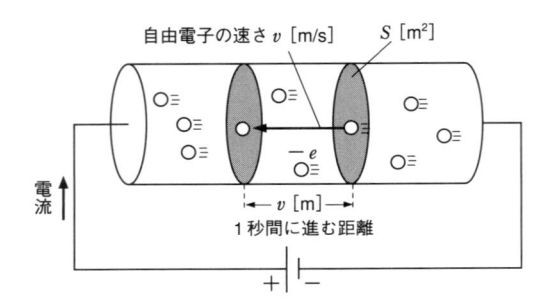

図6-2-4　導線中の自由電子の移動

さ v で左に移動しているとする。このとき、導線中の単位体積あたりの自由電子の個数を n とする（図6-2-4）。

導線のある断面を考えると、そこを1秒間に右から左に通過する電子の個数は、その1秒間に押し出される体積 vS に含まれる個数と考えればよいので、nvS 個となる。

1個の電子が運ぶ電気量の大きさ（電気素量）は $e = 1.6 \times 10^{-19}$ C（クーロン）である（222ページ参照）。よって、1秒間に $envS$ の電気量がこの断面を通過していることになる。1秒間に運ばれる電気量を電流 I とよんでいるので、次式が成り立つ。

$I = envS$ ……(3)

仮に、断面積 $S = 1\,\mathrm{mm}^2 = 10^{-6}\,\mathrm{m}^2$ の銅の導線に $I = 1\,\mathrm{A}$ の電流が流れているとしよう。銅の自由電子密度は単位体積あたりの銅の原子数と同じで $n = 8.6 \times 10^{28}$ 個/m^3 だから、式(3)より、

$$v = \frac{I}{enS} = \frac{1}{1.6 \times 10^{-19} \times 8.6 \times 10^{28} \times 10^{-6}}$$
$$= 7.3 \times 10^{-5}\,\mathrm{m/s} = 0.073\,\mathrm{mm/s}$$

を得る。つまり、自由電子の平均の移動速度は秒速0.1mmに

も満たず、アリが歩く速さよりも遅いということになる。

これが問い2の答えだ。

だが、そんなに遅くては、発電所から電気が届くのはいつになるかわからないではないか。壁のスイッチを入れてから天井の明かりがつくまでに、何時間もかかってしまうはずだ。にもかかわらず、電気器具はスイッチを入れると瞬時に反応する。これはどういうことだろう。

スイッチを入れた瞬間に明かりがつくのは、導線の中にもともと自由電子がぎっしりつまっていて、スイッチを入れ電圧を加えた瞬間に全体が一斉に動き出すからである。これは水道の蛇口を開くとすぐに水が出るのと似ている。浄水場から水が届くのを待つ必要はないのである。

一方、電圧が加わっていないときも、自由電子は止まっているわけではない。一つひとつの自由電子は熱運動でいろいろな方向に数十 km/s の高速ででたらめに動いている。電圧を加えると、自由電子はこの熱運動をしながら、全体として電圧をかけた方向にわずかにずれる。このずれの速さが、前に計算した非常にゆっくりした平均の移動速度 v なのである。しかし金属にはおびただしい数の自由電子がつまっているので、全体の位置をほんの少しずらすだけで、顕著な電気現象が起きるのだ。

4. 電流が運ぶエネルギー

ニクロム線に電流を通じると発熱する。ヘアドライヤーや電熱器で日々お世話になっている現象だ。電球の光も、タングステンという金属のフィラメントが、電流による発熱で高温に熱せられて放つ光である。このように、抵抗のある導体に電流が流れると熱が発生する。この熱をジュール熱という。仕事やエネルギーの単位にも名を残しているジュールの名がもとだ。

電気抵抗 $R[\Omega]$ の導体に強さ $I[\mathrm{A}]$ の電流が流れるとき、t 秒間に発生する熱量 $Q[\mathrm{J}]$ は、

$$Q = RI^2 t \quad \cdots\cdots(4)$$

となる。これを**ジュールの法則**という。式(4)はまた、オームの法則の式(1)を用いて、

$$Q = VIt \quad \cdots\cdots(5)$$

と書きかえることもできる。

式(5)中の電流と電圧の積 VI を**電力**とよぶ。電力は電流が単位時間にする仕事、すなわち電流の仕事率で、その単位は、3-2で学んだ仕事率の単位W（ワット）になる。つまり、1Vの電圧で1Aの電流が流れるときの仕事率は1Wで、1秒間に1Jの仕事をすることに相当する。

電気器具には、それが消費する電力が表示されている。100Wの電球には100Vの電圧で1Aの電流が流れ、そこでは毎秒100Jの電気エネルギーが、熱と光のエネルギーに変換される。

家庭の配電盤には契約電流の表示があるはずだ。電力会社との契約で、合計で最大何Aまで電流を使ってよいかが決まっていて、配電盤の中のブレーカーにそれが表示してある。たとえば緑色のブレーカーで「30A」と表示があれば、その家庭では電気器具を同時に合計30Aまで使用することができる。

家庭用の電圧は基本的に100Vなので、電力は $VI = 100\mathrm{V} \times 30\mathrm{A} = 3000\mathrm{W}$ である。これを超えると電流超過となってブレーカーが落ちることになる。

さて、1秒間に導体のある断面 $S[\mathrm{m}^2]$ を通過する自由電子の個数は平均の速さを v として nvS だったから、t 秒間では $nvSt$ 個になる。

電子の電気量は $-e$ なので、電位差（電圧）V の 2 点間を移動する間に 1 個の電子が失う位置エネルギーは、前節 6 - 1 の式(10)により、eV である。平均の速さ v は一定だから、電子の運動エネルギーは平均的には変わらない。したがって抵抗のある導体を通過する間に自由電子が失うエネルギーの t 秒間分の総量は、式(3)を用いて、

$$Q = eV \times nvSt = V \times envS \times t = VIt \quad \cdots\cdots(6)$$

となり、式(5)のジュール熱に一致する。

ミクロな世界のエネルギーの変換に注目して、ジュール熱を説明できたのである。

超伝導（電気抵抗0の世界）

> コラム

1911年に、きわめて低い温度では、物質の電気抵抗が0になる「超伝導」とよばれる現象が見つかった。以来長い間、超伝導は−250℃以下の極低温でしか起こらないものと考えられていた。ところが1986年にランタン、バリウム、銅の酸化物が約35 K（−238℃）で超伝導になることが発見されてから、超伝導になる温度(臨界温度)の記録はつぎつぎにぬりかえられた。1993年には水銀、バリウム、カルシウム、銅の酸化物で135 K（−138℃）を達成している。

超伝導状態では抵抗が0なので、電流はエネルギーを失わないから、一度流れた電流は電源なしで流れ続ける。

超伝導線をコイルに巻けば普通の電磁石や永久磁石よりはるかに強い電磁石がつくれる。超伝導磁石は、画像診断の MRI（Magnetic Resonance Imaging：磁気共鳴画像法）やリニアモーターカーなどに利用されている。

5. 回路（1周して元へ戻る道）

　豆電球を電池につないで点灯するには、豆電球のソケットからのびる2本の導線を電池の正極・負極にそれぞれつながなければならない。2本とも同じ極につないだのではだめで、正極から負極に至る道の途中に電球を置く必要がある。

　台所で使うガスは、ガス会社のガスタンクや家庭のガスボンベから、ガス管が1本だけつながっていて、その末端のバーナーにガスが送られてくる。ガスがバーナーで燃えて消費され、排気ガスは空気中に散っていく。

　電気の場合は、どうして帰り道が必要なのだろう。電流は電球を光らせることで消費されてしまわないのだろうか。

　238ページ図6-2-2を思い出してほしい。水が流れるのに高低差が必要なように、電気が流れるためには、電位の坂道をつくらなければならない。

　豆電球のソケットの一方の導線を正極にだけつなぐと、導線とフィラメントは至るところ正極と等しい電位となるが、電位勾配を生じないので、電流は流れない。

　そこでもう一方の導線を負極につなぐと、電池の両極の間には起電力による電位差ができている（マンガン乾電池だと、正極の電位が負極より1.5V高い）ので、正極から導線とフィラメントを通って負極に向かう電流が流れ始める。このように一巡する電気の道を**電気回路**、または単に**回路**という。

　再びたとえ話で、水流（電流）で水車を回す（電球をつける）と考えてみよう。水（電気）は水車を回し（電球をつけ）た後、ポンプ（電池）で汲み上げられて、再び上（＋側）から流れ落ちる（図6-2-5）。水流（電流）は、あらかじめ水路（導線）に沿ってぎっしりつまっていた水（電子）が一斉に移動するこ

6-2 電流と直流回路

とで生じる。だから、水(電気)は増えも減りもしない。

水車を回した水はエネルギーを失うが、それをまたポンプが補ってくれる。水自体は増減することなく水路を巡る。

つまり電池の正極から出て電球を光らせた電流は、そのままの強さで電池の負極に戻る。これが問い3の答えだ。

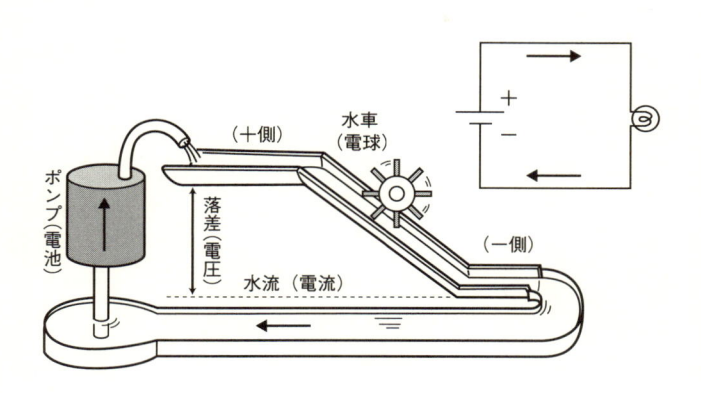

図6-2-5 電気回路のイメージ

回路に分岐がある場合、分かれた電流の和は分かれる前の電流と等しい。これを**電流保存の法則**ということがある。

図6-2-6右の並列回路では、$I = I_1 + I_2$ となる。

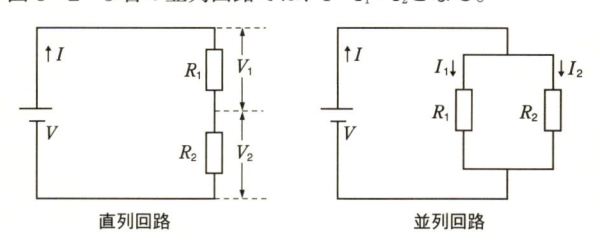

図6-2-6 直列回路と並列回路

また、回路に沿って一巡するとき、途中の各部分での電位降下の合計は、この閉回路中の電源の電圧（起電力）の合計に等しい。一巡して元に戻るのだから、起電力で上った分、どこかで下りなければならないわけだ。

　図6-2-6左の直列回路では、$V = R_1 I + R_2 I$ となる。右の並列回路では、$V = R_1 I_1 = R_2 I_2$ である。

　家庭内の電気配線では、電柱から電力量計とブレーカーを通ってきた2本の電線に、コンセントも電灯もそれぞれ独立につながれている。つまり電気器具や電灯はすべて並列接続になっている（図6-2-7）。

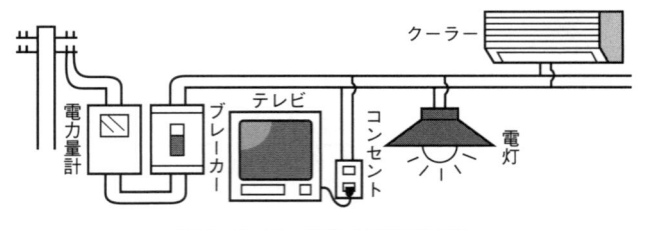

図6-2-7　家庭内は並列配線

　一方、クリスマスツリーなどのイルミネーション電球は、多数の豆電球が直列接続になっていて、同時に点滅する。

　家庭の電気配線はなぜ並列接続なのだろうか。直列接続だったらどんな問題が生じるのだろうか。

　イルミネーション電球のような直列回路では、1つの電球のフィラメントが切れれば、そこで回路が切断されて電流が流れなくなりすべての電球が消える。しかし並列回路なら、1つの電球が切れても他の電球には影響はない。

　また、直列回路では電球を追加すると、回路の抵抗が増えるので回路を流れる電流が減少し、すべての電球が暗くなる。こ

れに対して並列回路では、電球をつけ加えても、他の電球の明るさに変化はない。これらが家庭の電気配線が並列回路になっている理由である。

「たこ足配線」で、1つのコンセントやテーブルタップに多数の電気器具を接続して使用すると、すべてが並列接続になるため、コンセントやテーブルタップの導線に流れる電流は、各器具に流れる電流の合計になる。導線や接点部分にはわずかだが電気抵抗があり、過大な電流が流れると発生したジュール熱で、ビニル被覆が融けたりプラスチックが焦げたりする。

電気を安全に使うためには、許容電流に注意する必要がある。テーブルタップやコンセントには許容電流が示してあるので調べてみよう。

6. 半導体素子

239ページの表6-2-1にも示したように、物質は電気抵抗率の違いによって、**導体、半導体、不導体（絶縁体）**に分類できる。半導体というよび名は、導体と不導体との中間の電気抵抗率をもつことに由来している。

しかし半導体は、単に電気抵抗率が中間というだけでなく、他の物質には見られない、いろいろな特徴をもっている。とくにその電気的性質が、温度や含まれるわずかな不純物の種類や量、光や赤外線をあてること、によって大きく変化することは、半導体の重要な性質の1つである。

これらの性質を利用して、固体エレクトロニクスへのさまざまな応用が生み出された。今日の電気回路は半導体素子をぬきにしては語れない。テレビ、電話、コンピュータなど、生活に欠かせないあらゆる電気器具が、半導体素子を使った回路で制御されてはたらいている。

そこで、半導体素子のはたらきの初歩を学んでおこう。

(1) 不純物半導体

半導体になる元素は、ケイ素（Si：シリコン）、ゲルマニウムなど数種類あるが、現在、半導体素子の材料として使われているのは、ほとんどがケイ素である。

ケイ素原子は、化学結合に使われる電子（**価電子**）を4個もっている。それぞれの原子が価電子を出し合い、互いに隣の原子と共有することで共有結合という化学結合をして、しっかりとした結晶構造をつくっている。この結晶には自由に動き回ることのできる電子（自由電子）は存在しないから、電気をほとんど通さない。

このケイ素の中にホウ素（B）を微量加える。するとホウ素は、どれかのケイ素原子と置き換わって結晶中に入る。

もともとその位置にあったケイ素は、4組の共有電子の対で、周りのケイ素原子と結ばれていた。ところがホウ素には価電子が3個しかない。そこで、隣から電子を借りてきて化学結合を完成したとする。すると、借りられた隣の電子のいたところが空席になってしまう。この空席は、負電荷の電子が抜けたあとに正電荷の孔ができたと考えて**正孔**（positive hole）、または単に**ホール**という。

この結晶に電圧を加えると、ホールはつぎつぎに隣の電子で埋められながら、水中の泡のように移動する。こうして電流が流れたのと同じ状態になる。このようにホールが電流の担い手となるタイプの半導体を p 型半導体とよぶ（図6-2-8 a）。

つぎに、ケイ素に価電子が5個のヒ素（As）を微量加えると、ケイ素だけのときと比べて電子が余ってしまうところができる。この電子は、共有結合に使われないので束縛が弱く、自由電子になりやすい。そのためこの結晶に電圧を加えると、電

6-2 電流と直流回路

(a) p型半導体　ホール　　　(b) n型半導体　結合に使われ
　　　　　　　（電子のぬけ穴）　　　　　　　ない自由な電子

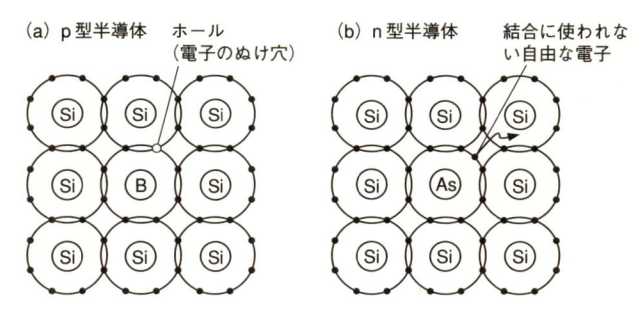

図6-2-8　p型半導体とn型半導体

流が流れる。このタイプは負（negative）電荷の自由電子が電流の担い手なので、**n型半導体**とよぶ（図6-2-8b）。

このように、微量の不純物をまぜて、ホールや自由電子を増やした半導体を**不純物半導体**という。

(2) ダイオード

p型半導体とn型半導体を接合した構造の結晶をつくると、興味深いことが起こる。

n型には自由電子（負電荷）があり、p型には電子を求めて動き回るホールがある。p型側を正、n型側を負に電圧を加えると、電子とホールは互いに接合面をめざして移動し、接合面付近で出会って電子がホールを埋め、自由電子もホールも存在しなくなる。p型側には正電極からホールが、n型側には負電極から自由電子が新たに供給されて電流が流れる。このような電圧の加え方を順方向という。

逆向きに電圧を加えると、自由電子とホールは接合面から遠ざかる方向に動いて電極に吸いとられ、接合面付近は正負に帯電した状態になるが、動ける電荷がないので電流は流れない。これは逆方向とよばれる。つまり、p型が負、n型が正となる

(a) 順方向

● 自由電子
○ ホール

自由電子とホールが出会うと消滅する

電流 ←　　　← 電流

(b) 逆方向

接合部は正に帯電／負に帯電

自由電子は正極に吸いとられる

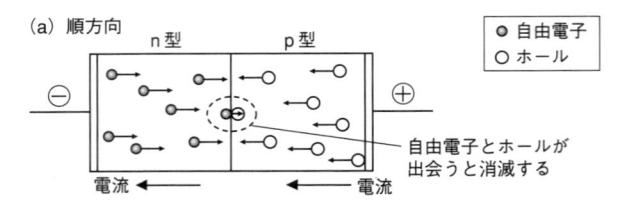

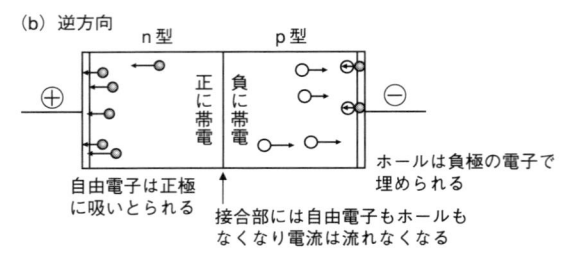

接合部には自由電子もホールもなくなり電流は流れなくなる

ホールは負極の電子で埋められる

図6-2-9　ダイオードのしくみ

ように電圧を加えたときは電流が流れない（図6-2-9）。

このような素子をダイオードという。ダイオードは一方向にしか電流を流さない。

ダイオードは交流を直流に変えたり（整流）、電波から音声信号を取り出したり（検波）する用途をはじめ、電気回路で広く使われている。

(3) その他の半導体素子

不純物半導体や絶縁性の薄膜などを組み合わせると、さまざまの機能をもつ回路素子をつくり出すことができる。なかでも、わずかの電流の変化を大きな電流の変化に増幅できるトランジスタや、加えた制御電圧によって見かけの電気抵抗を大きく変化させることのできるFET（電界効果トランジスタ）などは、回路設計のうえで大きな役割を果たしている。

これらの半導体素子を、ケイ素（シリコン）の小さな基板上

発光ダイオードと太陽電池

発光ダイオード ｐ型半導体とｎ型半導体を接合して順方向に電圧を加えると、接合面でホールと自由電子が結合したとき、ホールと電子がもっていたエネルギーが熱や光エネルギーに変わる。光が出てくるものを発光ダイオード(LED)という。

このとき出る光の色は、接合面での電子とホールのエネルギー差と関係するため、素材によって発する色が違ってくる。赤・緑・青のLEDを3原色として組み合わせることで、白を含めたあらゆる色をつくることができる。

このうち青色を出すものは技術的に製造が難しく、世界中で開発競争が行われていたが、最初に成功したのは日本人の中村修二だった。

発光ダイオードは半永久的な寿命・省電力・省スペースという特長をもっており、ディスプレイや交通信号機に使われている。白色光ダイオードは蛍光灯や電球にとって代わる次世代の照明としての期待がもたれている。

太陽電池 発光ダイオードとは逆に、光エネルギーから電気エネルギーを得る半導体素子が太陽電池である。

材料はシリコンが使われていて、やはりpn接合型である。光エネルギーを与えると、原子に束縛されていた電子が、自由電子の状態になって動きまわり、電子が抜けた後にはホールが残る。自由電子とホールは、それぞれ安定なｎ型側、ｐ型側に移動する。

したがってｎ型は電子過剰に、ｐ型は電子不足になって、その結果電位差が生じる。これでｎ型が負極、ｐ型が正極の電池ができたことになる。

太陽電池はクリーンな電源として期待されている。

に、導線・抵抗・コンデンサーなどの役割を果たす部分とともにつくり込み、複雑な機能をもつ回路をきわめて高密度に実現した回路素子を、集積回路（IC）という。集積回路の集積度を極限まで高めた大規模集積回路（LSI）や超 LSI は、コンピュータなどの主要な部品となっている。

6-3　電流と磁場

- ●問い１　磁石のN極は、どうして北を指すのだろうか。
- ●問い２　N極だけ、S極だけの磁石がないのはなぜだろうか。
- ●問い３　鉄棒に巻いたコイルに電流を流すと、電磁石の性質を示すのはなぜだろうか。
- ●問い４　モーターはなぜ回るのだろうか。

　磁石は、古来、方位を知る道具として用いられてきた。コンパス（磁針）のN極が北、S極が南の方角を指すことは、子どもでも知っている。しかし、なぜN極は北を指すのだろう。北極には、N極を向けさせる何かがあるのだろうか。

　世の中で見かける磁石といえば、必ずNSの磁極が１対になっている。なぜN極だけ、S極だけの磁石がないのだろうか。棒磁石を真ん中で半分に切断したら、N極だけ、S極だけの磁石ができないだろうか。

　いわゆる永久磁石のほかに、電流を通じたときにだけ磁石の性質を示す電磁石というものがある。ふつう、鉄などの芯に導線を巻いてコイルにしてあるが、なぜコイルが磁石の性質を生じるのだろうか。

　モーターは電流を通じると回転する。模型用の小型モーターを分解して、中にコイルと磁石があることを知った人もいるだろう。こんなしくみで、どうして回転するのだろうか。

　電流の性質を調べていくと、磁石との不思議な関係が見えてくる。ここでは、電磁気学の扉をもう１つ開けてみよう。

1. 磁石の磁極

　棒磁石の両端の、鉄釘などを強く吸い付ける磁気的な作用の強い部分が、磁極である。磁極の周辺には磁場が生じていて、その様子が磁力線で表されることは、6-1で紹介した。

　棒磁石を自由に回転できるようにつるすと、南北を指して止まる。このとき、地球の北極側を指すほうの磁極をＮ極、南極側を指すほうをＳ極という。Ｎ、Ｓはそれぞれ英語の north、south の頭文字である。

　しかし、北を指すからＮ極……というだけでは、問い１の答えにはなっていない。北には何があるのだろう。

　同種の磁極は反発し、異種の磁極は引き合う性質がある。そこでＮ極が北を指すのは、地球が北極側にＳ極の磁極をもつからだと考えられる。実際、地球は北極付近にＳ極、南極付近にＮ極をもつ巨大な磁石と考えられ、それがつくる磁場は地球の周りで観測される。これを地球磁場という（図６-３-１）。

　地球に近いところを回る宇宙船も、地球磁場の中を飛ぶので、その船内でも磁石はやはり南北を指す。より正確には、磁石はその場所の磁力線の方向を指す。

　日本付近では、磁力線は地面に対して50°ほど北下がりに傾いているので、完全にバランスのとれた磁石は、Ｎ極側が下がってつりあう。だから、日本用のコンパスは、Ｓ極側を少し重くして水平になるようにしてあるので、南半球では使えない。

　さて、地球には巨大な永久磁石が埋まっているのかというと、そうではない。ではなぜ、地球は磁場をもつのだろう。

　問い１に答えるには、もう少し磁場の生じる原因について学ばなければならないから、地球磁場の件はちょっとおあずけにして、いわゆる永久磁石について考えよう。永久磁石とはどう

6-3 電流と磁場

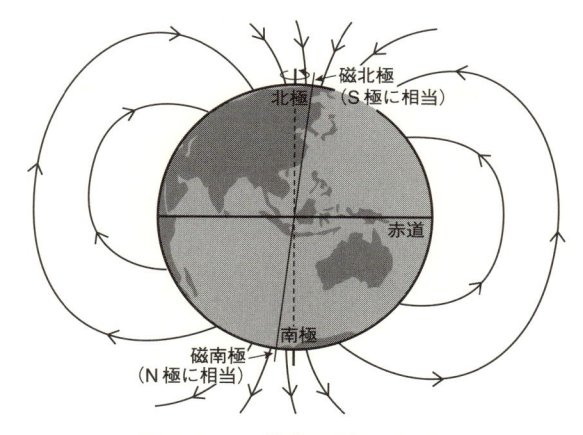

図6-3-1 地球の磁場と磁力線

いう物質なのだろう。

棒磁石を2つに切断すると、それぞれN・S極をもつ2本の磁石になり、N極だけやS極だけの磁石にはならない。これを何回繰り返しても、必ず2つの極をもつ小磁石になる。磁極は必ずN・Sの1対で存在する(図6-3-2)。

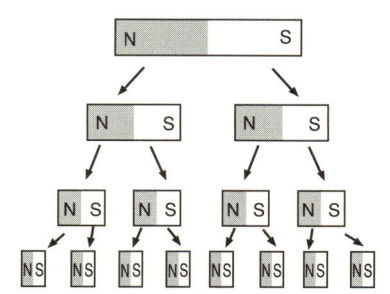

いくら切ってもNだけ、Sだけの磁石は得られない

図6-3-2 磁石の切断

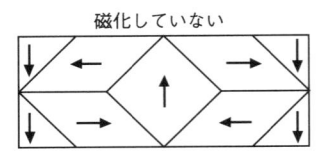

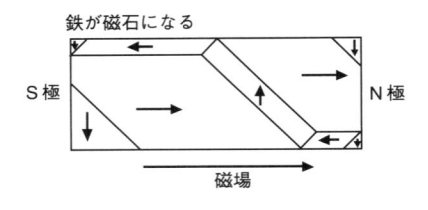

図6-3-3 磁区

電気の場合は、正電荷だけをもつ陽子や、負電荷だけをもつ電子があって、一方の電荷だけを取り出すことができる。しかし磁気の世界には、NまたはSだけの単極の磁荷はない。

磁石は、鉄、コバルト、ニッケルなどの金属を強く引きつける。これらの金属を**強磁性体**という。強磁性体に磁石を近づけると、強磁性体も、N極S極が逆の磁石の性質を帯び、近づけた磁石に引きつけられる。磁気を帯びることを**磁化**という。

1個のゼムクリップを磁石に付けると、磁石が強力ならつぎつぎにクリップがつながる。一つひとつのクリップが磁化して、磁石になっているからである。

磁石からはずしても、クリップが磁石の性質を示す場合もある。これを強磁性体の**残留磁化**という。強磁性体を強く磁化して残留磁化をもたせたものが永久磁石というわけだ。

強磁性体は、小さな磁石の集まりと考えられている。その小

さな磁石を**磁区**という。磁区の磁化の向きがバラバラだと、全体としては磁石ではない。そこに別の磁石を近づけると、磁区の磁化の向きがそろって磁石になる（図6-3-3）。

磁石から離すと、磁区の磁化は再びバラバラの向きになってしまう。それが残留磁化になるのは、磁極の向きがすっかりバラバラにならず、特定方向に磁化した磁区が多く残っているからである。

磁区は顕微鏡レベルの大きさである。それをもっと細かく分けていったら、磁気の原因をになう究極の粒子が見つかるのではないだろうか。物質の構成要素である原子や、さらにその内部の原子核・電子といったレベルまで磁石の性質を追究したらどうなるのだろうか。

もったいぶるようだが、この話もまたおあずけにして、別の種類の磁石「電磁石」の話に進もう。

2. 電流がつくる磁場

磁場をつくるのは永久磁石ばかりではない。小学校の理科の時間に、鉄にホルマル線（エナメル線）を巻いて電磁石をつくった経験があるだろう。ホルマル線に電流を流すと、鉄の芯棒が磁石になる。電流を切ると磁石の性質は失われる。明らかに電流の作用で磁気が生じているのだ。

鉄芯を抜き取ってホルマル線のコイル部分だけにすると、電磁石の力は弱くなって、もはや鉄を吸い付けなくなる。しかし、電流を通じたコイルはやはり磁石の性質を示し、たとえば方位磁針を近づけると反応する。

つまり、電磁石の本質は鉄芯ではなくコイルにある。

コイルがホルマル線でなくても磁石になる。したがって、電磁石になるのは、ホルマル線自身の性質ではなさそうだ。で

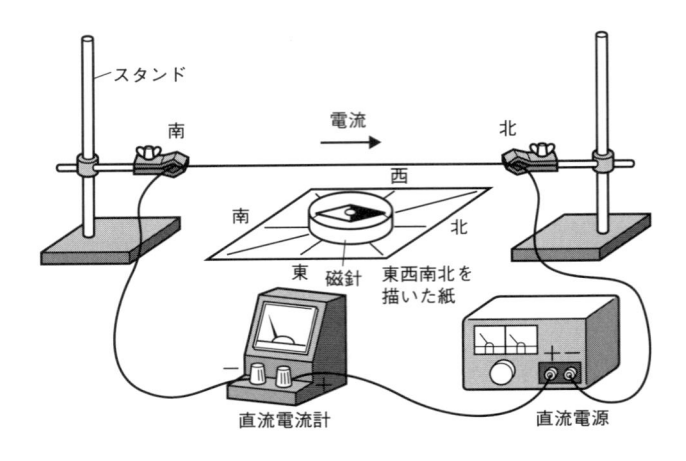

図6-3-4 電流がつくる磁場の観察

は、どんな導線でも、電流が流れると周りに磁場が生じるのだろうか。

図6-3-4のように装置をセットする。導線は南北に直線状に張る。電流を通さない状態では、磁針は南北を向いて静止する。

導線を直流電源に接続し、南から北に向けて電流を流す。すると、北を向いていた磁針の先が西に振れる。電流によって生じた磁場は、導線の真下では西向きであることを示している。

つぎに、電流の向きを逆に北から南へ流す。今度は磁針が東に振れる。電流が流れる1本の導線によって、磁場がつくられているのだ。導線を磁針に近づけたり遠ざけたりすると、この磁場の強さは距離に反比例することがわかる。

今度は、水平に置いた厚紙を貫いて、導線を鉛直にぴんと張り、電流が上から下に流れるようにする。厚紙の上に小さな方位磁針を置き、それが示す方向に少しずつずらしながら厚紙の

上にその向きを記録していく。こうすると磁力線が描ける。

　ある程度電流が強いと、地球の磁場の影響が無視できて、電流がつくる磁場の磁力線が、導線を中心に同心円を描くことがわかる。

　このときの磁力線の向きは「電流の方向に進むようにねじを回す向き」である。これを**右ねじの法則**という。「右ねじ」は普通のねじで、ドライバーでねじを締めるときは右回り（時計回り）に回すと進んでいく。水道の蛇口も右ねじだ。

「右ねじの法則」は、次のように整理することもできる。「右手を握って親指を立てたとき、親指の方向を電流の向きにすると、まるめた4本の指の向きが磁力線の向き」である。これを、**右手親指の関係**とよぶことにする（図6-3-5）。

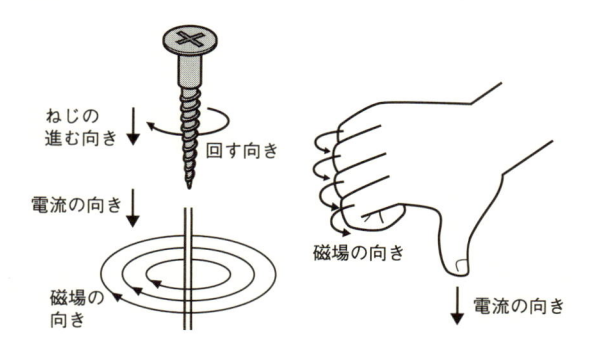

図6-3-5　直線電流がつくる磁場（右ねじの法則）

　詳しい実験によると、電流の強さを$I[\text{A}]$とすると直線電流がつくる磁場の強さ$H[\text{N/Wb}]$は、導線からの距離$r[\text{m}]$の点で、

$$H = \frac{I}{2\pi r} \quad \cdots\cdots(1)$$

となる。式(1)では磁場の単位は A/m（アンペア毎メートル）となるが、これは6-1で定義した磁場の単位 N/Wb（ニュートン毎ウェーバー）と等しい。なお、πは円周率である。

また円形電流がつくる磁場は、薄い円板状の磁石がつくる磁場とよく似ている。磁場の強さは、やはり電流 I に比例する。

このときの電流の向きと磁場の向きの関係も、やはり右ねじの法則が成り立つ。右手親指の関係なら「円形電流の向きに右手の4本の指を握るとき、立てた親指の向きに磁場が生じる」となる（図6-3-6）。

また、導線の各部を前述の直線電流と見れば、それぞれが作る磁場を合成したものが、全体の磁場となっていることがわかる。

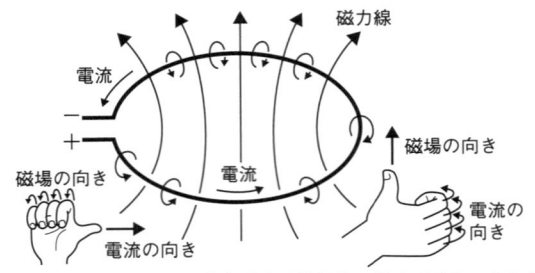

左下のように、円形コイルの各部分を直線電流に見立てると、それらが作る磁場の合成として、右下のように、円形コイルの磁場が作られる。

図6-3-6　円形電流がつくる磁場の磁力線

導線を密に巻いた、十分に長い円筒形のコイル（ソレノイドという）がつくる磁場は、多数の円形電流の重なりとして理解できる。円筒内部の磁場はソレノイドの軸に平行で、電流 I に比例した一様な強さになる。電流の向きと磁場の向きの間には、円形電流の場合と同じく、やはり右ねじの法則（右手親指の関係）が成り立っている（図6-3-7）。

6-3 電流と磁場

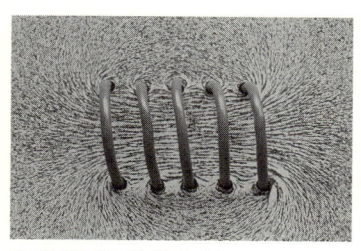

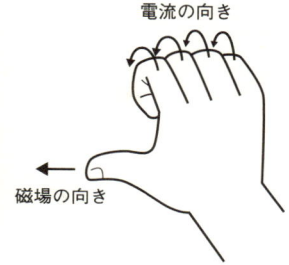

『新 物理実験図鑑』(講談社刊) より

図6-3-7　ソレノイドがつくる磁場

　こうして、「電流あるところ磁場あり」という事実が確認された。電流と磁場とは切っても切れない関係なのである。磁場は電流の周りに必ず生じており、導線をコイルのように巻くとそれが互いに強め合う。さらにその中に鉄芯を入れると、鉄の磁区がそろい、その磁場が加わって強い電磁石ができあがる。これが問い3の答えである。

3. 磁石はすべて電磁石!?

　そろそろ、問い1と問い2にも結論を出そう。
　地球に磁場があるのは、地球自身が大きな磁石だからなのだが、それは永久磁石ではなく、電磁石なのである。
　地球の中心部、地表から2900kmより深くにある部分は外核とよばれ、溶けた鉄でできている。その対流運動が原因で外核に電流が流れているため、地磁気を生じるのだと考えられている。
　これを外核の表面付近を流れる円形電流と考えるなら、その流れる向きは北極側から見て時計回りである。これが、Ｎ極が北を指す理由であり、問い1の答えだ。
　ところで、地球の磁極は平均数十万年ごとに、かなり不規則

にたびたびNSの逆転を繰り返してきた。外核を流れる電流が突然逆転するのである。最後の逆転が起こって地球磁場が現在の向きになったのは、約70万年前のことだ。それ以前なら、磁石のN極は南を指していたわけである。

さて、永久磁石をいくら2つに切断しても、つねにNとSの2つの磁極をもつ。磁気の世界にはNまたはSだけの単極の磁荷というものは見つかっていない。

それでは、永久磁石をどんどん小さく砕いていって、ついに原子レベルに至るまで細かくしたらどうなるのだろう。問い2の解答はこうだ。

原子は、原子核の周りを電子が回るという構造をしている。電子は負の電荷をもっているから、それが原子核の周りを回るように運動しているなら、それはミクロな電流が逆回りに流れているとみなすことができる。そこで、コイルに電流が流れるときと同様、磁場を生むだろう。

そればかりではない。原子核も電子自身も自転している（スピンという）と考えることができる。電荷を帯びたものが回転しているなら、これまたミクロな電磁石になるだろう。

このような素粒子レベルのミクロな電磁石を**磁気モーメント**という。物質の磁性に関しては電子のスピンと軌道運動に関係する磁気モーメントが主要な役割を演じている。普通の物質ではこれらが互いに打ち消しあって、原子全体としての電磁石の性質は表に出ないが、たまたま打ち消せない構造になっているのが鉄などの強磁性体なのである。

以上見てきたように、地球磁場も磁石の磁場も結局は電流がつくったものと考えられる。そこで、世の中の磁石はことごとく「電磁石」だということになるのである。

4. 電流が磁場から受ける力

　磁場から力を受けるのは磁石だけではない。電流は磁場を伴うのだから、磁場から磁気的な作用を受けても不思議はない。電流が磁場から受ける力を利用しているもっとも身近な例がモーターだ。

　モーターの構造は、固定された永久磁石や電磁石（**界磁**という）が、回転軸をもったコイル（**電機子**という）を取り囲んでいる。コイルに電流を通じると、電流が界磁がつくる磁場から力を受けて、コイルは回転を始める。これが問い4の答えだ。

　磁場中で、導線に電流を流すと、導線は磁場と電流の両方に垂直な方向に力を受ける。電流と磁場と力の向きは、左手を使うと覚えやすい。

　左手の中指、人差し指、親指をのばし、3本の指が互いに垂直になるようにする。このとき中指を電流の向き、人差し指を磁場の方向に向けると、親指が力の向きを示す。これを**フレミングの左手の法則**という。中指から順に「電・磁・力」と覚えるとよい（次ページ図6-3-8）。

　電流が磁場から力を受けるのは、もともとあった磁場と、電流がつくった磁場が作用しあうためだと考えることもできる。

　電流がつくる磁場は、右ねじの法則にしたがって発生し、もとの磁場と強めあう側と、弱めあう側が生じる。磁場が強まり、磁力線の密度が大きくなると、隣りあう磁力線どうしが反発して、磁場が弱く磁力線の密度が小さい方向に力がはたらいて、導線を動かすと考えてもよい。

　電流が磁場から受ける力は、磁場の強さと電流の強さに比例する。強さ H[A/m]の一様な磁場に垂直に置かれた導線を、I[A]の強さの電流が流れているとき、導線の長さ l[m]につい

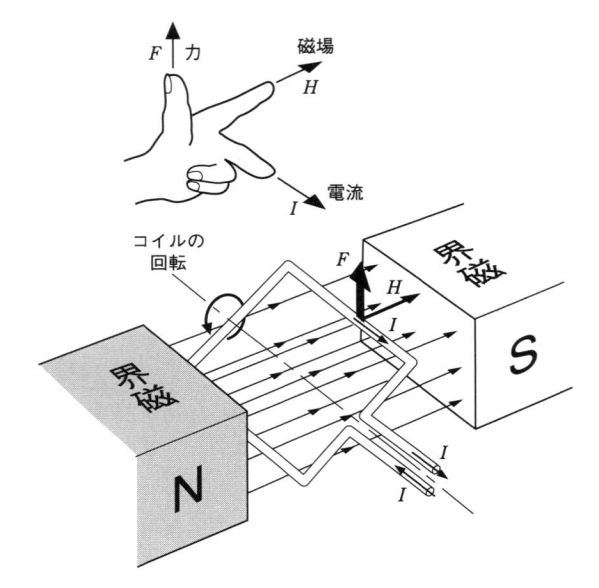

図6-3-8 フレミングの左手の法則

て電流が受ける力の大きさ $F[\mathrm{N}]$ は、

$$F = \mu I H l \quad \cdots\cdots(2)$$

で与えられる。

式(2)の比例定数 μ は透磁率とよばれ、物質の磁性の強さを表す量で、周囲の物質の種類で定まる。真空の透磁率は、

$$\mu_0 = 4\pi \times 10^{-7} \mathrm{N/A^2} \quad \cdots\cdots(3)$$

と定められている。空気中でもこの値を使ってかまわない。

強磁性体は μ の値の大きな物質で、鉄の場合、真空の透磁率 μ_0 との比(比透磁率)は200～300倍という値になる。

5. 平行電流間にはたらく力

電流が磁場から力を受けるのなら、電流どうしも互いに力がはたらくと考えられる。それぞれが相手のつくった磁場から力を受けるはずだからである。

2本の平行した導線に電流を流すと、フレミングの左手の法則より、電流が同じ向きのときは、導線は互いに引き合い、互いに逆向きのときは、互いに反発するだろう。

その力の強さは、各々の導体の電流の大きさの積と、導線の長さに比例し、導線間の距離に反比例する。

十分長い2本の導線A、Bを、距離r[m]離して平行に置き、それぞれに同じ向きに電流I_1[A]とI_2[A]を流す（図6-3-9）。

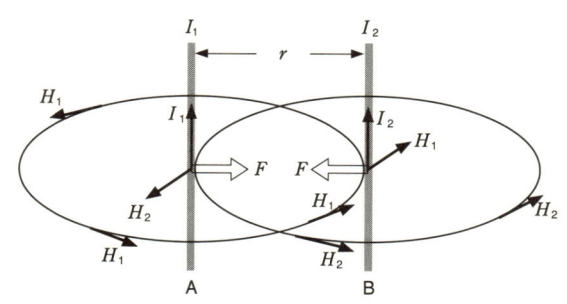

平行な同じ向きの電流は互いに引き合う

図6-3-9　平行電流がおよぼしあう力

このとき電流I_1が導線Bの位置につくる磁場の強さH_1[A/m]は、式(1)より、

$$H_1 = \frac{I_1}{2\pi r} \quad \cdots\cdots(4)$$

であり、この磁場が導線Bの長さlの部分におよぼす力の大きさ$F[\mathrm{N}]$は式(2)により、

$$F = \mu I_2 H_1 l = \frac{\mu I_1 I_2 l}{2\pi r} \quad \cdots\cdots(5)$$

となる。同様にしてBを流れる電流I_2が導線Aの位置につくる磁場により、導線Aの長さlが受ける力も式(5)とまったく等しくなる。

式(5)は電流のほかには力と長さという、すでに明確に定義された量を含むだけなので、透磁率μを定めれば、電流という物理量を定義するのに使える。

真空中で2つの平行な直線導線に、等しい強さの電流Iを流す。$l=1$ m、$r=1$ mのとき、2つの導線（電流）がおよぼしあう力の大きさが$F=2\times10^{-7}$N なら$I=1$ Aであると定義するのである。これは真空の透磁率を式(3)のように人為的に定めることと同じ意味をもつ。

このようにして電流の単位A（**アンペア**）が定まると、それをもとにして電気・磁気の世界の単位をつぎつぎに決めていくことができる。式(5)は、第3章までに学んだ力学的な世界と電磁気の世界を結ぶ架け橋となる、重要な役割を果たしている。

メートル（m）、キログラム（kg）、秒（s）を基本単位とする**MKS単位系**にアンペアを加えて、電磁気的分野をも包括する単位系を**MKSA単位系**といい、**国際単位系SI**の骨組みとなっている。

6-4 電磁誘導

- ●問い1 自転車の発電機は、どんなしくみで電気を生み出しているのだろうか。
- ●問い2 使用中の電気器具のプラグを引き抜くと、火花が飛ぶことがあるのはなぜだろうか。
- ●問い3 IH調理器はプレートが熱くならないのに、どうして加熱できるのだろうか。

自転車のライトは、小さな発電機をタイヤに押しつけ、回して点灯する。さらに、最近では車輪に触れずに発電するものや、車軸に組み込んで車輪そのものの回転で発電するものもきている。これらの発電機は、どんなしくみになっているのだろう。

使用中の電気器具のプラグを、スイッチを切らないままコンセントから引き抜いてしまうと、プラグの先から火花が飛んで（スパークという）びっくりすることがある。時として火災の原因にもなる。スパークはなぜ起こるのだろう。

このごろ普及してきたIH調理器の「IH」とは何のことだろう。プレートの部分は熱くならないのに、どうして鍋の中のものが煮えるのだろうか。またIH調理器の場合、使えるのは鉄や銅の器だけで、プラスチックやガラスの器では加熱できないのはなぜなのだろうか。

前節でも学んだ電流と磁場の関係は、**電磁誘導**という現象でさらにダイナミックなものになる。それは現代の私たちの生活を支える電気エネルギーの源であるといってもよい。

電気と磁気の不思議な関係をさらに追究してみよう。

1. 電磁誘導の発見

電磁誘導とは、磁場の変化から電流が発生する現象である。

前節6-3で、電流によって磁場が生じる現象を学んだ。鉄芯に巻いた導線に電流を流して電磁石をつくれるなら、逆に、磁石に導線を巻いたら電流が発生するのではないかと期待するのは、自然な発想だ。

電磁気学の黎明期に、何人もの学者がこの現象の発見に挑戦し、1831年、ついにイギリスのファラデーが発見した。

彼は、電流を発生させるには、磁場を一定にしておくのではなく、変化させればよいことに気がついた。たとえば、磁石を動かしたり、電磁石の電流を変化させたりして、磁場を弱めたり強めたりするとよいことを発見したのである。ポイントは時間的な変化だった。

導線を巻いたコイルを検流計（鋭敏な電流計）につなぎ、コイルに棒磁石を近づけたり遠ざけたりすると、回路に電流が流れる。電流の向きは、棒磁石を近づける場合と遠ざける場合では逆になり（図6-4-1）、また、磁石のN極をS極に替えると逆になる。

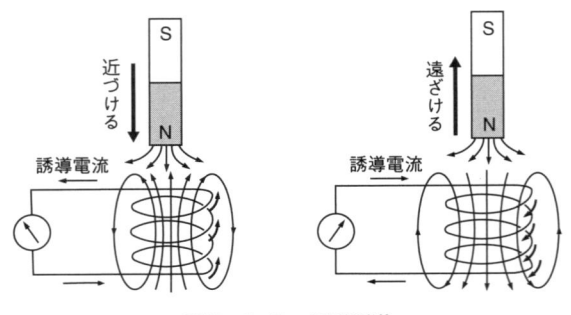

図6-4-1　電磁誘導

このように、電磁誘導で生じた電流を**誘導電流**といい、コイルに生じた電圧を**誘導起電力**という。回路が閉じていない場

> **コラム** ファラデーの実験

ファラデーが電磁誘導（電磁石による電気の誘導）に成功した実験装置は、直径約15cmの軟鉄製のリングに、細いひもを巻いて絶縁した導線を2重に巻きつけたものである（図6-4-2）。

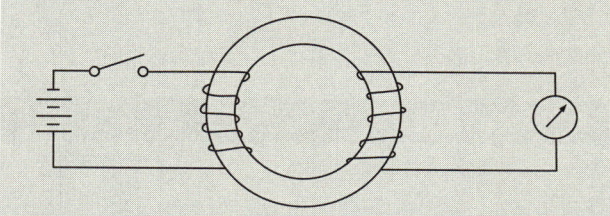

図6-4-2　ファラデーによる電磁リングの実験装置

ファラデーは、最初は単純に、一方の導線に電流を通したら、他方の導線にも電流が誘導されると考えた。鉄に導線を巻きつけて電流を流すと、鉄が電磁石になり、鉄を環にすることによって、他方の導線にその磁力で電流が流れると予想したのだ。

ところが実際には、一方の導線に電池をつないで電流を流すと、他方に一瞬だけ電流が流れた。そして導線から電池をはずすと、再びその瞬間だけ、他方に電流が流れた。これが電磁誘導である。

この実験では電磁石を用いているので、誘導電流の直接の原因がリングに流した電流なのか、磁場なのかがはっきりしない。その後、ファラデーは多種多様なコイルや磁石や鉄片を組み合わせた実験を行い、磁石による電磁誘導も見いだしたのである。

合は誘導電流は流れないが、誘導起電力は生じる。

　図6-4-1でわかるように、磁石のN極がコイルに近づくときは、コイル内の下向きの磁場が強まる。このときの誘導電流はコイルに上向きの磁場を生じ、磁石による磁場の増加をさまたげようとする。N極がコイルから遠ざかるときは、逆の状態になる。

　このように、電磁誘導によって生じる誘導起電力は、それによる誘導電流がつくる磁場が、コイル内に生じた磁場の変化をさまたげる向きに生じる。これを**レンツの法則**という。

2. 発電機の原理

　磁場の中でコイルを回転させたり、コイルのそばで磁石を動かしたりすると、電磁誘導によりコイルに誘導起電力が生じ、回路に誘導電流が流れる。これが発電機の原理である。

　自転車の小型発電機（ダイナモ）にも、永久磁石とコイルが組み込まれている（図6-4-3）。

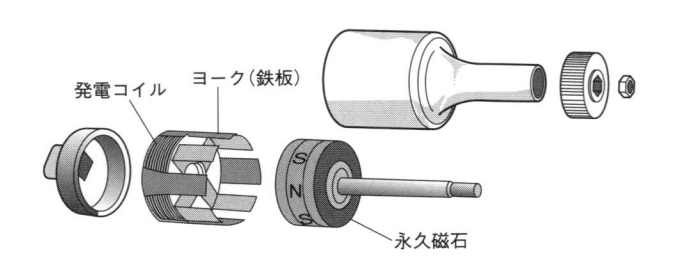

図6-4-3　自転車の発電機のしくみ

　自転車のダイナモには、車輪をこすって回転するものと、ハブ(車軸の金具)に内蔵されているものと2つのタイプがある。

6-4 電磁誘導

また最近では、車輪のスポークに永久磁石を取り付けて、車輪に触れずに発電するタイプもある。

どのタイプも、車輪の回転で磁石を回している点は同じである。強い磁石がコイルのそばにあるだけでは、電磁誘導は起きない。磁石が回転し、磁場が変化すると発電する。速く走るほどライトが明るくなるのは、磁場の変化が激しいほど大きな起電力が生まれるからだ。これは電磁誘導の大事な性質である。

発電機は、発電所に設置されているような大きなものから、自転車のライト用のダイナモに至るまで、基本的な発電のしくみは変わらない。発電所の大型発電機は巨大な電磁石をタービンや水車の動力で回転させて発電するものが多い。

以上が、問い1の答えである。

ところで、磁石とコイルという発電機の構造はモーターのしくみとよく似ている。実際、模型用の小型モーターの導線に発光ダイオード（LED）をつなぎ、モーターの軸を勢いよく回転させると、LEDが一瞬点灯して、誘導電流が流れたことがわかる（図6-4-4）。モーターは発電機にもなるのだ。

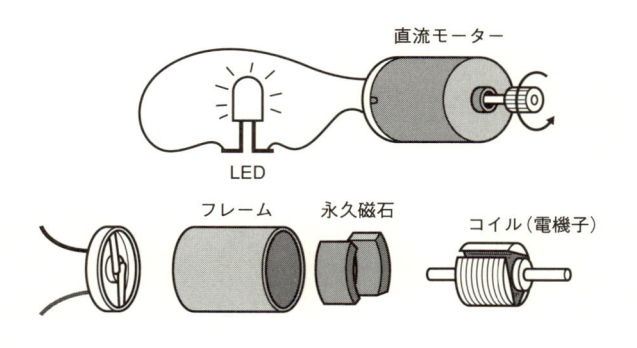

図6-4-4　モーターのしくみとモーターによる発電

3. 磁束と磁束密度

6-1で、磁極の強さをWb（ウェーバー）という単位で表すことを学んだ。m[Wb]の強さの磁極からはm本の**磁束線**が生えていると考えよう。磁束線は磁力線と似ているが、磁場の生じている空間を満たす物質の性質も含んだ概念で、磁場による電磁誘導のはたらきの強さを表現したものである。

磁束線が、それに垂直な面を単位面積あたり何本貫いているかを**磁束密度**Bといい、Wb/m^2（ウェーバー毎平方メートル）またはT（**テスラ**）で表す（図6-4-5）。

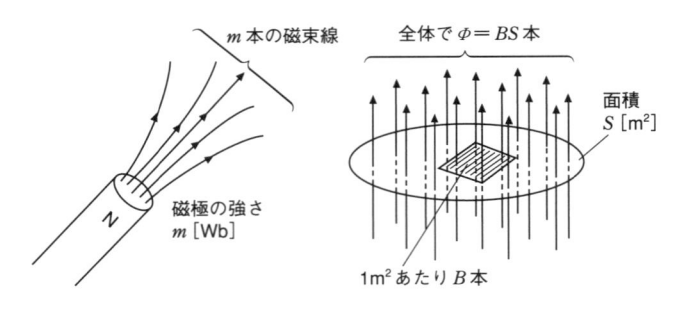

図6-4-5　磁束と磁束密度

磁束密度Bと外部磁場の強さH[A/m]の間には、

$$B = \mu H \quad \cdots\cdots(1)$$

という関係がある。μはその場所を満たす物質の透磁率である。BとHはいつも単純に比例しているわけではない。鉄のように強く磁化される物質の内部では、その磁化による効果もあるので、式(1)の右辺は、物質の磁化による磁束密度も含んだ値になる。ここではわかりやすく、磁化による効果がなく、B

6-4 電磁誘導

と H が単純に比例する真空中や空気中などに、話を限る。

さて、磁束線が断面積 $S[\mathrm{m}^2]$（たとえば磁石の端面を考える）にわたって一様な磁束密度 $B[\mathrm{Wb/m}^2]$ で分布していれば、その総数は $1\mathrm{m}^2$ あたりの本数 B に、面積 S をかけて求められるから、

$\Phi = BS$ ……(2)

となる。この $\Phi[\mathrm{Wb}]$ を**磁束**とよぶ。

磁極の強さは、そこから生えている磁束線の本数と考えると、Φ（ファイと読む）は磁極の強さを表していることになる。

なお、上で「本数」という表現を用いたが、あくまでもイメージだ。Φ は整数ではなく小数を含んだ連続量と考えてよい。

4. ファラデーの法則

前に触れたように、コイルに生じる誘導起電力は、磁場の時間変化による。誘導起電力は次のような数学的関係を満たす。

1回巻きのコイルの内部を貫いている磁束 Φ が、短い時間 Δt の間に、Φ_1 から Φ_2 へと変化したとしよう（図6-4-6）。

磁束の変化量は $\Delta \Phi = \Phi_2 - \Phi_1$ である。すると、このコイルに

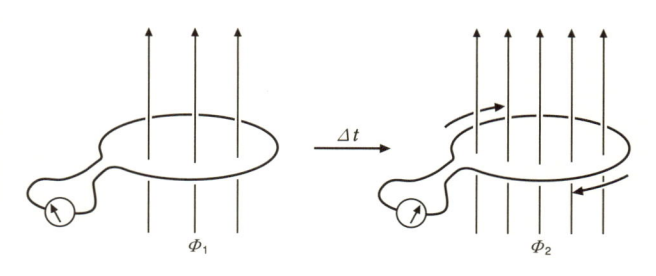

図6-4-6　コイルを貫く磁束の変化

生じる誘導起電力 V は、

$$V = -\frac{\Delta \Phi}{\Delta t} \quad \cdots\cdots(3)$$

で表すことができる。これを**ファラデーの法則**という。

単位の関係はV = Wb/sとなっている。負の符号は、磁束の変化を打ち消す向きに誘導起電力が生じることを示している。

数学の微分を知っている人は、式(3)の Δ を d と読み替えて「誘導起電力は磁束の時間微分に比例する」と理解するほうがよい。また、N 回巻いたコイルなら、電池の直列接続と同じで、誘導起電力が足し算されると考え、式(3)の値を N 倍すればよい。

5. 磁場を横切る導線に生じる誘導起電力

式(3)に登場する磁束の変化は、磁石の動きによっても、電磁石の電流の変化によっても、またコイルのほうの動きによってもよい。とにかく、コイルを貫く磁束が時間的に変化すると、コイルに誘導起電力が生じるのである。

図6-4-7は、閉回路の一部がスライド式になっていて、導体棒PQが磁場を垂直に横切って速さ v で動く。図の影をつけた部分（幅を l とする）にだけ磁束密度 B の一様な磁場があり、回路の他の部分は固定されている。

この回路を1回巻きコイルに見立てると、内部を貫く磁束は、

$$\Phi = Blx \quad \cdots\cdots(4)$$

である。x が1秒間に v ずつ増加するのだから、式(3)は、

$$V = -\frac{\Delta \Phi}{\Delta t} = -Bl\frac{\Delta x}{\Delta t} = -Blv \quad \cdots\cdots(5)$$

となる。レンツの法則によると、このときコイルは、下向きの

影の部分にのみ
磁束密度 B の磁場

$$\text{磁束 } \Phi = BS = Blx$$
$$V = -\frac{\Delta \Phi}{\Delta t} = -Bl\frac{\Delta x}{\Delta t} = -Blv$$

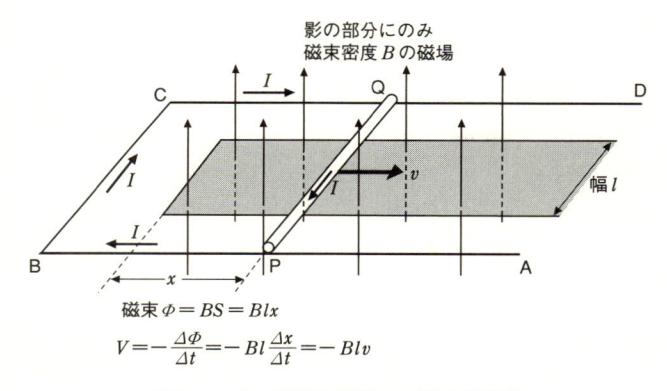

図6-4-7 磁場を横切って動く導体棒

磁場をつくる向きに、上から見て時計回りの誘導電流を生じるから、導体棒の中はQ→Pの向きに誘導電流が流れる。

たとえ BC 部分がなくても、電流が流れないだけで、誘導起電力 V は発生する。PQ が乗っている平行なレール BA および CD の部分だけでも、同じ現象が起こる。レールが長くても短くても同じである。

こうなると、もはやコイルとはよべなくなってしまう。どこがコイルの内部なのかわからない。これでは磁束 Φ を求めることさえできないが、それでも誘導起電力 V は発生するのだ。

この現象は、明らかに導体棒 PQ の運動によって起こっており、もう1つのタイプの電磁誘導を暗示している。

実はレール BA、CD も取り去って、導体棒 PQ だけを磁場に垂直に運動させても、PQ の両端には同じ起電力 V が発生する。つまり、導体が磁場を横切って運動するとき、起電力を生じるのである。

起電力の大きさ V は、磁束密度 B と、それを垂直に横切る

速さ v に比例し、磁場内の長さ l について、

$V = Blv$ ……(6)

で表せる。

なお図6-4-7で、回路に抵抗があるとすると、高電位になるのはP側である。起電力の生じている導体を電池だと考えると、起電力の向きが理解しやすいだろう。

導体棒だけが動くときもP側が高電位になる。

6. 自己誘導

ヘアドライヤーなど、比較的大きな電力を使う電気製品のプラグを、スイッチを入れたままコンセントから急に引き抜くと、そこに火花が飛ぶことがある。この現象はどうして起こるのだろうか。

図6-4-8のような回路でスイッチを入れても、電流はただちに一定の値では流れず、短時間にではあるが、しだいに増加する。スイッチを切ったときも、電流は一気に止まるのではなく、しだいに減少する（図6-4-9）。

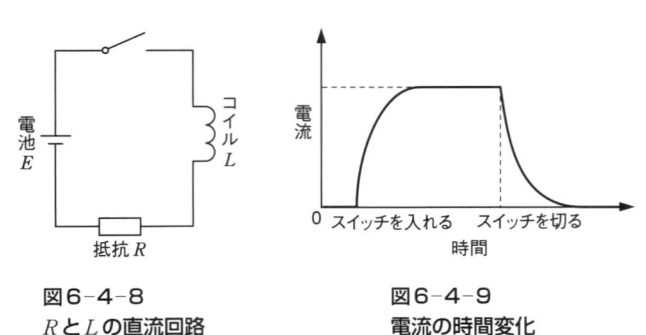

図6-4-8
R と L の直流回路

図6-4-9
電流の時間変化

6-4 電磁誘導

スイッチが入ったり切れたりして電流が変化すると、コイルを貫く磁束が変化する。すると、自分のつくった磁場の変化によって、コイル自身が電磁誘導を起こす。

このときレンツの法則にしたがって、コイル内を流れる電流の変化を打ち消す向きに、誘導起電力を生じる。すなわち、スイッチを入れたときは、コイルを貫く磁束が急に増えるのを打ち消す向きに、スイッチを切ったときは、コイルを貫く磁束が急に減るのを打ち消す向きに、誘導起電力が生じるのだ。

これを**自己誘導**という。どんな回路にも多少はコイルの性質はある。スイッチを切ったりプラグを抜いたりするときは、電流の変化率が非常に大きいので、誘導起電力はきわめて大きくなって、火花が飛ぶほどになることもある。

大電流が流れる器具ほど電流の変化が大きいので、要注意である。ゆるんだ端子や断線しかかったコードでも同じようなことが起こり、火災の原因になることがある。

これが問い2の答えだ。

自己誘導によってコイルに生じる起電力 V は、電流変化と逆向きで電流の変化率に比例し、

$$V = -L \frac{\Delta I}{\Delta t} \quad \cdots\cdots(7)$$

と表される。この比例定数 L はコイルの**自己インダクタンス**といい、コイルの性質を代表する数値である。L の値はコイルの巻き数やコイルが囲む体積、内部を満たす鉄芯などの性質により決まる。

自己インダクタンス L の単位は H (**ヘンリー**) である。コイルを流れる電流が1秒間に1A (アンペア) の割合で変化して、1V (ボルト) の誘導起電力を生じるとき、このコイルの自己インダクタンスを1Hであるという。

7. ローレンツ力

電流は磁場中で力を受ける。電流は電荷をもつ粒子の流れだから、電流が磁場から受ける力は、磁場中を運動する荷電粒子が受ける力に分解して考えることができるだろう。

電子などの荷電粒子が、磁場中で運動するときに受ける力のことを、**ローレンツ力**とよぶ。電流が磁場から受ける力は、多数の荷電粒子について加え合わされたものと考えて、ローレンツ力の大きさを導いてみよう。

前節6-3で学んだ電流が磁場から受ける力の式(2)は、磁束密度 $B=\mu H$ を用いて、

$$F = IBl \quad \cdots\cdots(8)$$

と書くことができる。

また6-2では、導線の断面積を S、単位体積あたりの自由電子数を n、自由電子の平均速度を v、電気素量を e とすると、導線を流れる電流 I は、$I = envS$ と表せることを学んだ。

これを式(8)に代入すると、

$$F = envSBl \quad \cdots\cdots(9)$$

となる。nSl は磁場内の導線内に含まれる自由電子の総数だから、電子1個あたりの力、すなわちローレンツ力 f は次のようになる。

$$f = evB \quad \cdots\cdots(10)$$

式(10)は、e を荷電粒子の電荷と読みかえれば、一般の粒子にも適用できる。

力の方向は、速度と磁場の両方に垂直で、フレミングの左手

の法則にしたがう。負電荷の場合は、粒子の運動とは逆向きを電流の向きと考えればよい。この力は速度に垂直な力なので、速さを変えるはたらきはない。運動の向きが一定の割合で変化し、速さを変えない運動は等速円運動である。したがって、一様な磁場に垂直に打ち込まれた荷電粒子は円を描く。

テレビのブラウン管はローレンツ力を利用している。真空の管内を飛ぶ電子の進路を、電磁石で曲げ、蛍光面にピンポイントで当てて必要な画素を発光させ、画像を描くのだ。

8. 誘導起電力とローレンツ力

一様な磁場を横切って運動する導体に生じる誘導起電力を、ミクロな立場から考えてみよう。

図6-4-10(a)のように、導体PQを磁場に垂直に速度$\vec{v}$で動かすと、自由電子もいっしょに速度$\vec{v}$で動いてローレンツ力fを受ける。この力の向きはP→Qで、その大きさは$f=evB$である。外に回路がつながっていればQ→Pの向きに誘導電流が流れることになる。電子の動く向きは電流の向きとは逆なこと

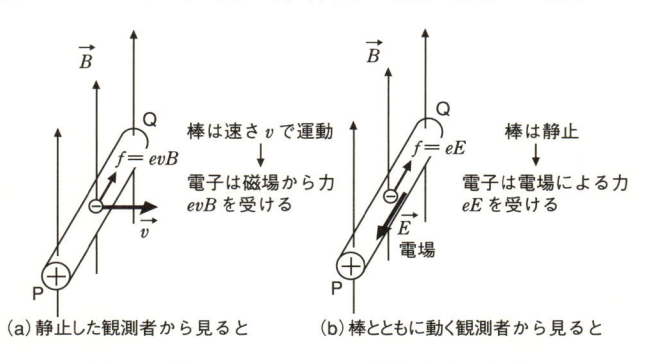

(a) 静止した観測者から見ると　　(b) 棒とともに動く観測者から見ると

図6-4-10　ローレンツ力と誘導起電力との関係

に注意しよう。以上は静止した観測者が見た現象だ。

観測する立場を変え、図6-4-10(b)のように、導体とともに運動する立場で見るとどうなるだろう。導体は静止して見えるから、上記のようにローレンツ力を考えるわけにはいかなくなる。磁場があっても電荷が運動しなければ力ははたらかないからだ。

静止している電子が力を受けるとしたら、電場からの力しかないだろう。導体内に電場 $\vec{E}$ が Q→P の向きに生じていると考えるほかない。静電気力の大きさは $f=eE$ である。

以上の2つの議論は、同じ現象を異なる立場で説明しただけである。現象は1つだから力 f は等しく、$evB=eE$ すなわち、$E=vB$ でなければならない。この電場により長さ l あたりに発生する電位差 V は $V=El=vBl$ で、式(6)で見た誘導起電力と同じになる。

このように、ミクロな立場で電磁誘導という現象を見ると、電気と磁気の不思議な関係が見えてくる。運動する観測者には、電場や磁場が変化して見えるのだ。

9. 渦電流

最近人気のIH調理器は、不思議な加熱器具である。

プレートは、鍋をのせなければ手を触れても熱くない。もちろん鍋をのせなければ手をかざしても加熱されない。ガラスやプラスチックなど導電性のない器をのせても、やはり発熱しない。ところが、鉄鍋や銅鍋などをのせると、鍋自身が発熱して中の食材を熱するのである。その秘密は電磁誘導だ。

IHとは Induction Heating（電磁誘導加熱）の略である。プレートの下には強力なコイルがあって、スイッチを入れると高周波磁場を発生させる（写真6-4-1）。高周波磁場は激しく

6-4 電磁誘導

時間変動する磁場だから、その上に置かれた金属（導体）鍋に電磁誘導を引き起こす。鍋は金属だから、どこでも電流が流れる。その結果、変動磁場中の鍋は至るところコイルとなって、渦巻きのような電流（**渦電流**）が流れ、ジュール熱が発生するのだ（図6-4-11）。

写真6-4-1 IH調理器の内部

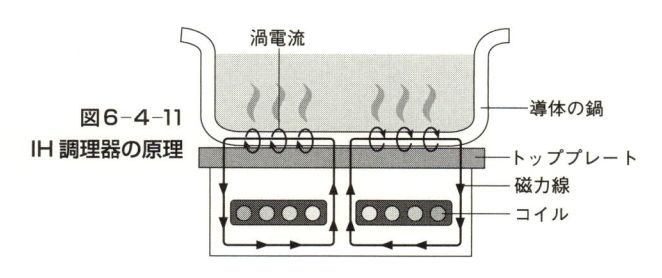

図6-4-11 IH調理器の原理

導体でないものは渦電流が流れず、温度が上がらない。

初期のIH調理器は鉄鍋専用だったが、最近は技術改良によりアルミや銅の鍋でも使えるものが販売されている。

渦電流は、無用なジュール熱を発生させ、エネルギー損失のもとになるやっかいものだったが、IH調理器はこれを逆手にとって積極的に利用しているのだ。以上が問い3の答えである。

家庭の電気の引き込み口に取り付けられている電力量計は、金属の円板が回転しているのが見える。

図6-4-12のような装置で磁石を回転させると、磁力線が金属円板を通過する位置が変わるので、円板の各部分に激しい磁場の変化が起こる。その結果、円板内に渦電流が流れる。

円板内の渦電流は、フレミングの左手の法則に従って磁界から力を受ける。動く磁極の前方では押され、後方では引かれる。こうして、アルミや銅のような磁石につかない金属でも、回転磁石に引きずられるように回転を始めるのである。

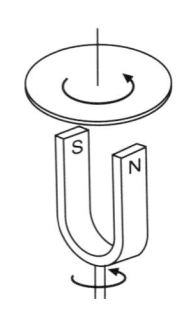

図6-4-12 アラゴーの円板

この装置はアラゴーの円板といい、家庭の電力量計のほかに、自動車やオートバイの針式のスピードメーターにも利用されている。

新幹線の車両では、摩擦によるブレーキのほかに、電力回生ブレーキや渦電流ブレーキも併用している。

電力回生ブレーキは、モーターを発電機として利用し、運動エネルギーを電気エネルギーに変換することで回転エネルギーを奪うと同時に、生まれた電気は架線に戻す省エネ技術である。

渦電流ブレーキは、車軸に取り付けた金属円板に、車体に固定した電磁石で渦電流を生じる。その電流がジュール熱を発生することで運動エネルギーを減らす。

どちらも電磁誘導が活用されている例である。

このように電磁誘導現象は、電力を生み出す発電機をはじめとして私たちの生活の至るところで活用されている。ファラデーの発見はじつに重要だったといえるだろう。

6-5　交流と電波

- ●問い1　家庭には、どんな電気がきているのだろう。
- ●問い2　電気は、なぜ高電圧で送電されてくるのだろう。
- ●問い3　電子レンジは、どうして火を使わずに加熱できるのだろう。

　今では停電は珍しくなったが、まれに落雷などで電気が止まると、そのありがたさを痛感する。灯(あ)りがともらない。テレビも冷蔵庫も使えなくなる。エレベーターや自動ドアが動かない。水をポンプで汲(く)み上げているマンションなどでは、水道もトイレも使えなくなり、原始生活を体験する羽目になる。

　この電気は、もちろん発電所から送られてくるのだが、それは化学電池や太陽電池が生み出す電気とは、どんな点が異なるのだろうか。家庭用のコンセントの電圧はどれほどで、使ううえではどんなことに注意したらよいのだろうか。

　発電所からの送電のしくみはどうなっているのだろう。送電は、高圧送電線を経由するが、どうして危険の多い高電圧にしなければならないのだろう。

　電気オーブンはヒーターのジュール熱で加熱するが、電子レンジは外から熱を加えることなく、食品自身に発熱させて調理する。いったいどういうしくみで加熱するのだろう。レンジ内のものだけ加熱されて、外側は熱くならないのはなぜだろう。

　私たちの生活を支える電気は、交流と電波という「振動する電気」である。さらにダイナミックで奥深い電気の世界を学んでいこう。

1. 振動する電気

　家庭で使う電気は、遠くの発電所でつくられ、送電線で届けられる。この電流は、大きさと向きが周期的に変化している。このような電流を交流電流または単に**交流**といい、AC（Alternating Current）と略記する。ちなみに、ここまで学んできた直流はDC（Direct Current）と略記する。

　家庭用の交流電気の電圧は日本では100Vだが、世界的には100Vより高い電圧の国が多い。

　交流は振動する電気（電圧や電流）で、以前に学んだ単振動や波動と同じように、1秒間に変化する回数を周波数といい、記号fで表す。単位はHz（ヘルツ）である。

　日本ではおよそ静岡県の富士川を境に東側が50Hz、西側が60Hzの交流を使用している。このため、両地域にまたがる電車の運行や電力融通に、少なからず不便をきたしている。

　これは、明治時代に東京の電力会社がドイツから、大阪の電力会社がアメリカから発電機を導入したとき、それぞれ周波数が50Hzと60Hzだったという歴史の名残である。

　現在では、どちらの周波数でも使うことができる電気製品（定格表示に50/60Hzと書いてある）が多いが、周波数を選ぶものもあるので注意が必要だ。

　交流電流は前節6－4で学んだ電磁誘導を利用してつくられる。発電所では大きな発電機を動かして電気をつくっている。

　交流電圧は、単振動と同じ形の式で、たとえば、

$$V = V_0 \sin\omega t \quad \cdots\cdots(1)$$

などと表すことができる。ここで、V_0は交流電圧の振幅すなわち最大電圧である。ωは角周波数とよばれ、周波数fとの間に

6-5 交流と電波

は $\omega = 2\pi f$ という関係がある。単振動のとき「角振動数」とよんでいたのと同じである。

ところで、家庭用交流の電圧は100Vだといったが、瞬間瞬間で異なる交流電圧のどの値が100Vなのだろうか。式(1)の振幅 V_0 のことか。あるいは式(1)の最大値と最小値の差が100Vに相当するのか。それとも、振動の中心、すなわち平均値が100Vなのか。

実は100Vはそのどれでもない。その事情を説明しよう。

式(1)の交流電圧を抵抗に加えると、抵抗に流れる電流と電圧の間には、どの瞬間でもオームの法則が成立し、同じタイミングで変化する（図6-5-1）。この電流は次の式で表せる。

$$I = \frac{V}{R} = \frac{V_0}{R} \sin\omega t = I_0 \sin\omega t \quad \cdots\cdots(2)$$

上式で $I_0 = \dfrac{V_0}{R}$ は交流電流の振幅である。

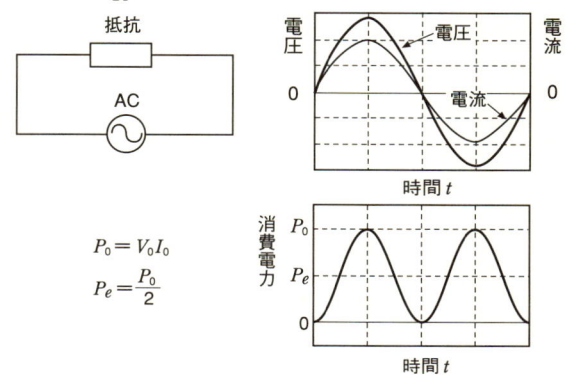

$P_0 = V_0 I_0$

$P_e = \dfrac{P_0}{2}$

図6-5-1 抵抗に交流電圧を加えたときの電流と電力

交流電圧が加わったとき、抵抗で消費される電力は時間とともに図6-5-1下段のように変化している。

瞬時の消費電力は、抵抗にかかる電圧と流れる電流のかけ算だから、次の式で表される。

$$P = VI = V_0 I_0 \sin^2 \omega t \quad \cdots\cdots(3)$$

交流の場合、抵抗での消費電力は、式(3)のように時間とともに周期的に変化している。この変化は図6-5-1下のグラフのようになり$\frac{1}{2} V_0 I_0$を中心にした正弦曲線である。平均値は$\frac{1}{2} V_0 I_0$で、この値を**交流電力の実効値**P_eとよぶことにする。

交流の電圧と電流は、0を中心に振動していて、1周期で値を平均すると0になってしまう。そこで、式(1)や(2)の値(瞬時値という)を2乗したものを1周期で平均し、さらにその平方根をとって平均値の代わりとする。その値は計算すると、

$$V_e = \frac{V_0}{\sqrt{2}} \qquad I_e = \frac{I_0}{\sqrt{2}} \quad \cdots\cdots(4)$$

となる。このV_e、I_eをそれぞれ交流電圧・交流電流の実効値という。

電圧の実効値V_eと電流の実効値I_eをかけると、

$$P_e = V_e I_e = \frac{1}{2} V_0 I_0 \quad \cdots\cdots(5)$$

となって、ちょうど上述した電力の実効値P_eに等しいから、直流と同じ電力の式がそのまま使えて便利である。抵抗ではオームの法則も成り立つから、実効値で表しておけば、いちいち交流であることを意識しなくても、電気の計算ができるわけだ。

交流で単に100Vの電圧というときは、実はこの実効値で表している。だから実効値100Vの交流電圧の振幅は、$V_0 = \sqrt{2} \times 100\mathrm{V} = 141\mathrm{V}$であり、±141Vの間で電圧が振動していることになる(図6-5-2)。

以上が問い1の答えだ。

6-5 交流と電波

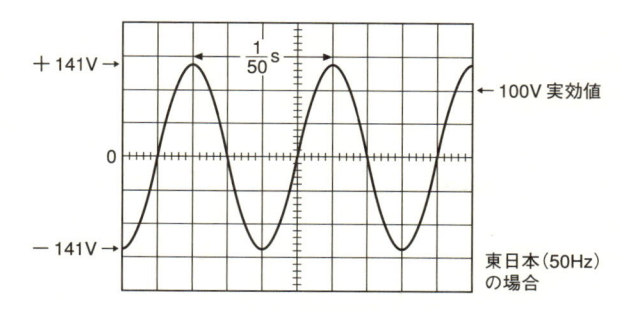

図6-5-2　交流電圧の瞬時値と実効値

2. 電気を送る

交流の電圧は変圧器（トランス）で簡単に変えられる。これが交流が普及した理由の1つである。

変圧器は2つのコイル（1次コイル、2次コイル）を同じ鉄芯に巻いてある（図6-5-3）。1次コイルがつくる磁場の変動により、2次コイルに電磁誘導を起こす。

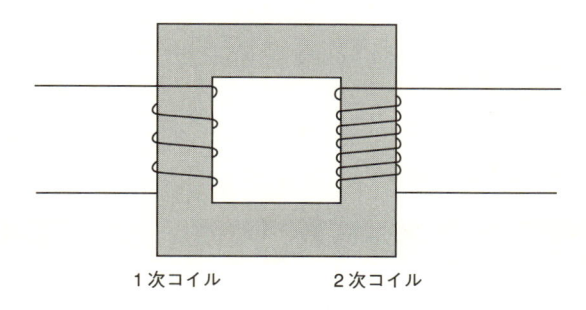

図6-5-3　変圧器のしくみ

2次コイルに現れる電圧は、1次・2次コイルの巻き数比で変えられる。たとえば、2次コイルの巻き数を1次コイルの巻

き数の10倍にして、1次コイルに100Vの交流電圧を加えると、2次コイルには1000Vの同じ周波数の交流電圧が発生する。

発電所でつくられた交流の電圧は1万V程度である。これを変電所の大きな変圧器で27万〜50万Vの高い電圧にあげて、高圧線を通じて消費地に送電している。都市の近くの変電所で再び電圧を下げて、街中は6600Vの電圧で送っている。最後に家庭の近くの電柱上にある変圧器で100Vにして家庭に配る。

電圧を高くする理由は、6-2で学んだジュール熱の発生を抑えるためである。

金属の抵抗率は小さいが、長い距離を送電するから送電線の抵抗は無視できない。送電線自身にもジュール熱が発生して、その分エネルギーが失われる。ジュールの法則が示すように、発熱量すなわち電気エネルギーの損失 Q は、送電線の抵抗を R とすると $Q=RI^2t$ で電流 I の2乗に比例する。

一方、エネルギー保存の法則により、電力(電圧と電流の積)は一定に保たれる。消費側での電力を P で表すと、送電電圧 V、送電電流 I は $P=VI$ を満たすから、同じ消費電力 P に対し、電流 I を小さくして熱損失を減らすには、電圧 V を高くする必要がある。

これが高圧送電を行う理由で、問い2の答えだ。高圧送電は電力の無駄な損失を抑える工夫だったのだ。

3. 振動回路

コンデンサーとコイルを接続した回路(図6-5-4)の動作を考えてみよう。

最初にコンデンサーを充電しておき、スイッチを切りかえると、コンデンサーから放電電流が流れ始める。この電流はコイルを通るから、自己誘導が生じて誘導起電力が発生する。

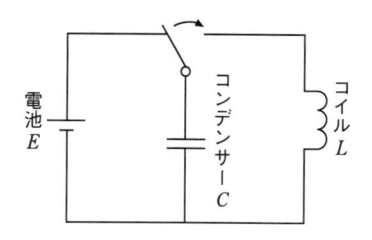

図6-5-4　振動回路

　自己誘導の性質とコンデンサーの性質を合わせて考えると、コンデンサーの電圧が最大のとき、コイルの自己誘導による電圧も最大になっていなければならないから、回路を流れる電流の変化は最大のはずである。

　逆にコンデンサーの電圧が0になるときは、電流の変化は0でなければならない。このとき回路には最大の電流が流れている。電流はそのまま流れ続けて、コンデンサーを逆向きに充電することになる。

　その後、コンデンサーの電圧が逆向きに最大になるとき電流は0となり、電流は逆転して再びコンデンサーの放電が始まる。

　これを繰り返して電流と電圧が単振動を行うことになる。このような現象を**電気振動**という。この回路は、コイル（自己インダクタンス L）とコンデンサー（電気容量 C）の組み合わせからなるので、LC振動回路という。電波の受信・発信回路などに使われている。

　電気振動という現象をエネルギーの視点から見ると、コンデンサーとコイルの間で電気エネルギーと磁気エネルギーがやりとりされている。これは、ばね振り子で運動エネルギーと位置エネルギーが互いに変換しあって振動が続くのに似ている。

4. 電磁波

イギリスのマクスウェルは、前節6-4で学んだファラデーの場の考え方を発展させ、電場と磁場の関係を4つの式にまとめた**マクスウェル方程式**を1864年に発表した。

そこにはこの章で学んできた、電荷の周りに電場が発生すること、電流の周りに磁場が発生すること、磁場の変化が電場を生むことなどが漏れなく含まれている。

マクスウェルは方程式をまとめる際に、電場が変化すると磁場が生じると仮定した。磁場が変化すると電場が生じるというファラデーの法則と対をなす関係である。

そしてこの方程式から導かれる1つの結論として、電場と磁場の変化が互いを誘導しあい、空間を伝わっていく波があることを予測し、これを**電磁波**とよんだ。電磁波の存在は後にヘルツの実験により証明された。

電場と磁場は真空の空間にもあるので、電磁波は真空中も伝わることができる。

電磁波は、コンデンサーとコイルからなる振動回路で発生させることができる。また、電子などの電荷が加速度運動をすると電流が変化し、それによって磁場も変化して電磁波が発生する。

マクスウェルの理論から電磁波の速さを計算すると、真空中で$3.0×10^8$m/sという値が得られる。これは光の速さに等しい。光が電磁波の仲間であることはこうしてわかったのだ。

5-3でも触れたように、電磁波は波長の違いによりさまざまな名称でよばれている（212ページ図5-3-18参照）。波長が0.1mmから100kmの電磁波は**電波**ともよばれ、テレビ放送や携帯電話で日々お世話になっている。

光も含めて電磁波は、進行方向に対して電場や磁場が垂直に

6-5 交流と電波

変化する横波である。テレビのVHFやUHFの地上波放送のアンテナは魚の骨のように細い導体の棒をすだれ状に並べてあるが、この棒を水平に設置する地域、鉛直に設置する地域がある。これは放送電波が特定の振動面をもった横波であるため、その振動面に合わせてあるからだ。アンテナの縦横を間違えるとほとんど受信できなくなる（図6-5-5）。

図6-5-5　UHFアンテナの向き

また電磁波は、反射や干渉、回折など、第5章で学んだ波の性質を示す。

高い建物のそばでは、テレビ画面にゴースト（像の影）が出ることがあるが、これは電波の反射と干渉の影響である。電柱やビルの屋上に設置された携帯電話の基地局のアンテナは、通常、複数本が1組になっていて、干渉による死角を極力減らす配慮をしている（図6-5-6）。

地球の大気圏の上層には**電離層**とよばれる領域がある。ある周波数帯の電磁波はこの電離層で反射されるので、これを利用

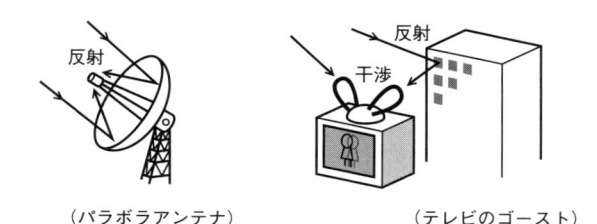

（パラボラアンテナ）　　　　（テレビのゴースト）

図6-5-6　電波の反射と干渉

して地球の裏側と電波で交信することができる。

電磁波は導体の表面でよく反射する。光を反射する鏡の反射面もうすい金属膜でできている。電波でもこの性質は顕著なので、導体で覆うと電磁波は中には伝わらない。これを**静電遮蔽**または**シールド**という。携帯電話やラジオがビルの中で受信しにくいのは、電波が鉄筋などで遮蔽されるからだ。トンネルや地下道内にも電波が届かないので、わざわざ中継用のアンテナを内部に設置したりする。

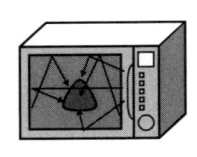

図6-5-7　電磁波のシールド

（電子レンジ）

電子レンジはマイクロ波とよばれる周波数2.45GHz（ギガヘルツ＝10^9Hz）の強い電波を庫内に照射して、振動する電場で食品中の水分子を強制的に揺り動かして分子運動を活発にし、食品の内部から熱を発生させる。だから水分を含まないものは加熱しにくい。

そんな強い電波がのぞき窓から漏れたら恐そうだが、よく見るとガラスの内側には金網がはってある。この電波の波長は約12cmなので、目の細かい金網なら十分反射できるのだ。これも静電遮蔽の応用だ（図6-5-7）。

以上が、問い3の解答である。

6-5　交流と電波

発電の種類と特徴・課題

コラム

水力発電　山沿いの川にダムをつくり、流域の水を溜める。この水で水車を回して発電する。有毒な廃棄物は出ないが、ダムに適した地形に限りがあり、ダムをつくることで周囲や川の流域の自然環境が変わってしまう。

火力発電　化石燃料を燃やしてつくった高温・高圧の水蒸気でタービンを回して発電する。燃焼時に生じる有毒な二酸化硫黄や二酸化窒素などはかなり除去できるが、地球温暖化の原因とされる二酸化炭素が大量に発生する。また、化石燃料は採掘量が限られている。

原子力発電　ウランなどの核分裂反応で発生した熱でつくった高温・高圧の水蒸気でタービンを回して発電する。核分裂反応で発生する放射線が漏れないよう、万全の安全対策が必要である。放射性廃棄物の処理に手間とコストがかかる。

風力発電　大きな風車に風を受けて発電機を回す。風まかせなので発電量が安定しないのが欠点である。

太陽光発電　太陽光を太陽電池で電気に変換する。その製造自体に大きな電力が必要なのが欠点である。

燃料電池　水素と酸素が反応して水ができるときに生じる電気を取り出す。現在開発中である。

太陽光発電と燃料電池はクリーンな電源として大規模な実用化が期待されている。これらは直流を発生するので、インバーターという回路で商用交流に変換する。

第7章

原子の中へ

ここまで力学、熱学、波動、電磁気学と物理の学習の旅を続けてきた。話がしだいに目に見えない世界におよび、抽象的になってきたので、そろそろ先行きに不安を感じている読者がいるかもしれない。見通しのない旅はつらいので、この先、本書で何を学んでいくのかを概観しておこう。

　そもそも物理学の究極の目的は、物質や宇宙の構造がどのようになっているのか、その起源は何かを探究し、「この世のしくみ」を解き明かすことである。それは、なぜ私たちがここにこうして存在するのかを問うことでもある。

　19世紀になって、原子や分子の存在が認められ、発展した力学や電磁気学によって、「この世のしくみ」のすべてがまもなく理解されそうだと思われた時期もあった。ところが皮肉なことに、理解が進むにつれてむしろ謎が深まった。19世紀末の電子や放射線の発見である。

　それは、「アトム」と名づけられ、これ以上分解できない究極の粒子であるはずの原子に、さらに内部構造があることを暗示した。やがて、原子は電子と原子核に分割できることがわかり、原子の究極性は根底からくつがえされた。さらに、そのミクロな原子の世界では、ニュートン力学や電磁気学だけでは理解できない現象のあることも示された。

　20世紀の物理学は、「量子力学」とよばれるまったく新しい運動法則の体系を築きあげていくという、厳しい試練が待ち構えていたのである。

　物理学はたびたびこうした波乱を経験してきた。

　本章では、19世紀末から20世紀半ばまでのさまざまな発見の歴史を振り返りながら、新しい物理学が形成されていった過程を紹介しよう。こうして、物質と宇宙の根源を求める旅は、さらに原子核から素粒子、クォークへと続くことになる。

7-1 電子と光

- ●問い1　テレビのブラウン管はどういうしくみなのだろう。
- ●問い2　とても小さな電子の質量を、どうやってはかったのだろう。
- ●問い3　紫外線でなぜ"日焼け"するのだろう。

　最近は薄型の液晶やプラズマのディスプレイが普及してきたが、テレビやパソコンのディスプレイには、長年「ブラウン管」が使われてきた。ブラウン管は、どういうしくみで文字や画像を表示するのだろうか。

　実はブラウン管の原理は、19世紀末に電子の研究に使われた装置とよく似ている。お茶の間のテレビと、100年あまり前の最先端研究の共通点を見てみよう。

　電子は原子を構成する粒子の1つだから、原子よりもはるかに小さく軽い粒子である。見ることさえ不可能なそんな小さな粒子の質量を、どうやってはかることができたのだろう。

　第5章で光の性質について学んだ。そこでは、光は回折や干渉や偏光という波に特有の性質を示すから、波動の一種だと結論づけた。たとえばCDの表面の虹のような模様は、その証拠の1つで、光の波動性は今も揺るぎない。

　しかし光は、波としては説明のできない奇妙な性質も示す。日焼けもその一例なのだが、それはどういうことだろう。

　20世紀の研究者たちは、光の矛盾した性質をどのように解決したのだろう。電子や光が活躍する、驚くべきミクロの世界の扉を開くことにしよう。

1. 陰極線

ブラウン管は、真空のガラス管の中で、陰極から陽極に向かって電子を放出・加速し、陽極にあけた穴から細く絞って射ち出す。この電子線を、ガラス面の蛍光膜にあてて光らせるしくみである。

ブラウン管は、1897年にドイツのブラウンが、各種の電気信号の観察に利用するオシロスコープとして発明した。

電子の正体がわからなかった当時は、陰極から放出された電子の流れを**陰極線**とよんでいた。今でもテレビ以外では、ブラウン管のことはCRT（Cathode Ray Tube）とよぶことが多い。陰極線管という意味である。

オシロスコープは、電子ビームの経路の左右上下に配置した平行電極に電圧を加えることで陰極線の進路を変え、信号波形

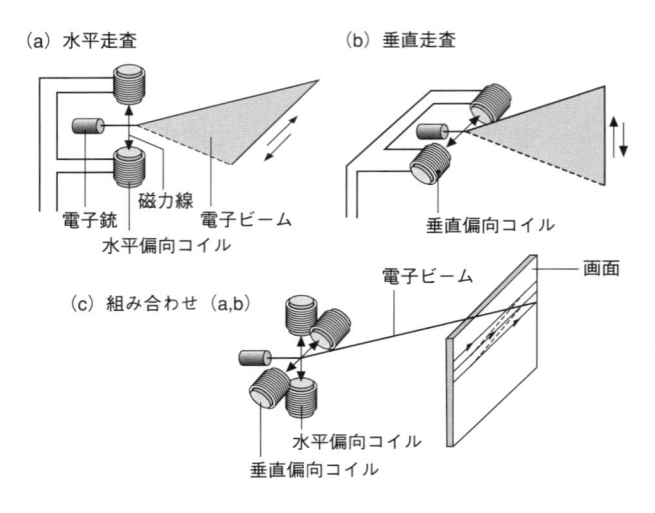

(a) 水平走査　　　　　(b) 垂直走査

(c) 組み合わせ (a,b)

図7-1-1　ブラウン管

7-1 電子と光

を描かせる。テレビのブラウン管も、コイルがつくる磁場によって陰極線をコントロールし、蛍光面上に画像を描き出す。

いずれも、負電荷の電子の流れが、電場や磁場から力を受けて曲がることを利用している（図7-1-1）。

これが問い1の答えだ。

陰極線の発見は、ブラウン管の発明より20年ほど時代をさかのぼる1876年のことだった。

電極間に高い電圧を加えると火花放電が起こる。1気圧の空気中では、長さ1cmの火花を飛ばすのに、約1万Vの電圧が必要である。これの大規模なものが雷だ。中の気圧を下げたガラス管内（放電管）では、もっと低い電圧で放電が起こるようになる（写真7-1-1）。

放電管内の気圧がそれほど低くないときには、気体の種類によって色の異なる放電現象が生じる。真空度が上がると、気体の種類とは無関係な放電になり、やがてガラス壁が蛍光を発するようになる。

この現象についてドイツのゴルトシュタインは、何か未知の

『新 物理実験図鑑』（講談社刊）より

写真7-1-1　真空放電

放射線が、陰極から飛び出して陽極に向かって進み、ガラス壁にぶつかってこれを光らせるのではないかと考え、これを陰極線と命名した。

2. トムソンの実験

前述のように、陰極線は電圧を加えると正極板に引きよせられる。また、磁場から力を受けて曲がる。これらのことから陰極線は負の電荷をもつことがわかる。そのほかにも、写真のフィルムを感光したり（**感光作用**）、イオンをつくったり（**電離作用**）する性質があることが、発見後まもなくわかった。

この陰極線の正体は何か、という難問に挑んだのはイギリスのトムソンだった（1897年）。

トムソンは、電極間の電場を強くすると陰極線が大きく曲がるので、陰極線は質量をもっているのではないかと考えた。ということは、陰極線が、何か微小な粒の集まりであることを暗示している。そこで、この粒子の流れに対して、電場や磁場の強さを変化させて、その曲がり具合を見ることで、その電荷や

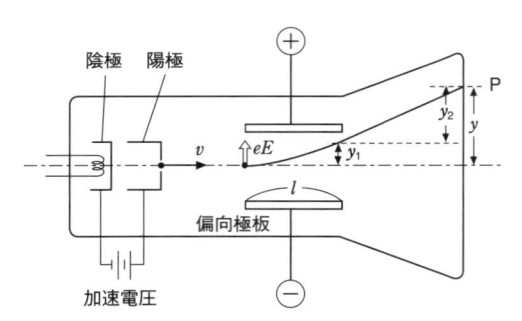

陰極線粒子は電場から力 eE をうけて偏向極板間では等加速度運動をする。
極板の通過時間は $\frac{l}{v}$ で求まる。極板をぬけると陰極線は直進する。

図7-1-2　電場による陰極線の曲がり

7-1 電子と光

質量を知ることができると期待した。

陰極線粒子の質量を m、電荷を e とする。図7-1-2のような装置で、電圧を加えた平行極板間に陰極線を導くと、陰極線粒子は電場 E から静電気力 eE を受ける。

この一定の力により、粒子は水平投射運動と同じような等加速度運動をし、放物線を描く。重力の影響は無視できる。

初速度 v と陰極線のずれ y から、力の大きさを割り出すことは比較的簡単にできる。ここから $\dfrac{e}{m}$（比電荷）がわかる。

粒子の初速度 v は次のようにして決定する。

互いに直交する電場 E と磁場（磁束密度 B）の中を、どちらにも垂直に、左から右へ陰極線が通過するように設定する。このとき、電場による静電気力は eE、磁場によるローレンツ力の大きさは evB である。

そこで、この2力がつりあうように E、B を調節すると、陰極線粒子は図7-1-3の向きに等速直線運動を行う。このとき、$eE = evB$ より、$v = \dfrac{E}{B}$ となり、陰極線粒子の速さを求めることができる。

これから前述の実験を経て比電荷 $\dfrac{e}{m}$ の値が求まる。

陰極線粒子の比電荷は、陰極の金属をいろいろ変えた測定で

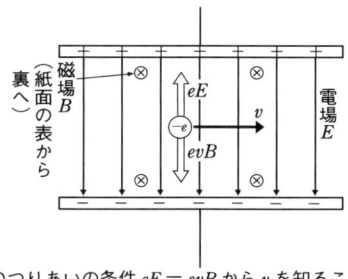

力のつりあいの条件 $eE = evB$ から v を知ることができる。

図7-1-3　電場と磁場の中を直進する陰極線

も、つねに一定値1.76×10^{11}C/kgだった。このことから陰極線は陰極の物質によらず、1種類の粒子からなることがわかった。しかもその比電荷は、それまで知られていたどのイオンのものよりも桁外れに大きかった。それは粒子のもつ電荷が巨大であるか、質量が極端に小さいからと考えられる。

比電荷の値がわかったので、電荷eか質量mの一方がわかれば、他方も求めることができる。もし陰極線粒子の質量mが、当時知られていたいちばん小さな水素原子よりも小さかったら、物質を構成する最小単位と考えられていた原子よりも小さな粒子が見つかったことになる。これは、それまでの物質観を根底からくつがえす一大事だ。

3. ミリカンの油滴実験

陰極線粒子の電荷eの測定に成功したのは、ミリカンで、1909年のことだった。

彼は図7-1-4のような装置に油滴を吹き込み、平行な2枚の極板間を落下する油滴を観測して、電子1個がもつ電気量(電気素量)eを割り出すことに成功した。

極板間に電圧を加えない場合、油滴は重力mgと空気の抵抗力を受けながら落下する。空気の抵抗力は、落下速度が小さい間は油滴の半径rと落下速度に比例する。したがって、油滴が落下し始めてしばらくすると、重力と抵抗力がつりあって、一定の速度で落下することになる。

この一定の速さをv_1、空気抵抗の比例定数をkとおくと、つりあいの式は、次のようになる。

$krv_1 - mg = 0$ ……(1)

霧吹きで小さい油滴をつくり、X線を当てると、油滴には空

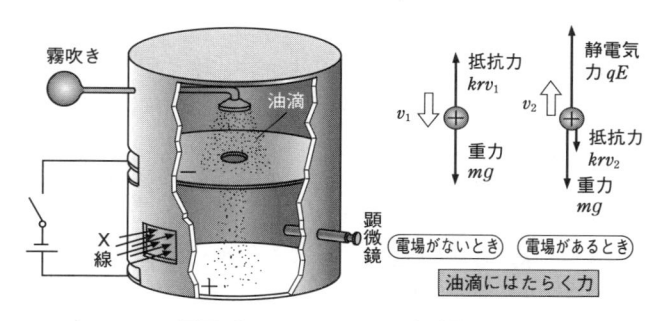

図7-1-4 ミリカンの実験装置

気の電離によって生じた正または負のイオンが付着する。イオンの付着により油滴が電荷 q を得ると、その油滴が極板間の強さ E の電場から受ける力は qE となる。この力が上向きで、油滴も上向きに移動しているときは、空気抵抗は下向きである。

これらの力がつりあい、油滴が一定の速さで上昇するときの速さを v_2 とおくと、つりあいの式は、

$$qE - mg - krv_2 = 0 \quad \cdots\cdots(2)$$

となる。(1)と(2)を使えば、

$$q = \frac{kr(v_1 + v_2)}{E} \quad \cdots\cdots(3)$$

となり、v_1、v_2 を測定すれば、油滴の電荷 e が求められる。

ミリカンは膨大な数の油滴の電荷のデータを整理して、電荷はつねに 1.60×10^{-19} C の整数倍になることを知った。つまり電荷は連続的に変化するのではなく、非常に小さいが最小単位 e があって、イオンなどの電荷も含め、世の中の電気量はすべてその電気量の最小単位の整数倍になっているのだ。

この値が第6章で学んだ電気素量である。この値 e が陰極線

粒子の電荷の絶対値だとすれば、多くのことがらが説明できる。

前述のように、陰極線粒子の質量 m は、比電荷 $\frac{e}{m}$ と電気素量 e の値より求められる。

$$m = \frac{e}{e/m} = \frac{1.60 \times 10^{-19} \text{C}}{1.76 \times 10^{11} \text{C/kg}}$$
$$= 9.1 \times 10^{-31} \text{kg} \quad \cdots\cdots(4)$$

こうして求められた質量は、いちばん軽い原子である水素原子の質量に比べても1840分の1という小さな値であった。こうして、原子よりも軽く、原子の構成要素と考えられる粒子「電子 electron」の存在が確定したのである。

以上が問い2の答えである。

この結果と、同じころに行われていたラザフォードらの原子核の探究実験とを合わせて、原子の構造は、中心にある重い原子核と、その周りにある軽い電子からなるということが、急速に受け入れられるようになっていった。

4. 光の粒子性

さて問い3である。紫外線は日焼けの原因で、お肌の大敵である。どうして紫外線で日焼けするのに、可視光や赤外線では日焼けしないのだろう。

図7-1-5のように、正に帯電させた箔検電器と、負に帯電させた箔検電器を用意し、それぞれの上によく磨いた亜鉛板をのせて、これに紫外線を照射する。すると、負に帯電させた箔検電器の箔

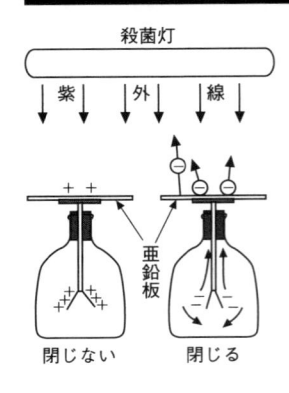

図7-1-5　光電効果

が閉じる。

これは、紫外線の照射によって大きな運動エネルギーを得た電子が、金属の外に飛び出していく現象と考えられる。この現象を**光電効果**といい、このとき飛び出す電子を**光電子**とよぶ。

図7-1-6(a)のような装置による光電効果の実験結果は、以下のように整理することができる。

①光の振動数が、金属の種類によって決まる特定の振動数 ν_0[Hz](**限界振動数**)より小さいときは、どんなに強い(振幅の大きい)光を照射しても光電効果は起こらない。ν_0 より大きい場合には、どんなに弱い光でもただちに光電子が飛び出す(同図 c)。

②放出される光電子のもつ運動エネルギーの最大値は、照射する光の振動数に比例して大きくなるが、振動数が一定なら、光の強さを増しても変わらない(同図 b)。

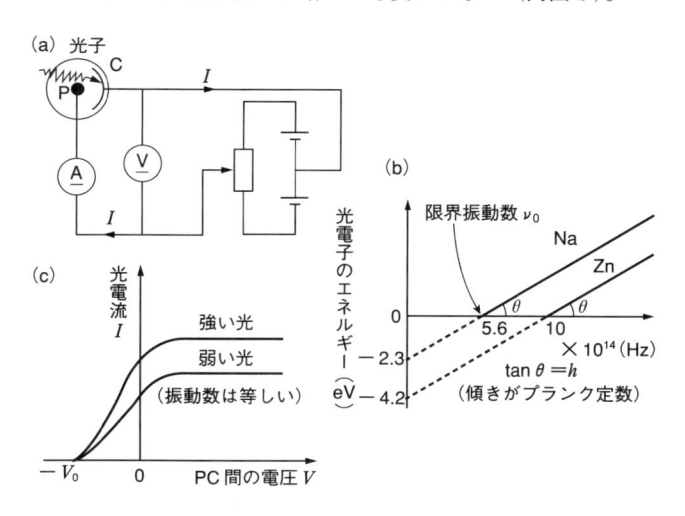

図7-1-6 光電効果の実験装置

③振動数を一定にすると、光電流は、陰極面に入射する光の強さに比例する（同図c）。

　光を電磁波という波動と考えた場合、波のエネルギーは振幅を増せば大きくなる。たとえ振動数の小さな（波長が長い）光でも、光を強くすれ（振幅を増せ）ばエネルギーが大きくなるので、光電効果が起こるはずである。

　しかし、実際には限界振動数よりも小さい振動数の光では、どんなに強い光を当てても光電効果は起こらない。赤色光や赤外線ではダメなのである。逆に、限界振動数よりも大きな振動数では、弱い光でも光電効果が生じる。

　これは、光を単なる波動と考えたのでは説明がつかない。はたして光の正体は何なのだろうか。

　アインシュタインは1905年に、かつてプランクが提唱していた**光量子仮説**をもとに、後にノーベル賞を受賞することになる「光電効果の理論」を発表した。彼の説明はこうだ。

　光の振動数を ν[Hz]で表すことにする。光は、

$$E = h\nu \text{［J］} \quad h = 6.63 \times 10^{-34} \text{Js} \quad \cdots\cdots(5)$$

というエネルギーをもった多数の粒子の流れである。この粒子を**光子**（光量子）という。また、この粒子の運動の速さは光速 c[m/s]である。

　式(5)の比例定数 h は**プランク定数**という。1900年にプランクが、熱放射による電磁波の波長とエネルギーの関係を説明するために導入した定数だった。光と原子がやりとりするエネルギーが $h\nu$, $2h\nu$, $3h\nu$, …のように、$h\nu$ を単位とした不連続な値しかとらないことが指摘されていたのだ。

　さて、金属内の自由電子は、陽イオンから引力を受けているので金属外に出られない。しかし、金属の種類によって定まる

7-1 電子と光

ある値以上のエネルギー W[J]を自由電子に与えれば、この引力を振り切って電子を取り出すことができる。この W を**仕事関数**という。

1個の光子のもつエネルギー $h\nu$[J]は、衝突した電子1個にすべて与えられる。$h\nu > W$ のときには、飛び出す光電子の運動エネルギーは、

$$\frac{1}{2}mv^2 = h\nu - W \quad \cdots\cdots(6)$$

となる。$h\nu = W$ のときは、光電子が放出される限界で、そのときの振動数が限界振動数 ν_0[Hz]である。運動エネルギーの値は負にはなりえないから、$h\nu < W$ のときは光電子の放出は起こらない(図7-1-7)。

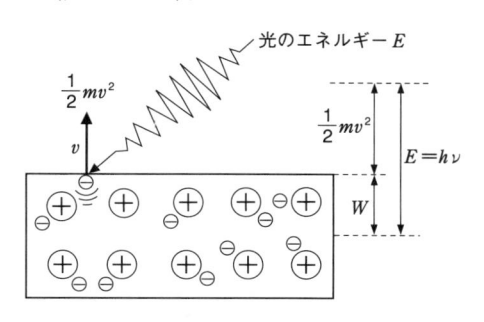

図7-1-7 光量子説による光電効果の説明

日焼けは、光子のエネルギーによって皮膚の細胞内に生じた化学反応で、細胞が損傷する現象である。そのような化学反応を生じるには、一定レベル以上のエネルギーをもった光子が必要なのだ。

紫外線は振動数 ν が大きいのでエネルギーが大きい。これに対して可視光線や赤外線の光子は、振動数 ν が小さいためエネ

ルギーが足りず、日焼けの反応の引き金を引くことができない。

　これが問い3の答えだ。意外にも、日焼けは光の粒子性を反映していたのである。

　アインシュタインは、光量子説を提唱して光電効果の矛盾を解決した。これにより、光には粒子性があることがわかった。しかし、光は回折や干渉を起こすなど明らかに波動としての性質ももっている。光は波動なのか粒子なのか……。光の二重の性質（二重性）という新たな難問が生じた。

5. 物質波の理論

　光の二重性に世界中の科学者が当惑した。そんな中で、ド・ブロイは、この二重性をミクロの世界の本質として受け止めた。

　光が電磁波としての波動性と、光子としての粒子性を併せもつなら、これまで粒子と考えられてきた電子や陽子などの物質粒子にも、波動性があるのではないか、と考えたのである（1924年）。これを**物質波**という。もし、この考えが正しいなら、たとえば運動する電子は、電子波として光が示すような干渉や回折の現象を示すはずである。

　高速に加速した電子を波動と考えると、その波長はきわめて短く、短波長のX線の程度である。すると、X線の場合と同様に、結晶に照射すると回折像が得られるはずだ。こうして1927年にデヴィッソンとガーマーが、1928年には菊池正士が、相次いで電子線の回折像の撮影に成功し、ド・ブロイの考えを裏づけた。

　こうして、ミクロな粒子のエネルギーEおよび、運動量pは、プランク定数hを仲立ちとして、物質波の振動数ν、波長λと、

7-1 電子と光

$$E = h\nu, \quad p = \frac{h}{\lambda} \quad \cdots\cdots(7)$$

という関係で結ばれることが明らかになった。

式(7)は、波動性と粒子性をつなぐ架け橋で、ミクロの世界の象徴である。電子や光子などミクロな世界の粒子の基本的な性質は、粒子でもあり波でもある。私たちはあるときは波動性に、あるときは粒子性だけに注目していたにすぎなかったのだ。

電子の波動性が確認されたことにより、**電子顕微鏡**の発明へと道が開けた。

顕微鏡は波長より小さなものを見分けることができない。従来の光学顕微鏡では、波長の長い可視光線を利用するのに対して、電子顕微鏡では電子線を用いる。電子を高速に加速すると、式(7)のEやpを増やすことになり、電子波の波長を可視光線よりずっと短くできる。したがって光学顕微鏡よりずっと小さなものまで観察できる（図7-1-8）。

現在では、原子の一粒一粒を見分けることができる高性能の電子顕微鏡も開発されている。

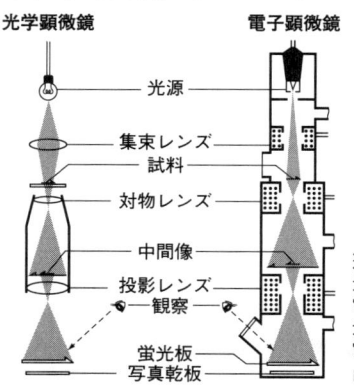

透過型電子顕微鏡では、光学顕微鏡の光源にあたるのが電子線発射装置。光を絞り込むレンズにあたるのが電子線を絞り込むコイル。

『岩波科学百科』（岩波書店刊）より

図7-1-8　光学顕微鏡と電子顕微鏡の原理

7-2　原子の構造

- ●問い1　かつて科学者たちは、顕微鏡でも見えない原子をどうやって「見た」のだろう。
- ●問い2　原子の構造はどうなっているのだろう。それはどうやってわかったのだろう。
- ●問い3　いろいろな種類の原子があるのはなぜなのだろう。

分子や原子を、直接、肉眼で見ることはできない。まして原子の内部構造は、どんな高性能の電子顕微鏡でも見ることはできない。1億分の1 cm、これが原子の大きさである。

それなのに、20世紀初頭の科学者たちは、原子の存在を信じ、なおかつその構造さえも解き明かしたのである。どうして原子の存在が信じられたのだろう。いったいどんな方法でそれを確かめたのだろう。そして原子はどんな部品で、どんな規則にしたがってつくられているのだろう。

水素、ヘリウム、リチウム、ベリリウム……「水兵リーベ……」と覚えた元素の周期表には、原子には100あまりの種類（元素）があると書かれている。そのような原子の〝個性〟はなぜ生じるのだろう。

自然現象はじつに変化に富んでいる。無数の原子が動き回り、集合・離散しながらひとときも休まず変化を続けていく。生物・無生物、人工・天然を問わず、森羅万象はことごとく、これらの原子が演じる集団行動に還元できるのである。

すべてのもののルーツ……「原子」を究める旅に出よう。

1. ブラウン運動

第4章で学んだように、分子が運動していると考えれば、気

体の圧力と温度と体積の関係などがうまく説明できた。しかし、分子が衝突を繰り返しながら動きつづける様子を、実際に見て確かめた人は誰もいなかった。

「原子のアイデアを用いると、こんなにうまくいくよ」と、いくら説明されても、こうすれば原子が見られるという「決定的な証拠」が示されなければ納得できないのは人情だ。だから、20世紀の扉が開かれるまで、「原子は直接見たり触れたりできないから、単なるアイデアにすぎない」と主張する原子論反対派の学者もたしかにいたのである。

では、誰もが納得するような、原子や分子が実在する決定的な証拠を、身近な現象を使ってうまく示すことはできないのだろうか。ここで登場するのがブラウン運動である。

発見者のブラウンは植物学者で、花粉を水に浸したとき、そこから出た微粒子が不規則に動くことに注目した（図7-2-1）。高倍率の光学顕微鏡で観察すると、水中の鉱物の微粉や、空気中の煙の粒子でも、同じような運動をしているのがわかる。したがって、この微粒子の運動は生命に起因するものではない。

微粒子のこの不思議な運動は、第4章でも触れたように、四

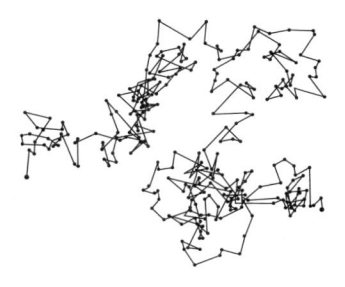

一定時間ごとの
ブラウン粒子の位置

図7-2-1　ブラウン運動

方八方から衝突を繰り返す水の分子が引き起こしたものだ。

アインシュタインは、気体分子の運動理論をもとに、ブラウン運動の理論を数学的に完成させた。その後、この理論はペランの精密な実験で確認された。

膨大な数の目に見えない原子や分子が、不規則な熱運動を行っていることが、こうして確かめられたのである。

いろいろな方法で計算した結果が、実験結果とよく一致した。そこで、原子・分子の存在は疑いのないものと考えられるようになったのである。

今日では、走査型トンネル顕微鏡（図7-2-2）や原子間力顕微鏡によって、原子の大きさの10分の1（水平方向）から1000分の1（垂直方向）の精度で、原子の存在を直接確かめることもできるようになった（写真7-2-1）。

図7-2-2　走査型トンネル電子顕微鏡の原理

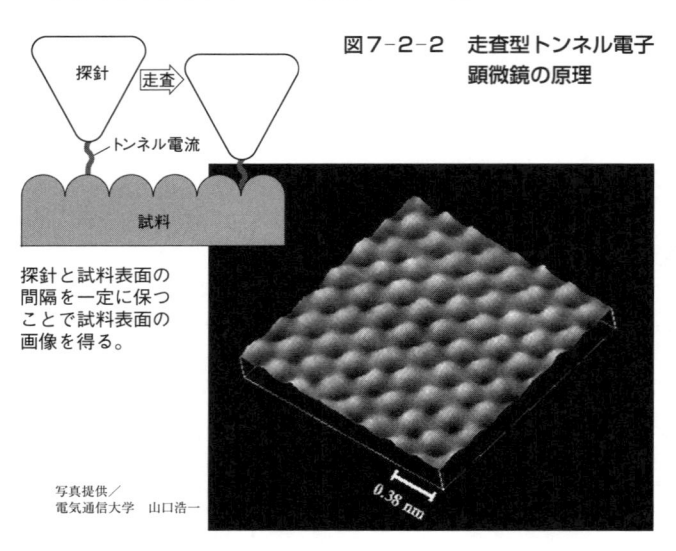

探針と試料表面の間隔を一定に保つことで試料表面の画像を得る。

写真提供／
電気通信大学　山口浩一

写真7-2-1　電子顕微鏡で見たグラファイト表面の炭素原子

さらに、原子や分子を見ながら物質を nm（10^{-9}m）のスケールで加工する究極の「ものづくり」も進められている。このような技術を**ナノテクノロジー**という。

原子は、初めは物理学の論理に基づいた「心の目」で、現代では電子の性質をたくみに応用した「技術の目」で「見る」ことができたのである。これが問い1の答えだ。

2. 原子の構造

原子の構造は、正の電荷をもつ陽子と、電荷をもたない中性子が組み合わさった芯（**原子核**）の周りを、負の電荷をもった電子が回っている。このような原子の構造は、もちろん目で見ることはできない。見えない原子の構造を、20世紀初頭の科学者たちがどうやって探っていったのだろうか。

原子そのものは電気的に中性だから、電子の負電荷を打ち消す正の電荷をもった「もの」がなければならない。原子の構造についてもいくつかの仮説が出されたが、ここでは2つのモデル、「土星型原子模型」と「スイカ型原子模型」を紹介していこう（図7-2-3）。

1903年に長岡半太郎は、土星の輪の安定性をヒントに、土星型模型を考えた。原子の中心に大きな質量をもつ正電荷の核があり、多数の電子が土星の輪のように公転しているというもの

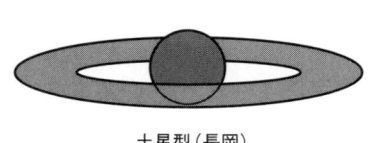

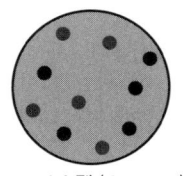

土星型（長岡）　　　　スイカ型（トムソン）

図7-2-3　原子の構造モデル

だ。一方、電子の発見者であるトムソンは、1904年に、大きさが約10^{-10}m程度の正の電荷が一様に広がった球の中に、数千個の電子がスイカの種のようにちりばめられて安定した状態にある、スイカ型模型を提案した。

この2つの模型のどちらが正しいのか。それは「厳密な実験」と、その実験を読み解く「うまい考え」の2つによって判定される。

1909年、ガイガーとマースデンは α（アルファ）線を原子にぶつける実験を行った。

α線は放射線の一種で、ヘリウム原子核の流れだ。そのα線を金箔にぶつけたところ、大部分のα粒子は金箔を通り抜けたが、ごく一部が跳ね返って大きく曲がった（図7-2-4）。

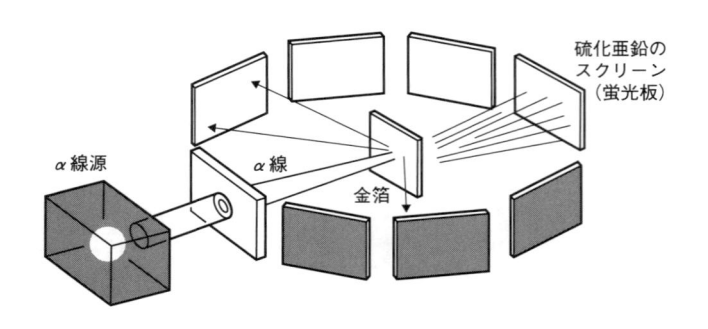

図7-2-4　ガイガーとマースデンのα線散乱実験

スイカ型の模型では、α粒子が、はるかに質量の小さな電子によって、このような大きな角度で跳ね返ることは説明しにくい。この実験結果から、原子の中心には正の電荷をもち、質量の大きな芯があることが推定された。

1911年、ラザフォードは原子核とα粒子の電気的な反発力

(クーロン力)によって、上の実験結果をみごとに説明した。「原子核は原子よりはるかに小さく、そこに原子のほぼ全質量と全正電荷が集中している」ことが突きとめられた。そして半径約100兆分の1（10^{-14}）mの原子核の周辺100億分の1（10^{-10}）mの範囲に広がって電子が分布するという原子の姿が確定した。

こうして、正電荷をもった小さくて大質量の原子核が中心にあり、その周囲に負電荷の小さくて微小質量の電子がものすごいスピードで回転しているという、太陽系のような原子のイメージができあがった。

3. ボーアの原子模型

しかし、このモデルには重大な欠陥があった。

電子の円運動はカーブを描くから、加速度運動である。電荷をもった粒子が加速度運動をすると電磁波が発生する。そうすると、原子核の周りを運動する電子はたえず電磁波を出し続けるから、しだいにエネルギーを失って、最後には原子核に向かって落ち込んでしまう。ニュートン力学と電磁気学にしたがった計算では、原子は1000億分の1秒というごく短時間で電子が落ちこみ、つぶれてしまうことになる。

この問題に立ち向かったのは、デンマークの物理学者ボーアである。彼は原子が結合して分子をつくる際の化学的性質を、電子の軌道運動によって説明しようとしていたが、やはり行き詰まっていた。

事態打開のヒントは、水素原子の**スペクトル公式**だった。

スペクトルとは、5－3で学んだように、光をプリズムなどで分光したときに見られる光の成分のことである。太陽光線や白熱電球の光なら、いわゆる虹色の光の帯（**連続スペクトル**）が見られる。太陽光線や電球の光には、あらゆる振動数の光が

連続的に含まれているからである。

しかし、放電管の中で原子が放つ光は、これとはまったく異なる**線スペクトル**を示す。原子が放つ光は、それぞれの元素に特有の決まった振動数のものに限られるのである。

たとえば、遠くの水銀灯を回折格子などを通して見ると、3〜4色の決まった色の光点が、とびとびに現れる。トンネルの照明などに使われるナトリウム灯の光は、オレンジ色の単色光で、他の可視光線成分は混じっていない。

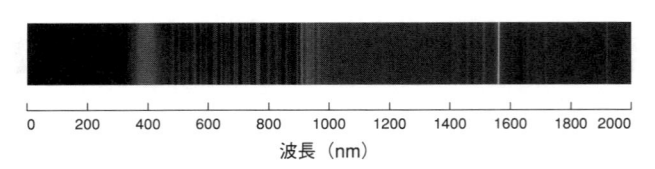

写真7-2-2　水素原子のスペクトル

とくに水素原子の線スペクトルの規則性は、かねてから注目されていた（写真7-2-2）。

それは、線スペクトルの振動数 ν が、n を任意の整数とするとき、$\frac{1}{n^2}$ という式がつくる数列の2項の差に、ある定数をかけたものになるという、顕著な数学的性質を示すのである。それを表現した式がスペクトル公式だった。

友人の分光学者からこの公式を示されたボーアは、まもなく、その意味を理解する。原子が放つ光の振動数 ν が規則的だということは、その光子のエネルギー $h\nu$ がとびとびの決まった値しかとれないということだ。それは原子の内部に規則正しい秩序、つまり定められた電子軌道があることを意味していた（図7-2-5）。彼は、そのことを次のような2つの条件として表現した。

7-2 原子の構造

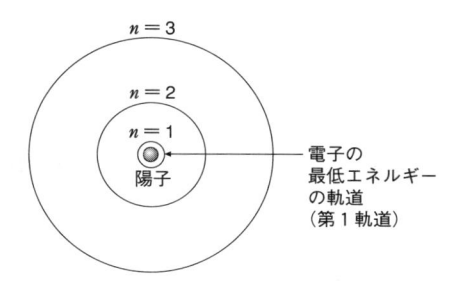

```
        n = 3
      n = 2
    n = 1
     ●          電子の
    陽子         最低エネルギー
                の軌道
                （第1軌道）
```

図7-2-5 ボーアの水素原子模型

（1）量子条件

原子核の周りを円運動する電子（質量 m）は、その速度 v および軌道半径 r が次式を満たす状態しかとることができない。

$$mvr = n\frac{h}{2\pi} \quad (n = 1, 2, 3, \cdots) \quad \cdots\cdots(1)$$

左辺は**角運動量**という量（98ページ参照）で、それがプランク定数 h を 2π で割ったものの整数倍になることを表している。角運動量という力学量が連続量ではなく、とびとびの値しかとれないということだ。これを**量子条件**とよぶ。式(1)は、

$$2\pi r = n\frac{h}{mv} \quad \cdots\cdots(2)$$

と書きかえることもできる。

mv は運動量 p なので、右辺は、前節で学んだ式(7)の電子の物質波の波長を整数倍した長さを意味する。左辺は軌道の円周である。つまり式(2)は、電子に許された運動状態は、軌道上に電子波の定常波ができる状態だけであることを示す。

（2）振動数条件と遷移仮説

量子条件により、電子のエネルギーはとびとびの決まった値

(**エネルギー準位**(じゅんい)という)しかとれない。

2つの整数 n、m について $n < m$ であるとき、低いエネルギー準位 E_n の電子が空席のときは、高いエネルギー準位 E_m から電子が乗り移る。その際に、

$$h\nu = E_m - E_n \quad \cdots\cdots(3)$$

というエネルギーをもつ光子が放射される。これは電子と光子の間のエネルギー保存の法則であり、**振動数条件**とよぶ。

こうして、放射される光の振動数 ν もとびとびの決まった値となり、線スペクトルが得られる。

こうしてボーアは、水素原子の大きさやスペクトル公式を、みごとに理論的に説明した(1913年)。

以上が問い2の答えである。

このように、ボーアの原子模型は古典力学から未知の量子力学への橋をかけた。

しかし、ボーアモデルも量子論成立までの過渡期的な模型にすぎない。たとえば、量子数 n で定まった特定の半径の軌道上に電子があるという仮説は、木に竹をついだような古典力学的解釈で、量子力学では成立しない。ただし、エネルギー準位の存在とその間の遷移で輝線スペクトルを導くという遷移仮説は、そのまま量子論へと引き継がれることになる。

4. 電子の配置と周期表

現在100種あまり知られている元素は、その化学的性質にしたがって**周期表**の形に整理されている。なぜ周期的に同じような性質の原子が現れるのだろうか。

周期表では原子を原子番号順に配列している。原子番号は中性原子がもつ電子の数で、原子核内の陽子の数もこれと等しい。

7-2 原子の構造

　電子は、内側からK殻、L殻、M殻、N殻……とよばれる軌道にあって、内側の軌道ほどエネルギーが低い。低いエネルギー状態ほど原子は安定なので、電子は、エネルギーがより低い内側の軌道から順に席を埋めようとする。

　原子が化学反応を起こすときに示す性質は、主としてその原子のいちばん外側の軌道（最外殻）にある電子の振る舞いによって決まる。実は、この最外殻軌道に電子が何個入っているかが、原子の周期的な性質の主な要因なのだ。

　1つの軌道に収容できる電子の最大数は決まっており、K殻には2個、L殻には8個、M殻には18個、N殻には32個……となる。内側から n 番目の軌道には $2n^2$ 個が入ることができる。

　また、1つの軌道に8個の電子が入ると、余席があっても、一応安定になるという性質もある。

　たとえば、原子番号3番のリチウムや11番のナトリウムは、最外殻に1個だけ電子をもつ。この孤独な電子は他の原子に奪われやすいため、これらの原子は電子を1つ失って1価の陽イオンになりやすい。

　逆に、フッ素、塩素は電子数がそれぞれ9個と17個で、ともに最外殻に7個の電子をもつ。これは満席またはきりのよい8個に1つ足りない状態なので、外から電子1個を補充して1価の陰イオンになりやすい。

　また、ヘリウム、ネオンは最外殻軌道が満杯、アルゴン、クリプトン、キセノンは最外殻電子が8個という特別に安定な状態で、普通は化学反応をしない。

　以上が、問い3の答えになる。さらに詳しく学びたい人は、本シリーズ化学編を読んでみてほしい。原子が互いにからみあいながら、ありとあらゆる現象を演じ、物質を組み立てていく化学の世界も、また奥が深くて魅力的なのである。

コラム 水素原子のエネルギー準位を求めてみよう

これまで学んだ物理の知識を総動員すれば、水素原子のサイズやスペクトルを計算で決定することができる。腕試しに、ボーアの原子模型にしたがって、水素原子のエネルギー準位を求めてみよう。

電子の質量を m、電荷を e として、速度 v で半径 r の円運動をしているものとする。円運動の向心力は、原子核と電子の間にはたらくクーロン力だから、円運動の運動方程式は2 – 3および6 – 1で学んだところにしたがって、

$$m\frac{v^2}{r} = \frac{1}{4\pi\varepsilon_0} \cdot \frac{e^2}{r^2} \quad \cdots\cdots(4)$$

となる。ε_0 は真空の誘電率である。

319ページの式(1)と式(4)から、電子の軌道半径(原子の大きさ)r_n が次のように求まる。

$$r_n = \frac{n^2h^2\varepsilon_0}{\pi me^2} \quad (n=1,2,3,\cdots) \quad \cdots\cdots(5)$$

電子のエネルギーは、運動および位置エネルギーの和として、

$$E = \frac{1}{2}mv^2 - \frac{e^2}{4\pi\varepsilon_0 r} = -\frac{e^2}{8\pi\varepsilon_0 r} \quad \cdots\cdots(6)$$

と求まる。ここでは式(4)の関係を使った。式(5)を代入すると、

$$E_n = -\frac{me^4}{8n^2\varepsilon_0^2 h^2} \quad (n=1,2,3,\cdots) \quad \cdots\cdots(7)$$

となる。こうして、不連続なエネルギー準位 E_n が導かれた。

正の整数 n を量子数とよぶ。$n=1$ の状態を**基底状態**といい、式(5)と式(7)にそれぞれ数値を入れると、

$$r_1 = 5.29 \times 10^{-11} \text{m} \quad E_1 = -2.18 \times 10^{-18} \text{J} \quad \cdots\cdots(8)$$

という値を得る。r_1はボーア半径、E_1は基底エネルギーとよばれ、普通の水素原子の状態を表している。これらが実測値とよく一致することは感動的でさえある。n が２以上の状態は**励起状態**とよばれる、よりエネルギーの高い状態である。

式(5)や式(7)は一見複雑だが、電子の軌道半径はボーア半径の n^2 倍すなわち１，４，９，…倍の数列に、またエネルギー準位は基底エネルギーの $\frac{1}{n^2}$ の数列になることを意味していることに注目しよう。

原子の状態はとても規則的なのだ。

7-3　原子核と放射線

- ●問い1　放射線とは何だろう。どこから来るのだろう。
- ●問い2　錬金術は本当に不可能だろうか。
- ●問い3　物質の中から莫大なエネルギーが取り出せるというのは本当だろうか。

19世紀末には、電子という「電気の素」の他にも、原子から飛び出してくる不思議な放射線がつぎつぎと発見された。壊れないはずの原子から小さな「もの」が飛び出してくることがわかって、原子はものの最小単位だという考えは大きく揺らいだ。そのきっかけをもたらし、同時に原子の内部を調べる有力な手段となった「放射線」とは何だろうか。それはどこから出てくるのだろうか。

それよりずっと昔、中世の錬金術師たちは、鉄やスズなどの卑金属から、金や銀などの貴金属をつくり出そうと夢中になっていた。かのニュートンも錬金術のとりこになったことがあるという。結局それらの取り組みは徒労に終わり、鉄から金はつくれなかった。だが、元素をつくり替える錬金術は、今でも夢にすぎないのだろうか。

原子力発電は、私たちの使う電気の3割を供給するまでになっている、新しい発電技術である。火力発電のようにものを燃やすわけでもないのに、どうやってエネルギーを取り出しているのだろう。

太陽あっての私たちの生活だが、あの太陽は真空の宇宙空間でどうやって50億年もの間「燃え続けて」いるのだろう。不思議と夢に満ちた物質の深奥に迫ろう。

7-3　原子核と放射線

1. 放射線の発見

　健康診断でおなじみのX線は、1895年にレントゲンによって偶然発見された。黒い紙でおおった放電管から、目に見えない何かが放射されて、そばにおいた蛍光物質を暗闇の中で光らせたのだ。彼はこの不思議な性質をもった放射線に、未知を意味する文字Xを冠して、X線と名づけた。

　X線は水や紙や木など密度が小さいものは容易に貫通するが、金属など密度が高い物質ほど貫通しにくい。X線を手にあてると、蛍光板上に手の骨の影が映るのを知ったレントゲンは、彼の夫人の手を写真乾板の上に置いて有名な「骨と指輪の写真」を撮った。

　骨が透けて見えるというこのホットニュースは、世界中をかけめぐった。レントゲン写真は医者や多くの人々から驚きをもって迎えられ、すぐに世界中に普及した。

　発見当時は正体不明だったが、今日ではX線は非常に波長の短い電磁波であることがわかっている。つまり電波や光の仲間だ。X線の波長は原子程度以下の長さなので、原子のすきまをすいすいと貫通して物質の奥まで達する。

　X線は強い透過性があり、ものを破壊しないでその内部を調べることができる。そこで人体のみならず、建物の亀裂や貴重な歴史的遺産の内部を透視する有力な検査手段となった。今日では、結核や胃ガンの検診に使われるX線写真をはじめ、最新技術の断層撮影に至るまで、X線による診断は医療に欠かせない技術になっている。

　X線のおかげで命拾いした人は数知れず、放射線の発見は、その最初から人類に多大の貢献をしたのである。レントゲンは1901年に第1回のノーベル物理学賞を受賞した。

レントゲンのX線の発見に影響されて、いろいろな元素がX線を出さないか調べられた。その過程でベクレルは、1896年に天然のウランから出る別種の放射線を発見した。

　キュリー夫妻は、ウラン以外にも放射線を出しているものがないかどうかを調べ、より強い放射線を出す放射性元素を探し求めた。その結果1898年に、ポロニウムと、強力な放射性元素であるラジウムを発見した。

　ラジウム１ｇの放射線は、０℃の水１ｇを１時間以内で沸騰させる。このエネルギーはいったいどこから出てくるのだろうか。この事実は、桁外れのパワーが物質の内部に潜んでいることを暗示していた。物質の深奥、原子核の世界への扉がこのとき開かれたのである。

2. 放射線とは何だろうか

　彼らが発見した放射性物質が放つ放射線には、磁場や電場の中での曲がり方から、３種類あることが明らかになった。正電荷をもったα線、負電荷をもったβ（ベータ）線、電気的に中性なγ（ガンマ）線の３つである（図７-３-１）。

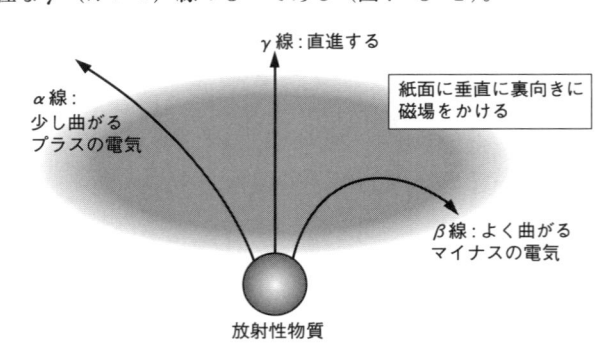

図７-３-１　磁場の中でのα線、β線、γ線の曲がり方

7-3 原子核と放射線

コラム　放射線と放射能

　放射線は、物質内部から放射される高エネルギーの粒子線または電磁波である。狭い意味では放射性元素の原子核内部に起源をもつα、β、γ線を指し、広い意味ではX線や高エネルギーの中性子線やイオン流も含む。

　放射能とは、物質が放射線を出す性質をいう。だから「この物質には放射能が含まれる」というのは間違いだ。「原発事故で放射能漏れ」というよくある表現も誤りで、「放射線漏れ」あるいは「放射性物質が流出」と言わなければならない。

　放射線の生体への影響は、おもにその電離作用による。放射線は生命活動のデリケートな化学反応を乱したり、遺伝子などの重要な構造を破壊したりする。透過性が強いγ線や中性子線などの放射線は、身体の奥にまで達して影響をおよぼすこともある。X線も例外ではない。

　実は、放射線の発見者たち、たとえばレントゲン、ベクレル、マリー・キュリーやその娘のイレーヌ・キュリーらは、研究の過程で、そうとは知らずに放射線をかなり浴びてしまい、多かれ少なかれ体をむしばまれて苦しんでいたのである。

　放射線は、医療や工業検査などに欠かせないものだが、人体に悪影響もおよぼすので、多量に浴びない注意が必要である。放射線防御の3原則は「距離・時間・遮蔽」、すなわち、放射線源から距離を置くこと、長時間浴びないこと、間にさえぎるものを置くことである。

　まもなく、α線は、電子の2倍の正電荷をもち、水素原子の4倍の質量をもつヘリウムの原子核が高速で飛び出してくるものであることが突きとめられた。

α線は、原子に衝突してこれをイオン化する電離作用は３つのなかでいちばん大きいが、透過性はいちばん弱く、厚紙１枚でさえぎることができる。

　β線は高速の電子線で、電離作用や透過性は中間である。１気圧の空気中を数m通過することができる。

　γ線は、X線よりもさらに波長が短い高エネルギーの電磁波であることが突きとめられた。γ線の電離作用はもっとも弱く、逆に透過性はいちばん強い。

　X線と違って、α、β、γ線は、天然の元素では放射性元素からしか放出されない。不安定な原子核が、より安定な状態へと変化するとき、これらの放射線が、余分のエネルギーとともに放出されることがわかってきた。これらの放射線は原子のもっとも奥にある原子核から出ていたのだ。

　以上が問い１の答えである。

　前節で紹介したように、これらの放射線は、発見後ただちに原子の構造の探究で活躍した。α線の散乱から原子核の存在を明らかにしたラザフォードの実験がその代表である。

　さらに、放射線が原子核の中から飛び出してくるなら、原子核にも構造があるということだ。放射線を放出した原子核はその後どうなるのだろう。

3. 原子核の変換（現代の錬金術）

　ラザフォードたちは、放射線が出てくる理由を懸命に追究した。その結果1902年に「不安定なウラン原子核は放射線を出して自然に別の原子核に壊れ、その原子核も放射線を出しつぎつぎと他のものに変わっていく」という革命的なアイデアに達した。原子核崩壊の理論である。それは原子が他の原子に変わるという錬金術的な提案だった。

7-3 原子核と放射線

ラザフォードは1919年に、α線を窒素原子核に衝突させ酸素原子核に変換させることに成功した（図7-3-2）。α粒子が窒素原子核に吸収され、陽子がはじき出される現象である。

これが人類最初の人工的な原子核の変換だった。

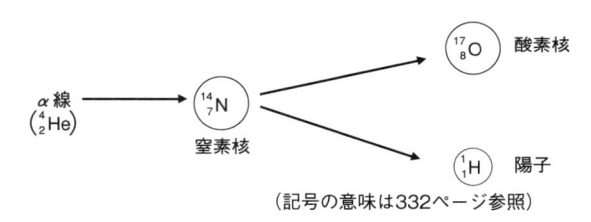

(記号の意味は332ページ参照)

図7-3-2　α線による窒素の酸素への核種変換

こうして、原子核にさまざまな粒子を衝突させて、望みどおりの原子核種を生成することが可能になった。その気になれば他の元素から金の原子核をつくることも可能だ。まさに「現代の錬金術」が実現したのである。

ところで、壊れないはずの「原子」が壊れてしまうとしたら、「不変な原子」を前提にしたそれまでの化学の成果は、いったいどうなるのだろう。化学反応でも原子は壊れるのだろうか。

実はその心配は無用である。化学反応は原子核の周りの電子が他の原子の電子と相互作用をした結果起こる。これに対し、原子核の崩壊現象は、不安定な原子核から原子核の構成要素の一部が解放されるような現象である。

原子核内の結合力は、化学的な結合力の100万倍も強いので、原子核の変換に伴って出入りするエネルギーは、化学反応のエネルギーの100万倍も大きい。だから化学反応では原子核はびくともしない。

ラジウムの出す放射線のエネルギーが、化学反応に比べて無

尽蔵に見えたのも、この桁違いのエネルギーのせいだった。

　中世の錬金術師たちの涙ぐましい努力がすべて徒労に終わったのは、もっぱらエネルギー不足のせいである。火を焚いたぐらいのエネルギーではお話にならなかったのだ。

　以上が問い2の答えである。

4. 中性子の発見

　原子は中性だから、その内部には負電荷の電子以外に、正電荷をもつ微粒子もあるはずだ。そう考えてラザフォードらは、放射線を原子核に衝突させて飛び出してくる粒子を調べた。

　当初彼らが期待したのは、電子と同じぐらい小さな質量の粒子であった。しかし確認できた最小質量の正電荷粒子は、水素の原子核だった。

　ラザフォードはこの正電荷粒子を、ギリシャ語で「最初」を意味するプロトン（proton）と名づけた。日本語では**陽子**とよぶ。

　陽子の電荷は、電子と厳密に同じで、電子とは反対の正の値をもっている。このため、陽子と電子が内部に同数あれば、原子は電気的に中性となる。そこで「原子は陽子と電子からなる」と当初は思われた。しかしそれもやや早計だった。

　中性原子がもつ電子数（＝陽子数）をその原子の**原子番号**という。周期表で元素の序列を決めている数である。水素は1、ヘリウムは2、リチウムは3……である。

　電子の質量は陽子の1840分の1しかないから、原子の質量は主として陽子の質量によるはずである。ところが、19世紀に判明していた原子の相対質量は、原子番号に比例しないのだ。水素原子の2倍であるはずのヘリウムは約4倍、3倍であるはずのリチウムは約7倍……という具合だ。

7-3 原子核と放射線

　陽子のほかにも、原子核を構成する粒子が潜んでいるのは確実だった。それが**中性子**である。

　電気をもたない中性子は、物質と相互作用しにくいため検出しにくい。それが陽子や電子に比べて発見が遅れた理由である。透明人間のように姿を現さない中性子を最初につかまえたのはチャドウィックである（1932年）。

　当時、ベリリウムの原子核にα粒子を衝突させると、何か電気的に中性で、高いエネルギーをもった粒子が飛び出してくることが知られていた（図7-3-3）。

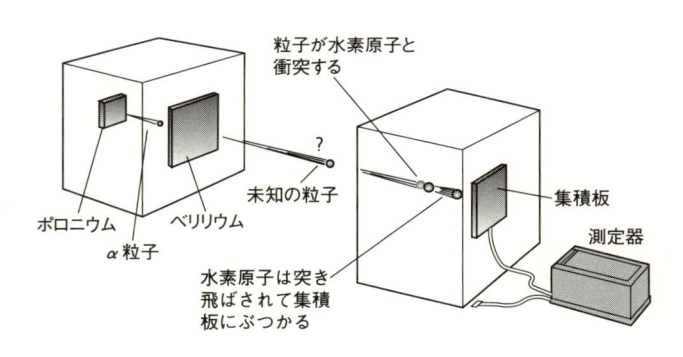

図7-3-3　中性子を発見したチャドウィックの実験

　この粒子は、周囲の原子にぶつかると陽子を勢いよくたたき出し、1回の衝突でその勢いをほとんど失う。その様子は、まるで机上の10円玉に別の10円玉を正面衝突させると、相手をはね飛ばして自分自身は止まるのと同じではないか。それなら、この粒子の質量は、たたき出した陽子とほぼ同じ質量だということになる。

　このようにして中性子が発見された。

5. 原子核のしくみ

中性子の発見によって、陽子と中性子からなる原子核モデルが確定した。陽子と中性子を合わせて**核子**とよぶ。陽子と中性子はほぼ同じ質量なので、原子の質量はそれらの総数、すなわち核子数にほぼ比例する。そこで、原子核内の核子数を**質量数**とよんでいる。

原子核の種類は**核種記号**という記号で表す（図7-3-4）。おなじみの元素記号の左上に質量数を、左下に原子番号を添えたものである。原子番号は元素記号を見ればわかるから、省略することもある。よび名は元素名のあとに質量数を添えることが多い。炭素12、ウラン235という具合だ。

陽子数（原子番号）＋中性子数＝質量数だから、核種記号やこれらのよび名から原子核の構成がわかる。

たとえばウランは92番元素（原子番号92）だから、陽子数は92個。したがって、ウラン235の原子核がもつ中性子数は、235－92＝143個ということになる。

陽子数（原子番号）が等しく、中性子数だけが異なる原子核

炭素12　　　　　　　　　● 陽子
　　　　　　　　　　　　○ 中性子
$^{12}_{6}C$

軽水素　　　重水素　　　三重水素　　　ヘリウム3　　　ヘリウム4

$^{1}_{1}H$　　$^{2}_{1}H$　　$^{3}_{1}H$　　$^{3}_{2}He$　　$^{4}_{2}He$

図7-3-4　原子核の構成と核種記号

をもつ原子を、互いに**同位体**(アイソトープ)という。同位元素とよぶこともある。

原子の化学的性質は、中性原子のもつ電子数でほぼ決まる。同位体の原子は質量が異なるが、電子数が等しいから化学的性質は同じで、周期表では同じ元素に分類される。

たとえば図7-3-4で軽水素、重水素、三重水素は、いずれも電子を1つしかもたないから、水素という元素の仲間として分類される。しかし三重水素は軽水素の約3倍の質量があって、ヘリウム3より若干重いのだが、それでも水素なのである。

元素の周期表を見ると、原子量という原子の相対質量が記載してある。質量数に近い数字を示すものも多いが、元素のいくつかは、ずいぶん中途半端な原子量である。これは原子量が、その元素に分類される何種類かの同位体の、相対質量の平均値だからだ。この平均値は、それぞれの同位体の原子が存在する個数の比率を考慮して求める。

たとえば塩素の原子量は35.45だが、これは質量数が35と37という2つの同位体があって、それぞれ76%と24%という存在比に応じた相対質量の平均値を示しているのである。

6. 原子核反応(新しい原子核をつくる)

α粒子を原子核にぶつけると、その衝突によって原子核から高いエネルギーの陽子や中性子が飛び出してくる。

たとえば先に紹介した、ラザフォードによる世界初の人工原子核変換は、

$$^{14}_{7}\text{N} + ^{4}_{2}\text{He} \rightarrow ^{17}_{8}\text{O} + ^{1}_{1}\text{H}$$

という原子核反応だった。

このような式を原子核反応式という。$^{1}_{1}\text{H}$は水素原子核すな

わち陽子だ。反応は左右両辺で電荷と核子数が等しくなるように起こる。

こうして、反応の結果生じた陽子や中性子などをさらに別の原子核にぶつけることによって、さまざまな原子核の実験を行うことができる。とくに中性子は電荷をもたないため、原子核からの電気的な反発力を受けることがなく、原子核に衝突・吸収させやすい。

また、質量数の大きなウラン原子核に質量数の小さな原子核を衝突させることによって、天然には存在しないような、ウランより質量数の大きな原子核（超ウラン原子核）をつくることもできる。

このようにして、陽子と中性子のさまざまな組み合わせの人工的な原子核がつぎつぎと生成され、それぞれの核の性質を詳しく調べる実験が行われた。

7. 核エネルギーを取り出す

最後に問い3に答えよう。

原子力発電、また太陽のエネルギーの源など、原子核の内部には莫大なエネルギーが潜んでいることは、これまでにも耳にしたことがあると思う。これをうまく取り出すことができれば、夢のエネルギー源となるだろう。

原子核をつくる陽子と中性子の結合状態の変化によって放出されるエネルギーを核エネルギーという。

核エネルギーを取り出す方法は主に2つある。質量数の大きな原子核を壊してエネルギーを取り出す**核分裂**と、逆に質量数の小さな原子核を融合させてより質量数の大きな原子核をつくる**核融合**だ。

壊しても、くっつけてもエネルギーが取り出せるのは、どう

7-3 原子核と放射線

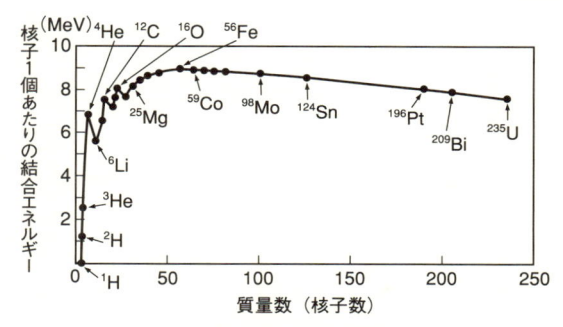

図7-3-5 核子1個あたりの結合エネルギー

してだろう。

図7-3-5のグラフは、核子1つあたりの結合エネルギーを表している。結合エネルギーが大きいほど、核子どうしがしっかりと結びついた安定な原子核ということになる。

グラフは質量数56の鉄をピークに、両側が低くなっている。ウランのように質量数が大きい原子核は、分裂して質量数の小さな原子核になったほうが安定になれる。これが核分裂だ。

一方、水素のように質量数の小さな原子核は、結合してより質量数の大きな原子核をつくることでさらに安定になれる可能性がある。これが核融合だ。より安定な状態に移るときに、その結合エネルギーの差の分だけのエネルギーが、核エネルギーとして外に取り出せるのである（次ページ図7-3-6）。

核分裂では、1回の分裂で2、3個の中性子が外に放り出される。それらは水などの陽子と衝突させると減速されて、また別なウランに吸収され核分裂のきっかけとなる。こうして、つぎつぎに核分裂を起こすのが**連鎖反応**である。この連鎖反応をコントロールしてエネルギーを取り出すのが原子炉である。

核分裂の生成物である原子核の断片は大きな運動エネルギー

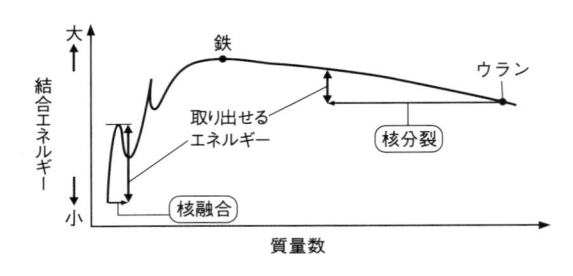

図7-3-6　核融合と核分裂で取り出せるエネルギー

をもっていて、それがやがて熱として周囲の水に与えられる。こうして「沸かした」水の水蒸気でタービンを回して発電する。お湯を沸かす熱源が原子炉からの熱だというだけで、発電機を回すしくみは火力発電と変わらない。

　連鎖的な核分裂や核融合をいっさい制御せずに、爆発的に暴走させるものが核兵器（原子爆弾や水素爆弾）であり、広島と長崎に投下された。悲劇的なこの事実は重大な過ちとして、科学と人類の歴史に永遠に記憶されるだろう。核エネルギーの平和的利用のためにも、私たちはしっかりとした知識とそれに基づく正しい判断力を身につける必要がある。

　一方、私たちの生命活動を支える太陽のエネルギー源は核融合だ。太陽の主成分は、宇宙でもっともありふれた元素、水素である。太陽の中心部の高温・高圧のもとでは、水素原子核がもとになって核融合反応でヘリウム原子核がつくられる。このとき、余分なエネルギーが熱となり、さらに光のエネルギーとなって外に出てくる。これが太陽の光だ。

　夜空の星々（恒星）の多くも太陽と同じしくみで光っている。水素を使い尽くすと、その燃えかすのヘリウムを核融合させてさらに重い元素をつくり、エネルギーを生むことができる。こ

うして鉄までの元素は、恒星の中心の核融合反応でつくられる。

　鉄より重い残りの元素は、大きな恒星の最期をかざる超新星爆発の際に一気にまとめて合成され、宇宙空間にまき散らされる。あとは放射性崩壊によって他の元素に変わり、長い時間をかけて周期表の空欄を埋めていくと考えられている。

　宇宙の元素はこうして合成された。つまり私たちの身体をつくる原子たちも、かつて一度は夜空の星として輝いていたことになる。私たちは星くずの集まりだったのだ。

第8章
現代の物理へ

これまで、私たちはさまざまな「もの」の性質について学んできた。物体の運動を支配する法則、保存の法則にしたがうエネルギーや運動量、熱の正体、そして波の性質とその規則、さらには電気・磁気の振る舞いなど。ついには物質の深奥の原子のつくりまでをも見てきた。

　では、物理で扱う対象（もの）は、これですべてなのか。未知な世界はもう残されていないのだろうか。

　ガリレイやニュートンたちが活躍した17世紀には、物理学の対象は石ころや金属のような「無機物」だった。しかも化学変化のように物質そのものが変わってしまうのではなく、場所の移動や形、密度など外見上の変化に限られていた。

　しかし時代が進み、原子まで対象とするようになると、化学反応さえ、原子の組み合わせの変化として、物理学の扱う世界になってきた。また、それまで別々に扱われていた電気と磁気が「電磁気学」としてまとめられ、さらに「光学」もそこに含まれるようになった。「熱学」も分子の運動を通して「力学」と結びつく。

　このように自然科学は時代とともに、より細かく分かれていく一方、共通の要素が見つかると、それまで別の分野とされていたものが融合されることも起こる。

　20世紀に入ると、技術の進歩に伴って実験の精度も上がり、物理学は再び大きな飛躍の時を迎える。原子よりも小さな世界にまで分け入り、また光の速さに迫るほどの速い運動を扱おうとしたとき、自然はそれまで私たちがイメージしていたのとまったく違う「不自然」な姿を見せるようになった。

　20世紀の科学者たちは、その姿に当惑しながらも、新しい物理学を築いていったのである。それでは、その小さく、そして速い世界の扉を開いてみることにしよう。

8-1 ニュートンからアインシュタインへ

1. アインシュタインが開いた2つの扉

20世紀の扉が開かれるまさにそのとき、物理学の巨匠であったケルビン卿は「19世紀の物理学にかかる2つの暗雲」と題した講演をした。

当時、万能と思われていた物理学でも説明できない現象を、ケルビンは「暗雲」とよんだのである。それは次の2つの現象だった。

①高温物体から出る光（**熱放射**）の理論の**破綻**
②光の媒質であるエーテルが検出されないこと

第1の暗雲は、鉄は熱くなるとなぜ色が変わるのか、ということと関係している。

鉄を熱していくと、温度が低いうちは黒っぽい。1000℃くらいでは赤っぽくなる。やがて1500℃にもなると白く（まぶしく）光り輝く。鉄だけでなく、物体は熱すると光り輝き、さらに高温にすると光の放射はますます強くなる。その色も赤色から白色を経て青みを帯びてくる。

物体から出てくる光（熱放射）がなぜ温度とともに変化するのか、その秘密を明らかにしようと、多くの物理学者が古典物理学（電磁気学や熱力学）を武器にチャレンジしたが、なかなかうまくいかなかった。

たとえば、レーリーとジーンズの計算結果では、振動数が小さいときはいいが、大きいところでは出てくる光のエネルギーが無限大になってしまう。また温度と色の関係もお手上げの状態だった。ヴィーンが提唱した式はかなりいい感じだったが、振動数の小さな領域（高い温度での赤外線の領域）では、観測

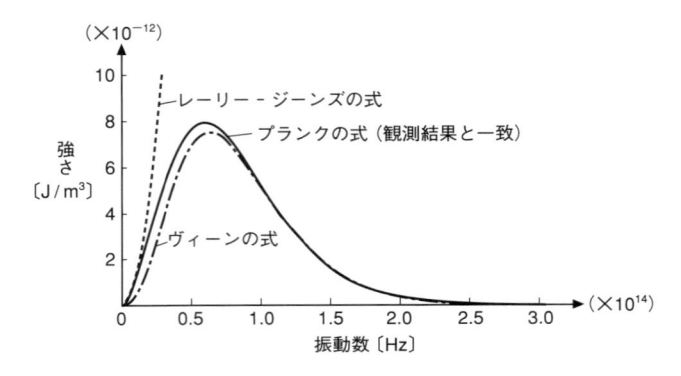

図8-1-1　放射の強さと振動数の関係

結果とは十分な一致が得られなかった（図8-1-1）。

この問題をまったく新しいアイデアで解決したのがプランクだった。彼は光（電磁波）を放出したり吸収したりするとき、そこで出入りするエネルギーは、塊1つ、2つというように必ずある決まった量の整数倍だと仮定した。

それまでエネルギーは連続的に自由な値をとれると思われてきたが、プランクはそうではないと言い出したのである。

第7章でも紹介したように、プランクが導入したこの「エネルギー量子」の意味を正しく理解し、光の粒子性へと発展させたのがアインシュタインである。その考えはやがてボーアに引き継がれ、彼の原子模型として結実する。これ以降、ミクロの世界では「量子」という言葉がキーワードになっていく。

つぎに「光の媒質であるエーテルが検出されない」という第2の暗雲について説明しよう。

第5章で学んだように、光は干渉や回折を示す。光が波である証拠だ。波である以上、音波を伝える空気のように、光を伝

8-1 ニュートンからアインシュタインへ

える媒質がなければならない。当時の物理学者は、その未発見の媒質をエーテル（aether）と名づけた。

光は宇宙の至るところから地球にやってくる。このことは、この宇宙にはエーテルが充満していることを示している。エーテルという大気の中に、地球も含めて星々が漂っていると考えたのだ。地球は公転や自転と複雑な運動をしているから、地上ではエーテルの風向きがつねに変化する。

音速は空気に対して一定で、風下に向かう音速は、風に乗ってその分、速くなる。これと同じように、光の速さはエーテルに対して一定（約 3×10^8 m/s）だから、エーテルの風向きが変化する地上では、光の速さにも違いが出るのではないか。このような着想のもと、当時さまざまな実験が繰り返された。

なかでも 10^{-8} という驚異的な精度で実験に挑んだのが、マイケルソンとモーレイである（1887年）。その実験の原理を説明しよう（図8-1-2）。

測定のポイントは次の3点だ。

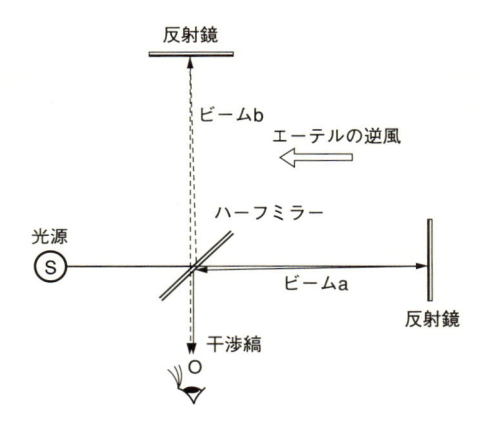

図8-1-2　マイケルソンの干渉計

①光源Sから出た光は、半透明鏡（ハーフミラー）で2つのビームa、bに分かれる。
②ビームaの方向を地球の公転方向にとれば、ビームaは静止エーテル中を突っ切って進むことになり、秒速30kmという地球の公転速度に等しい「エーテルの逆風」を受ける。
③2つのビームの所要時間に差が出れば、それはエーテルによるものであり、この差からエーテルに対する地球の動きが測定できる。

　この実験は期待される光速の変化を十分に検出できる精度だったが、測定結果は予測値の80分の1しかなかった。すなわち「地球はエーテルの逆風を受けない」「地球はエーテルに対して動いていない」など、天動説の復活を思わせるものだった。
　実験の精度が悪いのではないか。もっと巧妙な実験を考案すべきだ。エーテルの風が吹かない理由があるに違いない。……謎は深まるばかりであった。

2. 時間と空間の融合（相対性理論の世界）

　「光と同じ速さで飛ぶ魔法の箒に乗って周りの世界を見たら、どんなふうに見えるだろう？」アインシュタインは幼いころからこんな想いに心を奪われていたという。
　「光速に近い速さで走ったら、周りにどんな世界が広がるのか」について述べたのが**特殊相対性理論**（1905年）だ。ここでその世界を少しだけのぞいてみよう。
　光の媒質としてのエーテルが検出できないという予想外の結果に対して、アインシュタインは、実験結果を素直に受け入れ、エーテルは存在せず、また地球の運動状態にかかわらず光

8-1 ニュートンからアインシュタインへ

の速度は一定であるとした。

さらにアインシュタインは、この光速度一定を原理(出発点)として、新しい理論を組み立てていく。

光速の半分の速さで走る車から光を眺めたら、光はどのように見えるだろう。これは相対速度の問題だ。

光の速さを c で表すと、「$c - \dfrac{c}{2} = \dfrac{c}{2}$ だから、光の速さは $\dfrac{c}{2}$ になる」というのが、これまで学んできたニュートン力学での答えだ。

しかしアインシュタインは、光の速さはいつも c で不変だと主張する。観測者がどんな速度で動いていようとも、光の速さは必ず c になるというのが光速度不変の原理だ。

これは私たちの常識に反している。たとえば運転中の車から見た「見かけの速さ」は、対向車なら足し算、追い越しなら引き算になるのが常識だ。常識にマッチした力学がニュートン力学だった。だとすると、この「非常識」な光速度不変を原理とする以上、ニュートン力学をあきらめざるをえないことになる。では、アインシュタインは、どのようにこの難題に挑んだのだろうか。

第2章で学んだように、ニュートンの運動の法則は、慣性の法則が成り立つ世界(慣性系)を基準としていた。慣性系に対して一定の速度で運動している座標系もまた慣性系である。

ここでは、次ページの図8-1-3を頼りに、ある慣性系(O系とする)と、これに対して一定の速度 v で運動している別の慣性系(O′系とする)との関係を求めておこう。

x' (O′系の値) $= x$ (O系の値) $- vt$ ……(1)

$y' = y$、$z' = z$ ……(2)

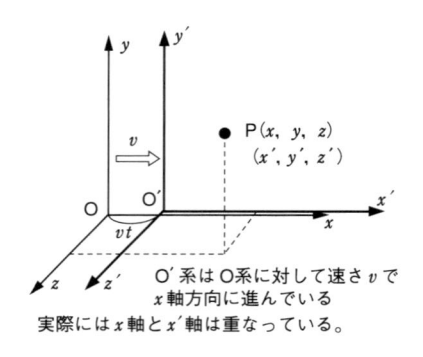

O′系は O系に対して速さ v で
x 軸方向に進んでいる

実際には x 軸と x' 軸は重なっている。

図8-1-3　O系とO′系との関係

$t' = t$ ……(3)

　これがニュートン力学での座標変換式だ。

　O′系は好きな方向に等速度で移動してかまわないが、ここでは話を簡単にするため、x 軸方向に等速度 v で移動するとした。一定速度 v で運動している座標系（O′系）から見ると、t 秒間に動いた距離 vt の分だけ対象物の位置（点 P の x 座標）がずれて見えることになる。式(1)がそのことを表している。

　さて、ここでなぜいちいち「$t' = t$」と断る必要があるのだろう。「当たり前じゃないか。時間はどこでも同じだ」と思われるかもしれない。ところが、光速度不変というアインシュタインの世界では、それが当たり前ではなくなる。

　光速度不変の世界では、時間が観測者によって違ってくる様子を、簡単な例で考えてみることにしよう。アインシュタイン自身が用いた例である。

8-1 ニュートンからアインシュタインへ

> プラットホームに沿った2点A、Bで落雷があったとする。プラットホーム上にいる人から見て、その落雷が同時であったとき、列車に乗っている人から見ても、その落雷が同時に起こったといえるか（図8-1-4）。

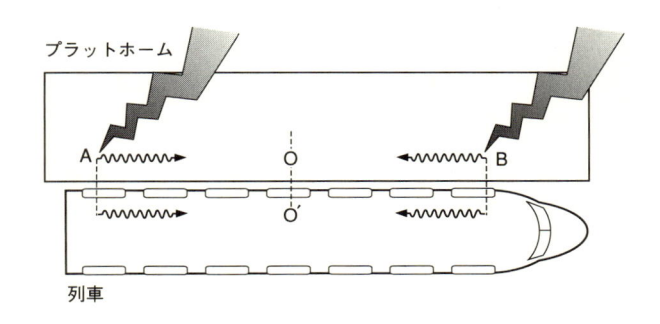

図8-1-4　ホーム上と列車中で同時に落雷を観測する

プラットホーム上A、B点の中点Oにいる人から見て、2つの落雷が同時に起こったということは「A、Bから出た光が中点Oで出会う」ことを指している。では、列車に乗っている人にはどのように感じられるだろう。また、列車が止まっている場合と動いている場合ではどうだろう。

落雷のあった場所は、車中、ホームともにA、Bであり、その場所は変わらない。列車の2点A、Bの中点をO′として、以下の2つの場合を考えてみよう。

(1) 列車が止まっている場合

ホーム上の中点Oと車中の中点O′はつねに一致するから、落雷A、Bによる光は、車中でも同時にO′に届くだろう。つまり点OとO′にいる人には、2つの落雷は同時に起こってい

ると感じられるのである。

(2) 列車が動いている場合

列車が速度 v で、右向きに等速運動している場合を考えてみよう。

光は非常に速いが、その速さは無限大ではない。落雷による光が中点 O' に届く間に、中点 O' は B 方向に進んでいる。つまり中点 O' にいる人は、その場にたたずんで待っているのではなく、Bからの光は迎えに行き、Aからの光からは逃げることになる（図8-1-5）。

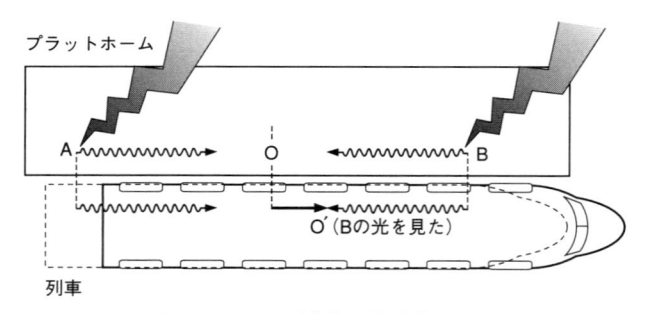

図8-1-5　列車中の人が感じる光

したがって中点 O' にいる人は、Aからの光よりもBからの光のほうを、より早く受けとる。つまり右向きに等速運動している列車に乗っている人は、落雷Bのほうが A よりも先に「落ちた！」と感じることになる。

このように、ある慣性系（プラットホーム上）では同時に思われる出来事も、別の慣性系（列車中）では同時でない、ということが起こりうるのだ。つまり光速度不変の原理にしたがうと、すべての慣性系を貫く同時性はなく、慣性系ごとに違った時間が流れていることになる。

8-1 ニュートンからアインシュタインへ

詳しい説明は省くが、光速度不変の原理から求めた「慣性系の間の座標変換式」を示しておこう。x'、t'はそれぞれO系に対して速度vで運動している座標系（O′系）での座標と時間である。

$$x' = \frac{x - vt}{\sqrt{1 - \left(\dfrac{v}{c}\right)^2}} \quad \cdots\cdots(1)'$$

$$t' = \frac{t - \dfrac{v}{c^2}x}{\sqrt{1 - \left(\dfrac{v}{c}\right)^2}} \quad \cdots\cdots(3)'$$

これから、運動している座標系では、進行方向に長さが縮み、また時間の進み方も遅くなるという、相対論的性質が出てくる。

このように長さも時間も、その尺度は慣性系によって変わることになる。ともに、ニュートン力学では見られない、光速度不変の原理から導かれる、特殊相対性理論の大きな特徴である。

$\dfrac{v}{c}$が非常に小さいとき、両式はそれぞれ式(1)(3)で近似できる。すなわち、観測者の動きが光速度cに比べてゆっくりしているときは、ニュートン力学が成り立つとして構わないことになる。

こうしてアインシュタインは、力学と電磁気学を矛盾なく包含した新しい物理学の体系を築いたのである。

アインシュタインはまた、彼の特殊相対性理論の結論の1つとして、質量mの物体が速度vで運動しているとき、そのエネルギーが、

$$E = mc^2 + \frac{1}{2}mv^2 + \cdots \quad \cdots\cdots(4)$$

となることを導いた。右辺第2項はニュートン力学で運動エネルギーとよんでいたものである。

注目すべきは右辺第１項で、これは、速度vが０（第２項が０）であっても、物体はエネルギーをもつことを意味する。この項は**静止エネルギー**または**質量エネルギー**ともよばれている。

　cは光速度で3×10^8m/sという大きな値だから、静止エネルギーの項の存在は、巨大なエネルギーの出入りがあれば、物体の質量が減ったり増えたりする可能性、あるいは質量が消滅して莫大なエネルギーを生む可能性を示唆している。

　核反応で放出される膨大なエネルギーは、この式に隠されていたのだ。

8-2 量子力学への道

1. 驚くべき極微の世界（量子論の世界へ）

第7章で、ミクロな世界でのいくつかの驚くべき発見を述べた。陰極線の正体としての電子の発見、それまで波だと考えられていた光が実は粒子（つぶ）としての性質をも有していたこと、逆に、電子のように粒子と考えられていたものにも、波の性質があること、さらに、物質の最小単位だと考えてきた原子に構造があり、電子と原子核からつくられていることなどだ。

ミクロな世界では、身近な（マクロな）世界の常識では考えられない不思議な現象が見られる。20世紀の物理学の歴史は、このミクロな世界を支配する法則の探究の歴史だった。

第7章で学んだように、光は粒子だという光量子仮説を用いて、光電効果を解明したのはアインシュタインである。彼は、プランクによって導入されたエネルギー量子という「1つの見方」に、物理的な意味を与えた。エネルギーを運ぶ担い手としての光そのものが粒子だというのである。

しかし、ヤングによって光の干渉性が示されて以来、光の波としての性質は疑いのない事実であった。「光はエーテルを媒質とする波」が、当時の常識だった。したがって、プランクやアインシュタインによって提唱された「光の粒子性」には、根強い反発があったのである。

この光の粒子性を確定的にしたのが、コンプトンによるX線（光子）と電子の衝突（電子によるX線の散乱）実験だった（1923年）。

彼の実験は、ある波長 λ のX線を物質に当てて、ある角度 θ で散乱されるX線の波長 λ' を調べるというものだ。

X線を古典的な波と考えると、散乱されたX線の波長 λ' が角度 θ によって決まる特定の値に変化することは説明しにくい。ところがコンプトンは、X線がエネルギー E と運動量 p をもつ粒子で、

$$E = h\nu, \quad p = \frac{h}{\lambda} \quad \cdots\cdots(1)$$

だと考えれば、電子との衝突におけるエネルギー保存則と運動量保存則によって、実験結果が定量的に説明できることを明快に示したのである（図8-2-1）。

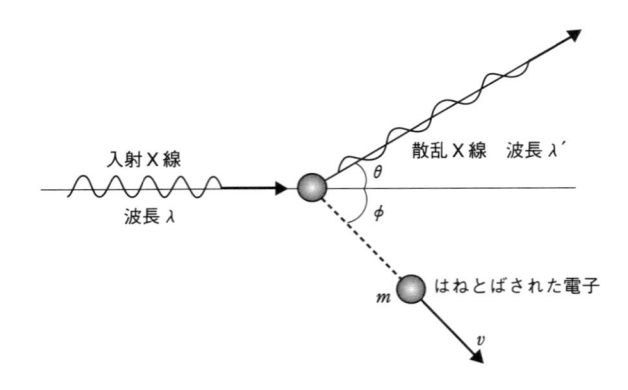

図8-2-1　コンプトン散乱の概念図

　コンプトン以降、光は「光子（フォトン）」とよばれ、電子（エレクトロン）や陽子（プロトン）とともに粒子の仲間入りをすることになる。
　一方、ボーアの量子論を確かなものとしたド・ブロイの物質波の理論は、ミクロの世界では電子の運動は波としての性質にも支配されることを示した。
　こうして、前章でも紹介したように、最初は波としてとらえ

られた光は粒子の性質をもち、さらに粒子として見つけられた電子は波の性質をもつという、相互乗り入れがなされた。

マクロな世界では、光は波動性が、電子は粒子性が目立っている。しかしミクロな世界では、光の粒子性や電子の波動性も強調され、ともに二重性を示すというのが、より本質的な姿なのだ。

2. 物質波のしたがう方程式 (量子力学の誕生)

シュレーディンガーは、ド・ブロイの物質波の考えを発展させ、物質粒子の状態を記述するミクロな世界の運動方程式を構築する研究にとりかかった。今日、量子力学とよばれている新しい物理学の芽生えである (1926年)。

彼は次の2つの原則を掲げて、この作業に取り組んだ。

①物質波は波だから、波の伝わりを表す式を基本とする
②関係式「$E=h\nu,\ p=\dfrac{h}{\lambda}$」を満たすこと

そして波をイメージした関数 Ψ (プサイ) を考え、その時間的変化の様子を表す、次のような方程式 (**シュレーディンガー方程式**) を提案した。

$$i\hbar \frac{\partial \Psi}{\partial t} = H\Psi \quad \left(\hbar(\text{エイチバー}) = \frac{h}{2\pi}\right)$$

関数 Ψ は波が時間とともにどう伝わるかを示すものだが、それはまた、電子のような物質粒子がどのような状態にあるかを表しており、波動関数または状態関数とよばれる。H はエネルギーに対応するハミルトニアンとよばれる演算子で、Ψ が空間をどう伝わっていくかを表すが、ここでは深入りしないことにする (354ページのコラム参照)。

シュレーディンガー方程式を解けば、物質の量子力学的状態

が求められる。ちょうど、ニュートンの運動方程式を解いて加速度を求め、物体の位置や速度を決めるように、その粒子の波動関数から、粒子のエネルギー E や運動量 p を求めることができる。

シュレーディンガー方程式は、水素原子のエネルギー準位の解明などに用いられ、成功を収めた。彼の理論は多くの人々によって補強され、さらに一般的な量子力学へと発展した。

コラム　シュレーディンガー方程式

シュレーディンガーは、極微の世界での物の動き、たとえば原子の中での電子の動きを表す方程式を求めようとした。このような極微の世界では、ド・ブロイも示したように、電子は「粒」よりも「波」としての性質が目立つようになる。

そこでシュレーディンガーは、電子にともなう波（物質波）を決める式を導いた。次に示すシュレーディンガー方程式だ。

$$\text{波の変化の様子} \quad i\hbar \frac{\partial \Psi}{\partial t} = -\frac{\hbar^2}{2m} \cdot \frac{\partial^2 \Psi}{\partial x^2}$$

（時間による変化）　（場所による変化）

波は、第7章で学んだように、時刻（t）と場所（x）とともにその形が変わっていく。じつは Ψ という関数が、この波の形を表している。シュレーディンガー方程式は「電子を表す波の形が、今後どのように変わっていくか」という規則（ルール）を表したものだ。この式を解きさえすれば、電子がどれくらいの確率でいつ、どこにいるかを求めることができる。

なお、場所による変化は、y 方向にも z 方向にも現れるが、ここでは簡単にするため、x 軸方向にだけ伝わるとした。

8-2 量子力学への道

シュレーディンガー方程式を解いて求められる波動関数 Ψ（状態関数）は、長い間、物質波そのものだと思われていた。しかし、その後、Ψ は単純に物質波を表すのではなく、もっと深い物理的な意味をもつことがわかってきた。その絶対値の2乗 $|\Psi|^2$ が、その場所に粒子が見いだされる確率を表すというのである。

水素原子を例にとると、その1個の電子が、ある時刻に、原子核の周りのどこにあるかを決定することはできない。どの辺に、これこれの確率で見つかるはずだ、ということが求められるだけなのである。

このように、もはや「中心から、これこれの半径の軌道を回る電子」という古典的な考え方は捨てなければならない。電子は中心付近にも、またずっと離れたところにも、同時に存在する（かもしれない）からだ。

この存在確率の分布を雲のように表して**電子雲**とよぶことがある（図8-2-2）。

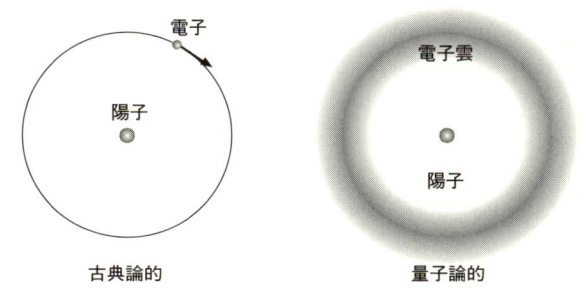

図8-2-2 水素原子の電子軌道と電子雲

雲が濃いところほど、その付近で電子が観測される可能性が高い。電子がもっとも居心地のよい場所を中心に雲が濃く、他

の薄い場所ではその確率がぐっと低くなっている。しかし原子の大きさをはるかに超えてしまうような、とんでもないところには電子は現れない。実はこのことが、波動関数が満たすべき条件であり、ここから自動的に水素原子から出てくる光の性質(とびとびのエネルギー)が導けるのである。

それにしても、本当にミクロの世界は「確率が支配する」世界なのだろうか。アインシュタインをはじめ、シュレーディンガーでさえ、この発想には同意しなかったという。「神様はサイコロ遊びをしない」と言ったアインシュタインのように、それまで決定論的に展開してきた物理学が、ここへきて根本から確率論的になることへの抵抗感は、高名な学者にも少なからずあったのである。

しかし、それにもかかわらず今日では、量子力学は観測可能なあらゆる現象をみごとに説明し、厳密に正しい考え方であることが裏づけられている。

粒でもあり、波のように干渉もし、しかも現象が確率的であるという性質は、たとえば外村 彰らが行った実験で矛盾なく示される。以下、その実験の様子を見てみよう。

外村らの装置は、電子を1粒ずつ速度をそろえて発射することができる。大切なのは、この装置では1回に1粒の電子しか発射せず、電子が複数同時に飛んではいないという点である。

発射された電子は、その先にある電子線バイプリズムという仕切りを通る。仕切りの後ろの検出器では、1回に1粒の電子しか検出されない。これが電子の粒子性である。

さて、この電子の「波」は平面波とみなせる。発射された1個の電子の波は、仕切りの両側を通り、その先で重なり合うことになる。これはヤングの干渉実験と同様に考えることができ、波は干渉を起こす。写真8-2-1がその様子である。

8-2 量子力学への道

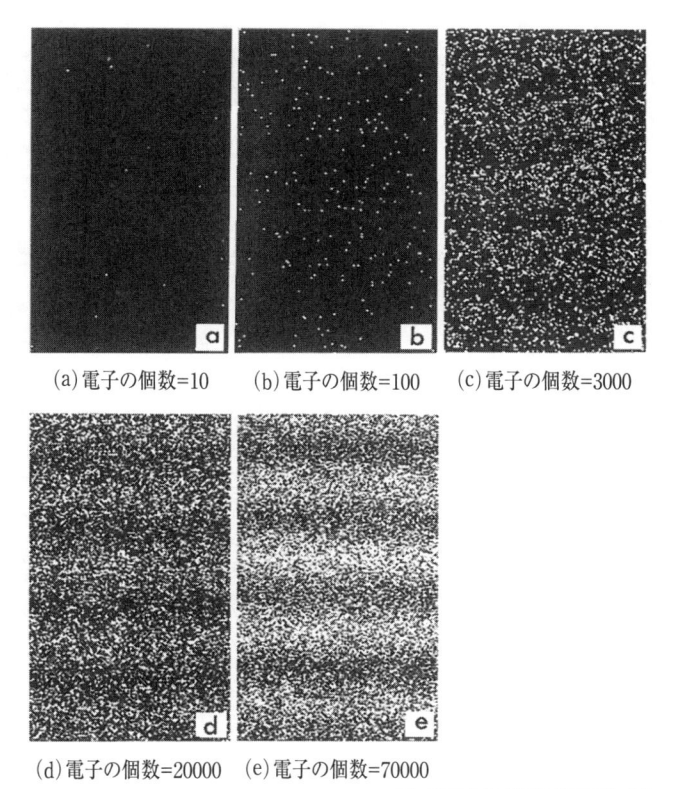

(a) 電子の個数=10　(b) 電子の個数=100　(c) 電子の個数=3000

(d) 電子の個数=20000　(e) 電子の個数=70000

『ゲージ場を見る』外村彰（講談社刊）より

写真8-2-1　電子線バイプリズムによる干渉像

白い点が各々1個の電子が検出された位置である（写真a, b）。その位置は決して一定しない。つまり確率的なのである。電子がつぎにどこに現れるかを事前に知ることはできない。

ところがたくさんの観測を重ねていくと、はっきり干渉縞が現れてくる（写真d, e）。これが波動性の具体的な証拠である。

つまり1個の電子は、波として仕切りの両側を同時に通過し、自分自身と干渉しながら検出器に到達する。干渉の結果、「縞模様」を生じることになる。電子はその「縞模様の予定地のどこか」に検出されるのである。

　普段、私たちが見るマクロな世界では、粒は粒で波は波だ。いくら眺めても、飛んでいるボールは波には見えない。それが常識だ。しかしミクロの世界では、粒子か波動かどちらか一方しか見ない姿勢では、さまざまな現象を説明できない。

　アインシュタインがエーテルの存在を否定し、光速度一定という事実を認めて特殊相対性理論をつくりあげたように、ミクロな世界の現象は、粒子性と波動性をみごとに調和させた量子力学によって理解が可能になる。ミクロの世界の本質は、粒子性と波動性の統一にあるのだ。

3. 素粒子から宇宙まで

　量子力学によって原子の構造や電子の運動が明らかになった。では、これでものの本質をたずねての旅は終着駅に到着したのだろうか。

　20世紀初めには、当時の最先端の技術を駆使して、人類は原子の構造を明らかにした。原子核は中性子と陽子からできていた。さらに中性子と陽子をつなぎ止める力の原因として中間子が考え出された。その後も、陽子・中性子に構造はないのか……と、さまざまな加速器を使って、粒子を衝突させ、それまで構造はないと思われてきた粒子を破壊しては、物質の究極の姿（素粒子）を追い求めてきた。

　こうして、かつては、その内部に構造をもたないと考えられていた陽子、中性子などの**ハドロン**も、**クォーク**という要素からなることが明らかになった。

8-2 量子力学への道

ミクロの世界の階層

原子 $\begin{cases} \text{核子（陽子、中性子）} \to \textbf{ハドロン}：\text{複数のクォークで構成される} \\ \text{電子} \to \textbf{レプトン}：\text{それ自身が素粒子} \end{cases}$

※ハドロンの仲間には中間子（メソン）も含まれる。

基本粒子の分類

●**物質粒子（標準模型）**

	クォーク		レプトン	
			ニュートリノ族	電子族
電荷	$+\frac{2}{3}e$	$-\frac{1}{3}e$	0	$-e$
第3世代	t トップ	b ボトム	ν_τ タウニュートリノ	τ タウ
第2世代	c チャーム	s ストレンジ	ν_μ ミューニュートリノ	μ ミュー
第1世代	u アップ	d ダウン	ν_e 電子ニュートリノ	e 電子

※クォークは単独では取り出せない粒子である。

各粒子にはその反粒子が存在する。反粒子は電荷とスピンが逆符号の粒子である。

ハドロンの構成例

陽子 p＝(u u d)　　中性子 n＝(u d d)　　π^+中間子＝(u $\bar{\text{d}}$)

※文字の上の線は反粒子を表す

●**基本的な力とゲージ粒子**

素粒子の相互作用は**ゲージ粒子**を媒介する形式で表現される。

力の種類		強さの比	到達距離	媒介するゲージ粒子
	強い力	100	10^{-15}m	グルーオン
電弱力	電磁気力	1	∞	光子
	弱い力	10^{-3}	10^{-17}m	ウィーク・ボゾン W^+, W^-, Z
	重力	10^{-38}	∞	重力子（グラビトン）※未発見

※質量を与える粒子（ヒッグス粒子）の存在も予想されているが未発見。

表8-2-1　素粒子の世界

表8-2-1は、現時点で確認されている「素粒子」の種類とその性質を示したものである。クォーク（6種類）、電子族（3種類）、**ニュートリノ族**（3種類）、そしてこれらの粒子を結びつける「糊（のり）」の働きをする**ゲージ粒子**、これが現在たどりついた物質の根源となる基本粒子たちである（光子など一部の粒子をのぞく素粒子には、それぞれ反粒子が存在する。また、素粒子の共鳴状態と考えられる粒子も多数存在する）。

　究極の粒子を探し求める旅は、宇宙の生い立ちをさかのぼる旅でもある。

　宇宙は約137億年前にビッグバンとよばれる大爆発で誕生したと考えられている。想像を絶する高温・高密度だった宇宙は、その後は急激に膨張し、温度、密度を下げていった。表8-2-1に示したさまざまな素粒子は、ある時間経過後（あるエネルギー状態）の宇宙の様子を表していると考えられている。

　宇宙の始まりのころ、物質はどのような姿をしていたのだろう。そのころの宇宙の素材は、表8-2-1の素粒子たちだったのだろうか。さらに、この先にはもっと単純な、あるいは複雑な世界があったのだろうか。また、そこでは量子力学に代わる新しい力学が存在していたのだろうか。

超銀河団―銀河団―銀河―恒星系―地球(惑星)―マクロな
物質(人間を含む)―分子・原子―素粒子―クォーク……

これが現在私たちが知っている宇宙の階層（かいそう）構造である。しかし、その先は、大きいほうも小さいほうも未知のままだ。

　物質の究極の姿を追い求める旅は、広がりと深みを増してこれからも続くだろう。そして、未知の世界への新しい扉を開くのは、あなたかもしれない。

8-2 量子力学への道

> **コラム**

宇宙は最後にはどうなるか

宇宙の運命に関しては、次の3つの考え方がある。

まず、「開いた宇宙」。これは、宇宙は膨張し続け、それはとどまることがないという考え方である。

つぎに「閉じた宇宙」。ビッグバンによって宇宙は膨張を始める。しかし、やがて膨張はやみ、つぎに収縮を始める。収縮後、再びビッグバンが起こるという宇宙像である。

3つ目は「臨界のある開いた宇宙」。宇宙は永遠に膨張を続けるのではなく、やがてそのスピードは遅くなり、最後には膨張は止まってしまうという考えである。

これら宇宙の未来像は、いずれも宇宙の密度に依存していると考えられている。密度が大きければ閉じた、小さければ開いた宇宙になるのである。

その鍵を握るのは、宇宙の質量の大半を占めるかもしれない**ダークマター（暗黒物質）**だ。ダークマターとは「光では見ることのできない物質」のことだが、最近の研究でニュートリノが質量をもつことがほぼ確実になったこと、さらにニュートリノは宇宙に多量に存在し、しかも安定であることから、このダークマターの候補として有力視されている。

その質量が決定すると、そう遠くない日に「開いた宇宙か、閉じた宇宙か」という宇宙の未来が明らかにされるに違いない。極微の素粒子のわずかな質量が、宇宙の運命を握っているのである。

参考文献（五十音順）

『アインシュタイン16歳の夢』戸田盛和　岩波書店　2005年
『アインシュタイン 相対性理論』
　　　　　　アインシュタイン 著　内山龍雄 訳　岩波書店　1988年
『新しい科学の教科書』左巻健男　文一総合出版　2003年
『浦島太郎は、なぜ年をとらなかったか』
　　　　　　　　　　　　山下芳樹／白石拓　祥伝社　2005年
『エレガンス物理 Ver.2』川村康文　（自費出版）　1994年
『おもしろ実験・ものづくり事典』
　　　　　　　　　　　　左巻健男／内村浩 編著　東京書籍　2002年
『楽器の音響学』安藤由典　音楽之友社　1996年
『環境の基礎理論』勝木渥　海鳴社　1999年
『基礎物理学Ｉ』後藤憲一／竹山幹夫　共立出版　1984年
『Ｑ＆Ａでわかる物理科学』（1〜3巻）
　　　　　Gundersen 著　山下芳樹 監訳　山本逸郎／工藤善輝 訳
　　　　　丸善　2004年
『ゲージ場を見る』外村彰　講談社　1997年
『原子』ペラン著　玉虫文一 訳　岩波書店　1978年
『原子分子のナノ力学』森田清三 編著　丸善　2003年
『固体物理学入門・第8版』
　　　　　　　キッテル 著　宇野良清／新関駒二郎／山下次郎／
　　　　　　　津屋昇／森田章 訳　丸善　2005年
『新課程 物理学の基礎』
　　　　　　　林良一／大島和成／房岡秀郎／大野完／小川英夫
　　　　　　　共立出版　2001年
『新編 臨床検査講座2　物理学』
　　　　　　　北村清吉／柏井哲夫　医歯薬出版　1987年
『新 物理実験図鑑Ⅱ』茅誠司／藤岡由夫／朝永振一郎／原島鮮 監修
　　　　　　　講談社　1968年
『図解入門 よくわかる最新レンズの基本と仕組み』
　　　　　　　　　　　　桑嶋幹　秀和システム　2005年
『図説 物理学』米満澄／広瀬立成　丸善　1987年
『セメスター物理 力学』大槻義彦　学術図書出版社　1996年
『相対性理論』菅野礼司／市瀬和義　ＰＨＰ研究所　2005年

『相対論への探究』山下芳樹　コロナ社　2000年
『そこが知りたい物理学』大塚徳勝　共立出版　1999年
『たのしくわかる物理実験事典』
　　　　　　　　左巻健男／滝川洋二　編著　東京書籍　1998年
『だれが原子をみたか』江沢洋　岩波書店　1976年
『つくる科学の本』足利裕人編著　シータスク　2001年
『電子と物性』日本物理学会　編　丸善　1998年
『特殊および一般相対性理論について』
　　　　　　　　アインシュタイン　著　金子努　訳　白揚社　2004年
『ニューステージ 地学図表』
　　　　　　　　浜島書店編集部　編著　浜島書店　2003年
『光と色の100不思議』
　　　　　　　　左巻健男／桑嶋幹／川口幸人　編著　東京書籍　2001年
『ふしぎ体感、科学実験』
　　　　　　　　檀上慎二／オンライン自然科学教育ネットワーク
　　　　　　　　講談社　1999年
『ファインマン物理学（Ⅱ 光・熱・波動／Ⅲ 電磁気学）』
　ファインマン　著　富山小太郎／宮島龍興　訳　岩波書店　1986年
『物理学史Ⅰ・Ⅱ』広重徹　培風館　1979年
『物理学の論理と方法（上・下）』菅野礼司　大月書店　1983年
『物理学はいかに創られたか（上・下）』
　　　　　　　　アインシュタイン／インフェルト　著　石原純　訳
　　　　　　　　岩波書店　1940年
『物理学要項集』
　　　　　　　　石黒浩三／熊谷寛夫／沢田正三／藤田純一／山下次郎　編
　　　　　　　　朝倉書店　1974年
『物理のＡＢＣ』福島肇　講談社　1985年
『水とはなにか』上平恒　講談社　1977年
『見て・触って・考える光学のすすめ』
　　　　「光学のすすめ」編集委員会　編　オプトロニクス社　1997年
『文部省 学術用語集 物理学編（増訂版）』培風館　1990年
『よくわかる力学』江沢洋　東京図書　1996年
『理科年表（平成17年度）』国立天文台　編　丸善　2004年
『歴史をたどる物理学』安孫子誠也　東京教学社　1981年

さくいん

〈欧文〉

A（アンペア） 268
AC 286
atm（気圧） 139
C（クーロン） 221
CRT 300
DC 286
F（ファラド） 235
FET 252
H（ヘンリー） 279
hPa（ヘクトパスカル） 138
Hz（ヘルツ） 172, 286
IC 254
IH 調理器 269, 282
J（ジュール） 101
K（ケルビン） 131
kgw（キログラム重） 34
LC 振動回路 291
LED 253, 273
LSI 254
MKSA 単位系 268
MKS 単位系 18, 268
mmHg（ミリメートル水銀柱） 139
mol（モル） 141, 143
MRI 245
N（ニュートン） 33
n 型半導体 251
Pa（パスカル） 138
p 型半導体 250
P 波 169
rad（ラジアン） 70
SI 26, 268
S 波 169
T（テスラ） 274
V（ボルト） 230
W（ワット） 103, 244
Wb（ウェーバー） 224, 274
X 線 212, 325, 351
α 線 316, 328
β 線 326, 328
γ 線 212, 326, 328
Ω（オーム） 238

〈ア〉

アイソトープ 333
圧力 138
圧力差 157
アトム 298
アボガドロ数 143
アボガドロの法則 142
アラゴーの円板 284
アルキメデスの原理 157
アルコール温度計 126
暗黒物質 361
アンテナ 293

〈イ〉

イオン 305
位相 172, 191
位置 45
位置エネルギー 107, 111
陰極線（管） 300
引力 32, 219

〈ウ〉

渦電流 283
うなり 191
ウラン 326
運動 28
運動エネルギー 105, 110, 309
運動の第 1 法則 50
運動の第 2 法則 55
運動の第 3 法則 57
運動の法則 28, 53
運動方程式 54, 84, 105

さくいん

運動量　88, 105, 352
運動量（の和／保存の法則）　92

〈エ〉

永久機関　119
永久磁石　255, 258
英馬力　104
液体　150
エクセルギー　136
エーテル　115, 343
エナメル線　259
エネルギー　86, 100
エネルギー準位　319, 322, 354
エネルギーの原理　107
エネルギー保存の法則　86, 118, 320
エネルギー量子　342, 351
エレクトロン　352
円運動　69, 168
円形電流　262
演算子　353
エンジン　114
鉛直投射　112
鉛直投射運動　67
エントロピー　134
エントロピー増大の法則　135

〈オ〉

凹レンズ　200
オシロスコープ　300
音合わせ　191
音の3要素　184
音の（高さ／強さ）　184
オームの法則　238, 244, 287
重さ　20, 34
音響探査機　186
音源　187
音叉　191
音速　185

音程　182
温度　123
温度（計／センサー）　126
温度差　124
音波　178, 183

〈カ〉

外核　169, 263
開管　187
界磁　265
回折　178, 204
回折格子　207, 318
回折縞　204
回転運動　69
外力　92
回路　246
化学エネルギー　119
化学反応　329
角運動量　98, 319
角運動量保存の法則　98
核エネルギー　119, 334
拡散　129
核子　332
核種記号　332
角周波数　286
角振動数　81
角速度　70
核分裂　334
核兵器　336
核融合　119, 334
重ね合わせの原理　173
可視光線　212
加速器　358
加速度　51
加速度ベクトル　52
可聴音　184
価電子　250
荷電粒子　280
火力発電　294
管楽器　187
感光作用　302
干渉　174, 191, 204

緩衝作用 91
干渉縞 205, 207, 357
慣性 50
慣性系 51, 345, 348
慣性の法則 50
慣性モーメント 98
慣性力 53
完全（非）弾性衝突 97

〈キ〉

輝線スペクトル 320
気体 137
気体定数 141
気体の状態方程式 142
気体分子運動論 143
気体分子の速さ 146
基底エネルギー 323
基底状態 322
起電力 237, 248, 277
軌道 321
軌道半径 322
基本振動 188
基本単位 26
逆位相 191
逆方向 251
キャパシタンス 235
強磁性体 258, 266
凝集力 161
凝縮 151
共（振／鳴） 190
共有結合 250
魚群探知機 186
虚像 201
許容電流 249
距離 25
キログラム原器 18
キログラム重 34
近視用メガネ 202

〈ク〉

空気抵抗 50
クォーク 298, 358

屈折 165, 179
屈折の法則 180, 197
屈折率 180, 198
組立単位 26
クーロンの法則 221
クーロン力 229

〈ケ〉

軽水素 333
ゲージ粒子 360
結合エネルギー 335
ケプラーの法則 76
限界振動数 307
弦楽器 189
原子 22, 127, 312
原子核 219, 317
原子核崩壊 328
原子間力顕微鏡 314
原子番号 330, 332
原子量 143, 333
原子力発電 295, 324
原子炉 336
元素 312
原点 44
検波 252
検流計 270

〈コ〉

コイル 259, 291
高圧送電 290
高圧送電線 285
光学顕微鏡 22, 311
光子 308
光軸 200
向心（加速度／力） 74
合成波 175, 187
光速 185, 202
光速度不変の原理 345
光電効果 307, 351
光電子 307
公転周期 77
光電流 308

さくいん

交流　286
光量子　308
光量子仮説　308, 351
合力　35, 59
光路差　206
国際単位系　26, 268
ゴースト　293
固体エレクトロニクス　249
固定端　175
弧度法　70
固有振動　177, 187
固有振動数　177, 191
コンデンサー　234, 291
コンデンサーの式　234
コンプトン散乱　352

〈サ〉

最外殻（軌道／電子）　321
最大摩擦力　39, 58
サイレン　192
座標系　49
座標変換式　346
サーミスタ　126
作用　56
作用（線／点）　31
作用反作用　79
作用反作用の法則　57, 144
三重水素　333
残留磁化　258

〈シ〉

ジオプトリー　202
磁化　224, 258
磁荷　258
磁界　225, 228
紫外線　211, 306
時間　18
磁気共鳴画像法　245
磁気モーメント　264
磁極　224, 257, 264
磁気力　41, 225
磁区　259

自己インダクタンス　279, 291
子午線　18
仕事　100, 230
仕事関数　309
仕事率　103, 244
自己誘導　279
視細胞　212
磁石　224, 255
『磁石について』　216
磁針　226, 255
地震波　169
磁束　275
磁束（線／密度）　274
実効値　288
実在気体　142
実像　200
質量　18, 34, 143
質量エネルギー　350
質量数　332, 335
始点　31
磁場（の向き）　225
磁場ベクトル　226
斜方投射運動　67
シャボン玉　208
シャルルの法則　140
周期　71, 171
周期表　320
重心　32
重水素　333
集積回路　254
自由端　175
充電　290
自由電子　125, 222, 237, 308
周波数　172, 286
自由落下運動　66
重力　32, 41, 57, 79, 107, 229
重力加速度　55, 66
重力場　229
ジュール熱　243, 249, 283, 290
ジュールの法則　244

367

シュレーディンガー方程式　353
瞬間の速度　47
瞬時値　288
順方向　251
省エネルギー　132
昇華点　130
状態関数　353
焦点（距離）　200
衝突　91
樟脳舟　161
蒸発熱　117
初期微動　169
初速度　67, 75
視力矯正レンズ　202
磁力線　226, 256
シールド　294
人工衛星　76
人工原子核変換　333
振動　21, 183
振動回路　292
振動数　24, 171, 309
振動数条件　320
振幅　174, 176, 286

〈ス〉

水圧　155
水（位／量）計　155
スイカ型原子模型　315
水銀柱気圧計　154
水蒸気　128
水晶体　202
垂直抗力　36, 41
水平投射運動　67
水平ばね振り子　82
水力発電　294
数理科学　19
スカラー　31
スピン　264
スペクトル　209, 317
スペクトル公式　317

〈セ〉

正孔　250
静止　30
静止エネルギー　350
静止摩擦係数　39, 60
静止摩擦力　38, 58
静電気　216
静電気力　41, 221, 223, 230
静電遮蔽　294
静電誘導　222
整流　252
赤外線　124, 211
赤方偏移　194
斥力　159, 219
絶縁体　249
摂氏温度　126
絶対温度　131, 141
絶対屈折率　198
絶対零度　131, 141
セルシウス温度　126
遷移仮説　320
線スペクトル　210, 318
全反射　199
線密度　190

〈ソ〉

像　196
走査型トンネル顕微鏡　314
相対屈折率　198
相対速度　51, 97, 193, 345
送電　285
送電線　290
速度　44
速度ベクトル　52, 74
ソナー　186
疎密波　167, 185
素粒子　216, 358
ソレノイド　262

〈タ〉

第一宇宙速度　76

ダイオード 252
大気圧 139
大規模集積回路 254
帯電 219
帯電体 221
帯電列 220
ダイナモ 272
第2種永久機関 133
太陽光 209
太陽光発電 295
太陽電池 119, 253
楕円軌道の法則 77
楕円の焦点 77
ダークマター 361
たこ足配線 249
縦波 167, 183
単位 26
単振動 80, 167
単振動の変位 81
弾性 167
弾性衝突 97, 144
弾性力 33, 41, 82, 108
断熱圧縮 149
断熱膨張 148
単振り子 83

〈チ〉

力 29
力センサー 89
力の（合成／分解） 35
力のつりあい 37
地球磁場 256
中間子 358
中心力 78
中性子 219, 331, 335
中性子線 327
超LSI 254
超ウラン原子核 334
超音波 182, 186
超音波診断 186
超音波断層撮影 182
超新星爆発 337

超伝導（磁石） 245
張力 59, 190
調和の法則 77
直線 48
直線運動 30
直流 286
直列回路 248
チリ地震 170

〈ツ〉

津波 170
つりあい 59

〈テ〉

定常電流 232
定常波 177
電圧 230, 238
電位 230
電位降下 238, 248
電位勾配 231, 246
電位差 230
電荷 228, 302, 305
電界 228
電界効果トランジスタ 252
電気 236
電気回路 246, 252
電機子 265
電気振動 291
電気素量 222, 304
電気抵抗 238
電気抵抗率 239
電気容量 235, 291
電気力線 228
電子 216, 237, 306, 324
電子雲 355
電磁気学 340
電子軌道 318
電子顕微鏡 311
電磁石 255, 259, 263
電子線 300, 310
電子線バイプリズム 356
電子体温計 127

電磁波　212, 293
電磁誘導　216, 270
電磁誘導加熱　282
電子レンジ　294
電池　216
点電荷　221, 229
電場　228
電波　212, 293
電場ベクトル　228
電離作用　302
電離層　293
電流　216, 232, 236
電流保存の法則　247
電力　290
電力回生ブレーキ　284
電力量計　248, 283

〈ト〉

同位（元素／体）　333
等加速度運動　63, 106
透磁率　266, 274
等速運動　348
等速円運動　69, 281
等速直線運動　52, 62, 165
導体　223, 249
等電位（線／面）　233
動摩擦力　40, 113
特殊相対性理論　344, 349
閉じた宇宙　361
土星型原子模型　315
ドップラー効果　192
凸レンズ　200
ドライアイス　130
トランス　289
トリチェリの実験　139, 154

〈ナ〉

内部エネルギー　117, 130, 147
内力　92
ナノテクノロジー　315
波　164

波の干渉　174
波の基本式　172
波の（谷／山）　174

〈ニ〉

虹　195, 210
入射角　196, 198
入射波　175
ニュートリノ　360
ニュートン力学　298

〈ネ〉

音色　184
熱　114
熱運動　128, 241
熱エネルギー　114
熱機関　114, 118
熱振動　241
熱線　211
熱伝導　132
熱伝導率　125
熱平衡　124
熱放射　341
熱膨張　126, 137
熱力学の第1法則　118
熱力学の第2法則　134
熱量　115
燃料電池　295

〈ハ〉

倍音　188
媒質　166, 179, 196, 212
倍振動　188
配電盤　244
箔検電器　222, 306
白色光　209
白熱電球　216
波形　168, 175, 184
パスカルの原理　155
波長　21, 171, 177, 193
発光ダイオード　253, 273
発電機　273

波動　164
波動関数　353
波動性　310
波動説　204
ハドロン　358
ばね　33
はね返り係数　97
ばね定数　34
ばねばかり　56
ハミルトニアン　353
波面　172, 193
速さ　25, 44
腹　177
馬力　100, 104
反作用　56
反射　175
反射角　196
反射波　175
半導体　249
反応熱　119
万有引力　58, 79, 109, 229
万有引力定数　79

〈ヒ〉

非オーム抵抗　239
光の二重性　310
光の反射の法則　196
光の分散　209
光の粒子性　351
光ファイバー　195, 199
非弾性衝突　97
ビッグバン　130, 360
比電荷　303
比透磁率　266
火花放電　301
表面エネルギー　160
表面張力　160
表面波　168
開いた宇宙　361

〈フ〉

ファラデーの法則　276

風力発電　295
フォトン　352
不可逆変化　133
復元力　82, 167
節　177
不純物半導体　251
浮沈子　158
フックの法則　33
物質　22
物質の三態　128
物質波　310, 352
物質量　143
沸点　130
仏馬力　104
物理量　25
不導体　223, 240, 249
ブラウン運動　128, 313
ブラウン管　299, 300
プランク定数　308
振り子運動　80
振り子の等時性　84
プリズム　209
浮力　41, 150, 156
フレミングの左手の法則
　265
プロトン　330, 352
分子　127
分子間距離　159
分子間力　151, 160
分子量　143
分力　35, 102

〈ヘ〉

閉管　187
平均太陽日　18
平均の速さ　46
平面　48
平面鏡　196
平面波　178, 356
並列回路　248
平和鳥　115
ベクトル　31, 44

ヘルツの実験 292
変圧器 290
変位 46
変形 30
偏光（板） 207

〈ホ〉

ボーア半径 323
ボイル-シャルルの法則 141
ボイルの法則 139
方位磁針 260
放射性崩壊 337
放射線 324, 327
放射能 327
法線 180, 196
放電管 301
放物運動 67
放物線 68
保存の法則 86, 340
保存力 113
ホール 250
ボルツマン定数 146
ホルマル線 259
ポロニウム 326

〈マ・ミ・ム・メ・モ〉

マイクロ波 294
マクスウェル方程式 292
摩擦電気 217, 240
摩擦熱 114, 117, 132
摩擦力 39, 41, 60, 113
右手親指の関係 261
右ねじの法則 261, 265
密度 152
無限遠点 109, 231
虫メガネ 202
無重力状態 83
メソン 359
面積速度一定の法則 77
毛管現象 161
モーター 265

〈ヤ・ユ・ヨ〉

山びこ 185
融解 129
融点 130
誘電（体／分極） 223
誘電率 221
誘導起電力 271, 276, 281
誘導電流 271
陽子 315, 330
横波 167, 293

〈ラ〉

ラジウム 326
ラジエーター 115
乱反射 197

〈リ〉

力学 28
力学的エネルギー 111
力学的エネルギー保存の法則 112
力積 88, 144
理想気体 142
リニアモーターカー 245
粒子性 310
粒子説 204
流体 151
量子 342
量子条件 318
量子数 320, 322
量子力学 241, 298, 320, 353
臨界角 199

〈レ〉

励起状態 323
冷却器 115
レプトン 359
連鎖反応 335
レンズ 200
レンズの度数 202
連続スペクトル 210, 317

連通管　155
レンツの法則　272, 279
レントゲン写真　212

〈ロ・ワ〉

老眼鏡　202
ローレンツ力　280, 303
惑星　77

〈人名〉

アインシュタイン　308, 314, 342, 346, 351
アボガドロ　142
アラゴー　284
アルキメデス　157
ヴィーン　341
エジソン　216
エルステッド　216
オーム　238
ガイガー　316
ガーマー　310
ガリレイ　202
菊池正士　310
キュリー夫妻　326
ギルバート　216
クラウジウス　134
クーロン　221
ケプラー　76
ケルビン　131, 341
小林直三　117
ゴルトシュタイン　301
コンプトン　351
シャルル　140
ジュール　243
シュレーディンガー　353
ジーンズ　341
タレス　216
チャドウィック　331
ティコ・ブラーエ　76
デヴィッソン　310
ドップラー　192
外村彰　356
ド・ブロイ　310, 352, 353
トムソン　302, 316
トリチェリ　139
長岡半太郎　315
中村修二　253
ニュートン　33, 76, 204
パスカル　155
ファラデー　216, 270
フィゾー　202
フーコー　203
ブラウン（管）　300
ブラウン（運動）　313
プランク　308, 342, 351
フランクリン　219
フレミング　265
ベクレル　326
ペラン　314
ヘルツ　292
ボーア　317, 342
ホイヘンス　164, 204
ボイル　140
ボルタ　216, 230
ボルツマン　146
マイケルソン　343
マクスウェル　292
マースデン　316
ミリカン　304
モーレイ　343
ヤング　205, 351
ラザフォード　306, 316, 328, 330
レーリー　341
レンツ　272
レントゲン　325
ローレンツ　280
ワット　104

執筆者一覧（五十音順　カッコ内は執筆時点）

市瀬和義（富山大学人間発達科学部教授）　4-1
浮田裕（兵庫県立神戸高塚高等学校教諭）　4-3，6-4
江尻有郷（元琉球大学教育学部教授）　6-1，6-3
神川定久（大阪府立寝屋川高等学校教諭）　2-2，2-3
川村康文（信州大学教育学部助教授）　7-1
桑嶋幹（日本分光株式会社勤務）　5-3
小林昭三（新潟大学教育人間科学部教授）　7-2，7-3，(8-2)
左巻健男（同志社女子大学現代社会学部現代こども学科教授）
　　　　　　　　　　　　　　　　　　　　（6-2）
高見寿（岡山県立岡山操山高等学校教諭／JST サイエンスレンジャー）　2-1，4-2
中野美紀（神戸大学大学教育推進機構非常勤講師／神戸常盤短期大学非常勤講師／神戸総合医療専門学校非常勤講師）
　　　　　　　　　　　　　　　　　　　　5-1，5-2
長谷裕司（電機メーカー勤務）　3-3，6-5
舩田優（千葉県立船橋高等学校教諭／JSTサイエンスレンジャー）　3-1，3-2
丸山文男（長野県立高等学校教諭）　6-2
山下芳樹（広島大学大学院教育学研究科教授）
　　　　　　　　　　　　　　　　　　　　8-1，8-2
山本明利（神奈川県立柏陽高等学校教諭／JST サイエンスレンジャー）　1-1，1-2

N.D.C.420　　374p　　18cm

ブルーバックス　B-1509

新しい高校物理の教科書
現代人のための高校理科

2006年2月20日　第1刷発行
2023年7月10日　第30刷発行

編著者	山本明利
	左巻健男
発行者	鈴木章一
発行所	株式会社講談社
	〒112-8001　東京都文京区音羽2-12-21
電話	出版　03-5395-3524
	販売　03-5395-4415
	業務　03-5395-3615
印刷所	(本文印刷)　株式会社KPSプロダクツ
	(カバー表紙印刷)　信毎書籍印刷株式会社
本文データ制作	講談社デジタル製作
製本所	株式会社国宝社

定価はカバーに表示してあります。
©山本明利、左巻健男　2006, Printed in Japan
落丁本・乱丁本は購入書店名を明記のうえ、小社業務宛にお送りください。送料小社負担にてお取替えします。なお、この本についてのお問い合わせは、ブルーバックス宛にお願いいたします。
本書のコピー、スキャン、デジタル化等の無断複製は著作権法上での例外を除き禁じられています。本書を代行業者等の第三者に依頼してスキャンやデジタル化することはたとえ個人や家庭内の利用でも著作権法違反です。
R〈日本複製権センター委託出版物〉複写を希望される場合は、日本複製権センター（電話03-6809-1281）にご連絡ください。

ISBN4-06-257509-4

発刊のことば

科学をあなたのポケットに

二十世紀最大の特色は、それが科学時代であるということです。科学は日に日に進歩を続け、止まるところを知りません。ひと昔前の夢物語もどんどん現実化しており、今やわれわれの生活のすべてが、科学によってゆり動かされているといっても過言ではないでしょう。

そのような背景を考えれば、学者や学生はもちろん、産業人も、セールスマンも、ジャーナリストも、家庭の主婦も、みんなが科学を知らなければ、時代の流れに逆らうことになるでしょう。ブルーバックス発刊の意義と必然性はそこにあります。このシリーズは、読む人に科学的に物を考える習慣と、科学的に物を見る目を養っていただくことを最大の目標にしています。そのためには、単に原理や法則の解説に終始するのではなくて、広い視野から問題を追究していきます。科学はむずかしいという先入観を改める表現と構成、それも類書にないブルーバックスの特色であると信じます。

一九六三年九月

野間省一